世界から青空がなくなる日

自然を操作するテクノロジーと人新世の未来

UNDER A WHITE SKY
The Nature of the Future
Elizabeth Kolbert

［著］エリザベス・コルバート
［訳］梅田智世

白揚社

息子たちに。

ときどき、彼はハンマーを壁に沿って走らせる。あたかも、待ちうける救済のおおいなるからくりを始動させる合図を出すかのように。実際のところ、ことはそんなふうには起きないだろう——救済というやつはハンマーなどおかまいなしに、おのが気のおもむくままに訪れる——が、そうすればなにものか、手で触れてつかまえられるなにものかに、ひとつの印に、口づけられるものにしておける。救済には口づけられなくとも。

フランツ・カフカ

目次

第2部 野生の世界へ

第3部　空の上で

●〔　〕は訳者による補足を示す。
●本文中に引用された文章について、既訳書の文章を使用した場合はその旨を記した。それ以外は訳者による翻訳。
●本文中の書名は、未翻訳のものは初出に原題とその逐語訳を記した。

第 1 部 *Down the River*

川を下って

第1章　シカゴ川とアジアン・カープ

川は優れた比喩になる――ひょっとしたら、優秀すぎるかもしれない。マーク・トウェインが「妥協なく真剣勝負で読むべき書物の最たるもの」（『ミシシッピの生活』吉田映子訳、彩流社）と描写したミシシッピ川のように、ぼんやりと濁り、隠れた意味が充満することもある。[1] あるいは、透きとおってきらきらと輝き、鏡のような姿をとったりもする。コンコード川とメリマック川をめぐる一週間の旅に出たヘンリー・デイヴィッド・ソローは、一日と経たないうちに、気づけば水面で戯れる鏡像の重なりに心を奪われていた。川は運命を意味するかと思えば、知識を得ること、はたまた知らないほうがよかった知識と出くわすことを暗示したりもする。「あの河をさかのぼるのは、世界の一番初めの時代へ戻るのに似ていた。地上で植物が氾濫し……ていた時代のことだ」（『闇の奥』黒原敏行訳、光文社）とジョゼフ・コンラッドの小説の作中人物マーロウは回想する。[2] 川は時間を、変化を、そして人生そのものを表すこともある。「同じ川に二度入ることはできない」。古代ギリシャの哲学者ヘラクレイトスのものと伝えられるこの言葉に、弟子のひとりであるクラテュロスはこう返したという。「その同じ川には、一度たりとも入ることはできません」

　雨が数日降りつづいたあとのよく晴れた朝、わたしがいままさに浮かんでいるのは、シカゴ・サニタリー・シップ運河だ。厳密には川とは呼べない幅五〇メートル弱のこの運河は、定規のようにまっすぐ流れている。古い段ボールの色をしたその水には、飴の包みや発泡スチロールのかけらが点々と散っている。この日の朝、運河を往来しているのは、砂、砂利、石油化学製品を運ぶ艀《はしけ》ばかりだった。唯一の例外が、わたしを乗せた船、シティ・リヴィング号の名を持つ遊覧船だ。

　シティ・リヴィング号には、オフホワイトの長椅子と、そよ風にもひどくぴしぴしと鳴るキャンバスの天幕が備えつけられている。船上には、船長と船のオーナー、それに「シカゴ川友の会」のメンバー数人の姿もある。この「友」たちは、潔癖な人の集まりとは言えない。友の会の遠足では、汚染された水に膝まで浸かって歩きまわり、糞便性大腸菌を検査することもめずらしくない。とはいえ今回の遊覧旅行は、その友の会のメンバーでさえだれひとり行ったことがないほど先まで運河を下る予定になっている。全員が興奮しているし、本当のところを言えば、少しばかり身の毛がよだつ感もある。

　わたしたちはミシガン湖からシカゴ川の南支流《サウス・ブランチ》を通って運河に入っていた。目下のところ、凍結防止のために道路にまく塩の山、金属くずの丘、錆びた輸送コンテナの堆積物を横目に西へ向かっている。シカゴ市の境界を越えたすぐ先で、世界最大の下水処理場と言われるスティックニー下水処理場の放水パイプをまわりこむように避けた。シティ・リヴィング号のデッキからは下水処理場は見えないが、においはわかる。話題が先日の雨に移る。この地域の水処理システムでは雨水を処理しきれず、雨量の多い際に未処理の下水を放流する、いわゆる「合流式下水道越流水（CSO）」が流れ出ていた。CSOが漂流させた「浮遊物」の種類をめぐる憶測が船上を飛び交う。そのうちにシカゴ川のホワイトフィッシュ——使用済みコンドームを意味する地元のスラング——に出くわすのではないか、とだれかが口にする。船はエンジン音をたてながら進んでいく。やがて、サニタリー・シップ運河はカル・サグ水路と呼ばれる別の運河と合流する。合流地点にはV字形の広場があり、絵のように美しい階段状の小さな滝が目を引く。わたしたちのルート上にあるほぼすべてのものと同じように、この滝も人の手でつくられたものだ。

　シカゴが「広い肩の街《シティ・オブ・ザ・ビッグ・ショルダーズ》」〔頼りがいのある街という意味があり、米国におけるシカゴの重要性からついた俗称〕なら、サニタリー・シップ運河は「特大の括約筋」と言えるかもしれない。この運河ができる前は、シカゴの汚水——人間の排泄物、ウシとヒツジの糞、家畜飼育場から出る腐りかけのはらわた——はすべてシカゴ川に垂れ流され、場所によっては、ニワトリが肢を濡らさずに向こう岸まで歩いて渡れると言われるほど厚い汚物が川面を覆っていた。どろどろの汚物はシカゴ川からミシガン湖へ流れこむ。当時のミシガン湖はシカゴ市の唯一の飲料水源だった（いまでもそうだ）。腸チフスとコレラの発生は日常茶飯事だった。

一九世紀末に計画され、二〇世紀初頭に開通したこの運河は、シカゴ川をくるりと反転させた。シカゴ川は流れの方向転換を強いられ、シカゴの汚物はミシガン湖に流れこむかわりに、湖から遠ざかってデス・プレインズ川へ、そこからイリノイ川、次いでミシシッピ川へ、そして最終的にメキシコ湾へ流れこむようになった。「シカゴ川の水は、いまやまるで液体のようだ」。そんな見出しが『ニューヨーク・タイムズ』紙を飾った。(3)

シカゴ川の流れを反転させるこの事業は当時最大の土木工事プロジェクトであり、かつては皮肉抜きで「自然のコントロール」と呼ばれていたものの典型例だ。運河の開削には七年を要し、それにともなってまったく新しい一連の技術が発明された。メイソン＆フーヴァー・コンベアやハイデンライク・インクラインなどの重機が体現するそうした技術は、「シカゴ流土木技術」と総称されるようになった。(4) 掘り出された岩石や土は合計およそ三三〇〇立方メートルにのぼる。この工事を絶賛したある識者の計算によれば、高さ一五メートル、面積二・六平方キロメートルの島をつくれるほどの量だ。(5) シカゴ川がシカゴの街をつくり、今度はその街が川をつくりかえたのだ。

だが、シカゴ川の逆転は、汚水をセントルイス経由でメキシコ湾へ流すだけにとどまらなかった。米国のおよそ三分の二にあたる水系《すいけい》にも衝撃を与えた。それが生態系に影響をおよぼし、そこから財政的な影響が生じ、さらには逆向きになった川に新手の方法でふたたび介入せざるをえなくなった。いま、シティ・リヴィング号はその現場へ向かって進んでいる。慎重に接近しているが、それでも慎重さがたりなかったかもしれない。というのも、ある地点で、二倍の幅がある二艘の艀にあやうく押しつぶされそうになったからだ。甲板員が下に向かって怒鳴った指示は、最初のうちは聞きとれず、やがて活字にできないものになった。

五〇キロほど下流にくだった——いや、上流にさかのぼったのだろうか？——ところで、目的地が近づいてくる。接近を伝える最初の兆し《サイン》は看板《サイン》だ。広告掲示板ほどの大きさで、つくりもののレモンのような色をしている。「**警告**」とその看板は告げている。「**遊泳、飛びこみ、釣り、係留を禁ず**」。ほぼ間をおかずに現れた別の看板には、白字でこう書いてある。「**すべての乗客、子ども、ペットに留意せよ**」。さらに何百メートルか進むと、第三の看板が見えてくる。こちらはピンクがかった赤だ。「**危険**」。はっきりと、そう書かれている。「**この先、魚用の電気バリアあり。感電の危険大**」

全員が携帯電話かカメラを引っぱり出す。川、警告看板、それにおたがいの写真を撮る。電気の流れる川にだれかが飛びこむか、せめて手を突っこむかして、どうなるかたしかめてみるべきだよ。そんなジョークが船上を飛び交う。お手軽なディナーを期待する六羽のオオアオサギが集まっていた。翼と翼をくっつけあって川岸に立つその姿は、食堂で列をつくって順番を待つ学生のようだ。わたしたちはそれも写真に撮る。

人新世と人類

人間は「地のすべてと、地を這うものすべて」を治めるべし。旧約聖書のその預言は確固たる事実になった。あなたのお好みの指標を選ぶといい。どこから見ても、同じ物語が語られるはずだ。人間はこれまでに、地球上の氷に覆われていない土地の半分超――およそ七〇〇〇万平方キロメートル――を直接的に改変し、残りのうちの半分を間接的に変えてきた。[6] 世界の主要な河川のほとんどでダムをつくるか、でなければ流路を変えた。人間の肥料工場とマメ科作物が固定する窒素の量は陸上の全生態系の窒素固定量を上まわり、航空機、自動車、発電所は火山から出る量のおよそ一〇〇倍の二酸化炭素を放出している。人間はいまや、たびたび地震を引き起こしてもいる（二〇一六年九月三日朝にオクラホマ州ポーニーを揺るがした人間起因の地震はとくに被害が大きく、六〇〇キロ離れたデモインでも揺れを感じた）。[7] バイオマス（生物量）という点では数字が完全に常軌を逸しており、現在の人間の総重量は野性哺乳類の総重量の八倍を超える。家畜――ほとんどはウシとブタ――の重量を加えれば、二二倍にまで跳ねあがる。『米国科学アカデミー紀要』に掲載された最近の論文によれば、「それどころか、人間と家畜の総重量は、魚を除くすべての脊椎動物の合計を上まわる」という。[8] 人間は絶滅の、そしておそらくは種分化の最大の要因にもなっている。人間の影響は広範囲にしみわたり、現代のわたしたちは新たな地質時代――人新世（アントロポセン）を生きていると言われるほどだ。この人間の時代には、無人島に漂着したロビンソン・クルーソーが見つけたような人間の足跡が残されていない場所など、どこにもない。もっとも深い海溝や南極の氷床のど真ん中でさえそうだ。

そうした変遷から得られる教訓は言うまでもない——何を望むのか、慎重に考えろ。気温の上昇、海水温の上昇、海の酸性化、海面上昇、氷河の後退、砂漠化、富栄養化——ここに挙げたものは、われらが種の成功から生まれた副産物の一部にすぎない。「地球環境変化」というあたりさわりのない言葉で表現される事態の進むペースはあまりに速く、地球の歴史をつうじて、それに匹敵する例がほんのひと握りしか存在しないほどだ（もっとも新しいところでは、六六〇〇万年前に恐竜の治世を終わらせた小惑星の衝突がある）。人類がつくりだしているのは、過去に例のない気候、過去に例のない生態系、そして過去にまったく例のない未来だ。いまの段階で人間の営為の規模を小さくし、影響を狭めるほうが賢明なのかもしれない。だが、地球上の人間はあまりにも多く（本書執筆時点でほぼ八〇億人）、わたしたちはあまりにも深入りしている。後戻りは実現不可能に思える。

そんなわけで、わたしたちは過去に例のない窮地に直面している。コントロールをめぐる問題の答えがあるとするなら、それはさらなるコントロールということになるだろう。ただし、ここで御すべき相手は、人間から切り離されて存在する——もしくは、そのように存在すると思われている——自然ではない。むしろ、この新たな取り組みは、つくりかえられた惑星からはじまり、螺旋を描くようにみずからのもとへ戻ってくる——それは自然のコントロールというよりは、自然のコントロールのコントロールだ。まず、川の流れを逆転させる。お次は、川に電気を流す。

川に電気を流す

アメリカ陸軍工兵隊のシカゴ地区本部は、ラサール・ストリートに立つクラシカル・リバイバル様式のビル内にある。ビルの外に掲げられた銘板の説明によれば、このビルは、米国の時計を同期させるために開催された一八八三年の総合時刻会議の会場になったという。その時計あわせのプロセスでは、全部で数十あったタイムゾーンが四つに削減された。その結果、いくつかの地域では時間が巻き戻され、「正午が二度ある日」として知られるようになる一日が多くの町で生まれた。

トーマス・ジェファーソン大統領時代に創設されて以来、陸軍工兵隊は途方もない規模で自然に介入する取り組みに力を注いできた。工兵隊のシャベルが一枚噛んで世界を変えた事業は、パナマ運河、セントローレンス海路、ボンネビル・ダム、マンハッタン計画（原子爆弾の製造にあたり、工兵隊は新たな部門を創設した。計画の真の目的を隠すために、その部門は「マンハッタン工兵管区」と呼ばれた）など、枚挙にいとまがない[9]。時代の流れを象徴しているのだろう、いつしか工兵隊の関わる事業には、時を巻き戻すような二次的なものが増えた。その一例が、サニタリー・シップ運河の電気バリアの管理だ。

シカゴ川友の会との遊覧船旅行からまもないある朝、電気バリアを管理するエンジニアのチャック・シェアと話をするために、わたしは工兵隊のシカゴ事務所を訪ねた。到着して真っ先に目にとまったのは、受付デスクの隣に鎮座する岩に据えられた、二匹の巨大なアジアン・カープだ。あらゆるアジアン・カープの例に漏れず、その魚の目も頭の下のほうにあり、そのせいで上下さかさまに置かれているように見える。興味深いとりあわせで構成される虚構の動物相のなかで、そのプラスチック製の魚は小さなプラスチック製のチョウに取り囲まれている。

「ずっと昔、土木工学を勉強していたころは、こんなに魚のことばかり考えるようになるなんて、思ってもいませんでした」とシェアは話した。「でも実を言うと、パーティーの話題としては、これがなかなか役に立つんですよ」。シェアは銀髪に細身の男性で、メタルフレームの眼鏡をかけ、言葉では解決できない問題に取り組むことから生まれる遠慮がちな雰囲気をまとっている。わたしが電気バリアの仕組みを質問すると、彼は握手しようとするかのように手を突き出した。

「運河に電気を流すんです」とシェアは説明した。「要は、意図した範囲全体に確実に電場をつくれるだけの電気を流しさえすればいいんです」

「電場の強さは、上流から下流に、もしくはその逆に向かうにつれて増していきます。たとえば、わたしの手が魚だとすると、鼻先はここになります」と言いながら、シェアは中指の先を指し示した。「そして、尾はこっち」。手のひらのつけ根を指してから、広げた手を小刻みに揺らした。

「それでどうなるかというと、魚が泳いでくると、鼻先で電位が生じますが、尾ではまた別の電位が生まれます。その電位差、つまり電圧によって、電流が体を流れるんです。魚の体を流れるその電流が、衝撃を与えたり、感電死させたりするわけです。全長の大きい魚だと、鼻先と尾の電位差は大きくなる。小さめの魚だと、電圧のかかる距離がそれほど長くないので、衝撃は小さくなります」

シェアは椅子の背にもたれ、手を膝に落とした。「よいニュースは、アジアン・カープがとても大きな魚だということです。アジアン・カープは社会の最大の敵ですから」。人間もとても大きいですよね、とわたしは指摘した。「電気に対する反応は人それぞれです」とシェアは答えた。「でも結論を言えば、残念ながら、死に至ることもあります」

シェアによれば、工兵隊が一九九〇年代後半にこの電気バリア事業に関わるようになったのは、議会にせっつかれたからだという。「まったくもって大雑把な指示でした」とシェアは言う。「『何かしろ！』」

工兵隊に託された任務は厄介なものだった――人、船荷、排水の動きを妨げずに、魚がサニタリー・シップ運河を通り抜けられないようにしろ。工兵隊は見込みのありそうな一〇あまりの方法を検討した(10)。たとえば、運河に毒を盛る。紫外線を照射する。オゾンを水に注入して攻撃する。発電所の排水で川の水を温める。巨大なフィルターを設置する。運河を窒素で満たし、未処理の下水によくあるような無酸素環境をつくりだす案まで検討された（この選択肢は却下されたが、その一因はコストにあった――一日あたり推定二五万ドルだ）。感電させるという方法が勝利を収めたの

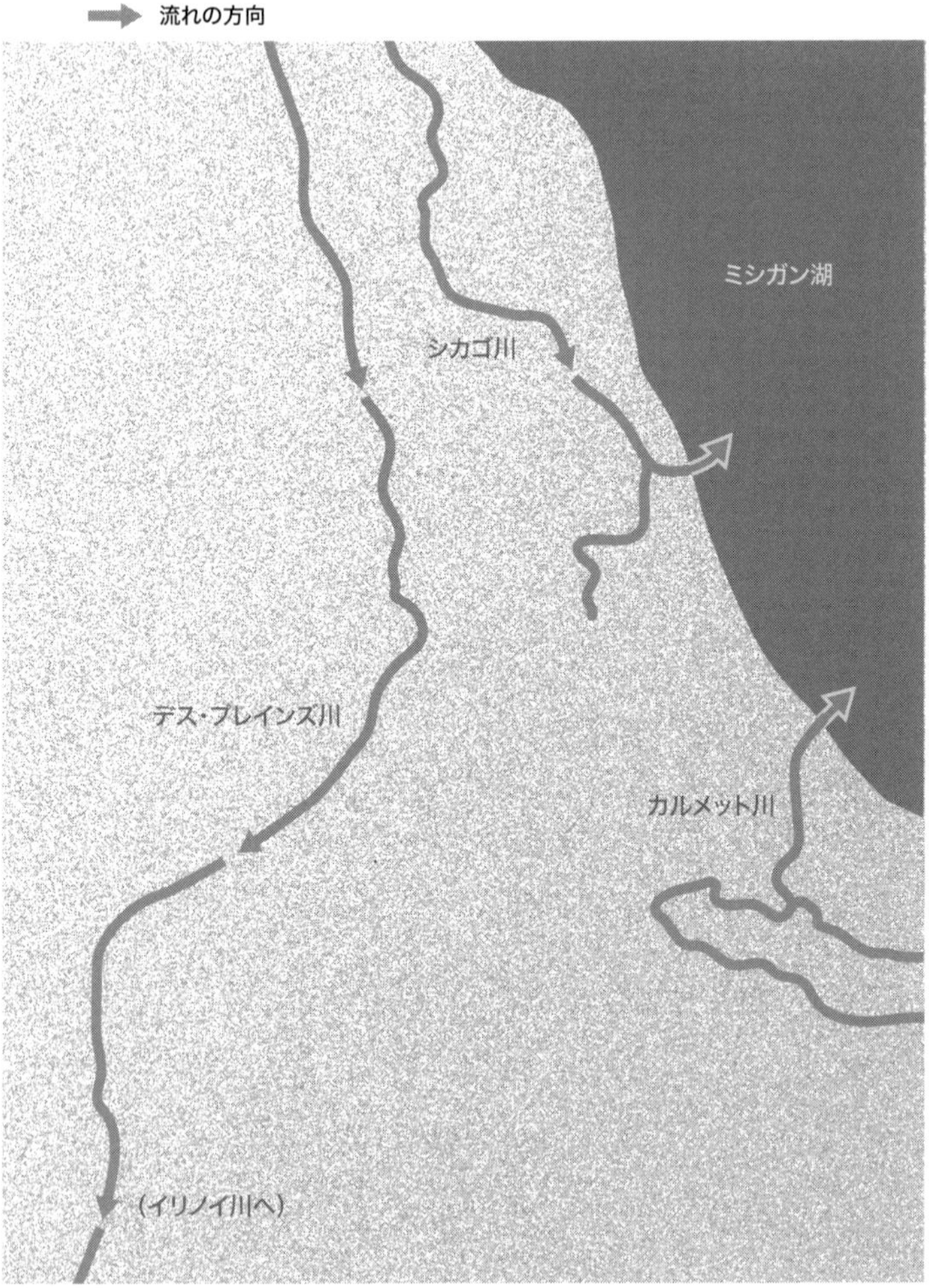

流れを逆転させる前のシカゴ川はミシガン湖に流れこんでいた。

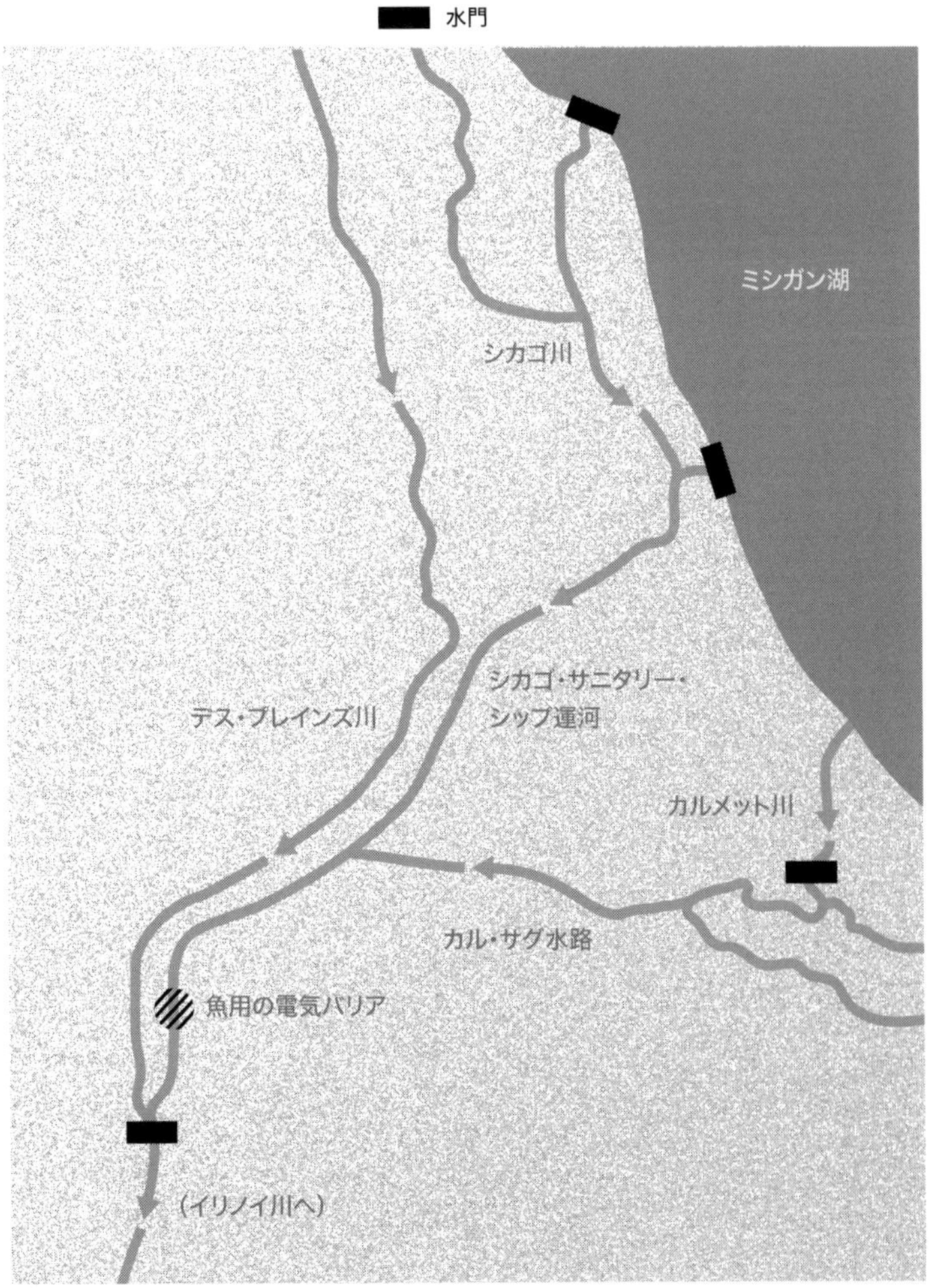

シカゴ・サニタリー・シップ運河により、川の流れが湖から遠ざかる方向に変わった。

は、コストが安く、もっとも人道的な選択肢と思われたからだ。電気バリアに近づく魚がいても、実際に感電死する前に逃げてくれるはずだと期待された。

最初の電気バリアは二〇〇二年四月九日に稼働を開始した。当初、このバリアが撃退する予定の種は、ラウンドゴビー〔ハゼ科の魚〕と呼ばれるカエルのような顔をした侵入者だった。ラウンドゴビーはカスピ海原産の魚で、ほかの魚の卵を貪《むさぼ》り食う。当時すでにミシガン湖に定着していたことから、サニタリー・シップ運河をつうじて湖から出て、デス・プレインズ川へ侵入するのではないかと懸念されていた。デス・プレインズ川へ入れば、そこからイリノイ川へ、さらにはミシシッピ川まで泳いでいける。だが、シェアいわく「バリアが稼働可能になる前に、もうラウンドゴビーは向こう側にいた」。運河に電気を流したのは、魚が稲妻のごとく逃げ出してしまったあとだったというわけだ。

その裏で、別の外来魚——アジアン・カープ——が反対の方向へ、つまりミシシッピ川をさかのぼってシカゴへ向かって移動していた。アジアン・カープが運河を通り抜けたら、ミシガン湖が荒らされ、やがてはスペリオル湖、ヒューロン湖、エリー湖、オンタリオ湖も大打撃を受けると危惧される。ミシガン州のある政治家は、この魚が「われわれの生活様式を破壊する」おそれがあると警告した。[11]

「アジアン・カープは非常に優れた侵入者です」とシェアは話した。ややあって、みずから表現を改めた。「いや、『優れた』ではなく——侵入がうまいんです。適応力が高くて、さまざまな環境で繁栄できる。そのせいで、対処するのが難しいんです」

最初のバリアのあと、工兵隊はさらにふたつの電気バリアを運河に設置し、電圧を大幅に上げた。わたしが訪ねたときには、最初のバリアをさらに強力なバリアに交換している最中だった。この闘いをまったく新しい次元に進めるべく、騒々しい音《ノイズ》と泡《バブル》を取り入れたバリアを設置することも計画されている。泡のバリアのコストは、当初は二億七五〇〇万ドルと見積もられていたが、のちに七億七五〇〇万ドルまで膨らんだ。

「みんな、ジョークを言っていますよ。ディスコ風のバリアだね、って」とシェアは話した。パーティーで使っている決め台詞なのかもしれない。そんな考えが頭をよぎった。

『沈黙の春』の功罪

アジアン・カープはひとつの種のように語られることが多いが、この用語は四種類の魚を総称したものだ。四種とも中国原産で、現地ではまとめて「四大家魚《よんだいかぎょ》」と呼ばれている。中国の人たちはこの名高い四種の魚を池でいっしょに飼育し、一三世紀からずっとそれを続けてきた。その営みは「人類史上に記録された最初の統合型ポリカルチャー〔同じ場所で複数の種の動植物を栽培・飼育すること〕の例」とされている[12]。

四大家魚を構成する魚は、それぞれ特別な才能を持っている。そのため、四種が力をあわせると、マーベル・コミックのスーパーヒーロー四人組「ファンタスティック・フォー」ばりに、ほとんどだれにも止められなくなる。ソウギョ（*Ctenopharyngodon Idella*）は水生植物を食べる。ハクレン（*Hypophthalmichthys molitrix*）とコクレン（*Hypophthalmichthys nobilis*）は濾過《ろか》摂食動物だ。この二種は口から水を吸いこみ、えらにある櫛《くし》のような器官を使ってプランクトンをこしとる。アオウオ（*Mylopharyngodon piceus*）は巻き貝などの軟体動物を食べる。農地で刈った草を池に投げ入れれば、ソウギョがそれを食べてくれる。ソウギョの排泄物は藻類の成長を促進する。その藻類が今度はハクレンの餌になり、コクレンが好んで食べるミジンコなどの小型の水生動物も養う。このシステムのおかげで、中国の人たちは膨大な量のアジアン・カープを獲れる——二〇一五年だけでも、漁獲量はおよそ二五〇〇万トンにのぼった。[13]

人新世ではありふれた皮肉な話だが、中国では、池で養殖されるコイ科淡水魚が天井知らずに増えているにもかかわらず、野生の個体数は激減している。長江の三峡ダムなどの土木事業により、川魚は産卵に苦労するようになった。つまり、四大家魚は人間によるコントロールの手先であると同時に、その犠牲者でもあるのだ。

四大家魚はやがてミシシッピ川にたどりついた。その責任の少なくとも一部は『沈黙の春』にある——これもまた、人新世の皮肉のひとつだ。『自然の征服《コントロール》』という仮タイトルだったその本のなかで、レイチェル・カーソンはそうした考えかたそのものを非難した。[14]

「《自然の征服》——これは、人間が得意になって考え出した勝手な文句にすぎない。生物学、哲学のいわゆるネアンデルタール時代にできた言葉だ。自然は、人間の生活に役立つために存在する、などと思いあがっていたのだ」（『沈黙の春』青樹簗一訳、新潮社）とカーソンは書いている。[15] 除草剤と殺虫剤は「洞窟《どうくつ》時代の人間」の思考の最悪の部分を体現し、「雨あられと生命あるものにあびせかけ」られているとカーソンは訴えた。

化学薬品の見境のない使用は人間に害をおよぼし、鳥たちを殺し、米国の水路を「死の川」に変えている。政府機関は殺虫剤と除草剤を後押しするのではなく、その排除を進めるべきだ――それに「かわるほかの方法は、実にいろいろある」のだから。カーソンはそう警告した。カーソンが強く推していた代替策のひとつが、ある生物により別の生物を抑制する方法だ。たとえば、望ましくない昆虫を抑制するのなら、その昆虫に巣食う寄生生物を導入すればいい。

「あの本のなかで問題――悪者――とされていたのは化学薬品、とりわけDDTなどの有機塩素系農薬の広範囲にわたる、ほとんど無制限の使用です」。アーカンソー州にある水産養殖センターの生物学者で、アメリカにおけるアジアン・カープの歴史を研究しているアンドリュー・ミッチェルはそう話す。「要は、こういうことです。化学薬品の過剰な使用をやめてもなお、ある程度のコントロールを維持するにはどうすればいいのか。おそらくそれが、アジアン・カープの導入に何よりも関係していました。あの魚は、生物的防除《バイオコントロール》の担い手だったんです」

『沈黙の春』が刊行された翌年の一九六三年、文書に記録されたものとしては最初のアジアン・カープが米国魚類野生生物局により船で米国に持ちこまれた。[16] その狙いは、カーソンが推奨していたように、アジアン・カープを利用して水生雑草を抑制することにあった（やはり移入種であるホザキノフサモなどの雑草は、船舶どころか、人でさえ泳いで通り抜けられないほど徹底的に湖や池を塞ぐことがある）。米国に来たソウギョの幼魚――「フィンガーリング」、つまり指ほどの大きさの小魚――は、アーカンソー州スタットガートにある同局の養魚実験ステーションで飼育された。三年後、ステーションの生物学者たちは、すでに成魚になっていたそのうちの一匹を産卵させることに成功する。その結果、さらに数千匹のフィンガーリングが生まれた。ほとんどすぐに、一部が逃げ出した。やがて、赤ちゃんカープはミシシッピ川支流のホワイト川にたどりついた。

のちの一九七〇年代には、アーカンソー州狩猟漁業委員会がハクレンとコクレンの使いみちを思いつく。[17] 水質浄化法が可決されたばかりの当時、州政府はその新たな基準の遵守を迫られていた。だが、多くの地方自治体には、下水処理場を改良する余裕などない。アーカンソー州狩猟漁業委員会は、水処理池にアジアン・カープを放せば効果があるのではないかと考えた。過剰な窒素のおかげで栄える藻類をカープが食べれば、処理池の富栄養化を軽減できるはずだ。研究のために、リトルロック郊外のベントンにある処理池にハクレンが放された。ハクレンはたしかに富栄養化を緩和したが、そのあと、この魚たちもまた逃げ出した。どうやって逃げたのか、たしかなところはだれにもわからない。というのも、だれも見ていなかったからだ。

「当時、だれもが環境をきれいにする方法を探していました」と語るのは、アーカンソー州狩猟漁業委員会でカープを研究している生物学者のマイク・フリーズだ。「レイチェル・カーソンが『沈默の春』を書いてから、水に含まれるあらゆる化学薬品をみんなが心配するようになりました。それに比べたら、外来種については、まったくと言っていいほど心配されていませんでした。残念な話ですが」

増えすぎた外来種

その魚たち――ほとんどはハクレン――は血みどろの山になっていた。膨大な数がいる。どれも生きたまま船に投げ入れられたものだ。わたしはかれこれ数時間、魚が山積みになっていくのを眺めていた。下のほうの魚はもう死んでいると思うが、上のほうにいる魚はまだあえぎ、のたうちまわっている。頭の下のほうについている目のなかに非難めいた光を見たような気がしたものの、あの魚たちにそもそもわたしが見えているのか、それとも単にこちらの心理を投影しているだけなのかはわからなかった。

シティ・リヴィング号での小旅行から数週間後の蒸し暑い夏の朝。ぱくぱくとあえぐアジアン・カープ、イリノイ州に雇われた生物学者三人組、数人の漁師、そしてわたしは、シカゴの南西およそ一〇〇キロに位置するモリスの町の湖で、そろって上下に揺れていた。砂利採取場として生まれたその湖には名前がない。そこへ行くためには、湖を所有する会社の承諾書に署名しなければならなかった。承諾書には、数々の条項とともに、わたしが火器をいっさい所持しておらず、喫煙もしくは「発炎する装置」の使用はしない旨が明記されている。承諾書に描かれた砂利採取場改め湖の輪郭は、子どもの描いたティラノサウルスに似ている。ティラノサウルスのへそのところ——ティラノサウルスにへそがあればの話だが——に、この湖とイリノイ川をつなぐ水路がある。その配置が、カープがここにいるわけを説明している。カープは産卵のために流れのある水——もしくはホルモン注入——を必要とするが、ひとたび産卵を終えたら、淀んだ場所へ引っこんで餌を採るのを好む。

　モリスは対アジアン・カープ戦争におけるゲティスバーグ〔アメリカ南北戦争の勝敗を決めた激戦地〕と言えるかもしれない。この町の南にはアジアン・カープが無数にいる。北ではまれにしか見られない（ただし、どれくらいまれかは議論の余地がある）。その現状を保つために、膨大な時間、資金、魚の命が費やされている。「関門防御《バリアディフェンス》」はその一例で、大きいアジアン・カープが電気バリアに到達するのを防ぐためのものだ。感電が絶対確実な侵入抑止策になるのなら、関門防御は必要ない。だが、わたしが話を聞いた人はだれひとりとして、陸軍工兵隊のシェアのような直接の関係者でさえ、電気バリアの真価を試してみたくてたまらないというわけではなさそうだった。

「われわれの目標は、カープを五大湖に入れないようにすることです」。かつての砂利採取場で船に揺られながら、生物学者のひとりが言った。「電気バリアに頼るつもりはありません」

　その日のはじめに、漁師たちが数百メートルの刺し網を設置していた。目下、三艘のアルミ製ボートに乗った漁師たちがその網を引き上げている。網にかかった在来の魚——フラットヘッド・

キャットフィッシュやフレッシュウォーター・ドラムなど――はいましめを解かれ、湖に投げ戻される。アジアン・カープはボート中央に投げこまれ、死に向かう。

この名なしの湖には、アジアン・カープが無限にいるようだった。わたしの服はおろか、ノートとテープレコーダーにまで、血とぬるぬるした粘着物が飛び散った。網はたぐりよせられたかと思ったら、すぐにまた水中に戻される。ボートの端から反対側の端まで行く必要があるときには、漁師たちはボート中央でのたうちまわるカープを無造作にかきわけて歩く。「この魚たちが泣くとき、だれがそれを聞くのだろう」とソローは問いかけている。「わたしたちが同じ時代を生きていたことは記憶に刻まれ、この先も忘れられることはないだろう[18]」

この「家魚」たちを中国で名高いものにしたまさにその特性が、同じ魚を米国で悪名高いものにしてきた。たっぷり餌を食べたソウギョは、重さ四〇キロ近くになることもある。一日で体重の半分近い重さの餌を食べ、一回の産卵で数十万個の卵を産む。コクレンは、ものによっては重さ四五キロにもなる[19]。この魚はおでこにあたる部分が膨らんでいて、恨みをためこんでいるかのように見える。胃にあたるものがないため、ほぼ絶えまなく食べつづける。

ハクレンもそれに劣らず大食漢だ。おそろしく有能な濾過摂食動物なので、直径四マイクロメートル（人間のもっとも細い毛髪の太さの四分の一）のプランクトンまでこしとれる。どこに姿を現そうが、在来の魚との競争に勝ち、やがて実質的にハクレンしか残らなくなる。ジャーナリストのダン・イーガンの言葉を借りれば、「コクレンとハクレンは、単に生態系に侵入するのではない。

生態系を征服するのだ」[20]。現時点で、イリノイ川ではアジアン・カープが魚類バイオマスのほぼ四分の三を占めており、一部の水路ではその割合はさらに高い[21]。しかも、生態学的なダメージは魚だけにとどまらない。軟体動物を食べるアオウオは、それでなくても危機にある淡水二枚貝を崖っぷちに追いつめるのではないかと危惧されている。

「北米には、世界のどこよりも多様な淡水二枚貝がいます」と語るのは、アメリカ地質調査所の生物学者で、アジアン・カープを研究しているデュアン・チャップマンだ。「多くの種は絶滅の危機にあるか、すでに絶滅しています。それなのに、わたしたちはつまるところ、世界一強力な淡水軟体動物の捕食者を、とりわけ大きな危機にある軟体動物のもとに送りこんでいるんです」

モリスで会った漁師のひとり、トレイシー・サイドマンは、血糊で汚れた防水性のオーバーオールと袖なしのTシャツを着ていた。日焼けした腕の片方に、カープのタトゥーが入っているのが目にとまった。これはコモンカープ（コイ）だとサイドマンは話した。コイもやはり侵入種だ。一八八〇年代にヨーロッパから導入され、おそらくそれはそれで大混乱を巻き起こしたのだろう。だが、長らくこの地にいたおかげで、人々はこの魚にすっかり慣れた。「アジアン・カープを彫るべきだったかな」とサイドマンは言って、肩をすくめた。

サイドマンは、以前はおもにバッファローフィッシュを獲っていたという。バッファローフィッシュはミシシッピ川とその支流の在来種だ（カープにやや似ているが、まったく違う科に属する）。アジアン・カープが到来すると、バッファローフィッシュの個体数は激減した。サイドマンはいま、イリノイ州天然資源局から請け負った「依頼殺戮」で収入のほとんどを得ている。金額を訊くのは失礼のような気がしたが、のちに契約漁師は週に五〇〇〇ドル超を稼ぐのだと知った。

その日の終わりに、サイドマンら漁師たちはボートをトレーラーに積みこみ、ボートのなかにいるカープもろとも町へ向かった。いまや生気をなくし、ガラスのような目になった魚たちは、待ち受ける一台のセミトレーラーのなかにどさりとおろされた。

このときの関門防御は、さらに三日にわたって続いた。最終的な捕獲数はハクレン六四〇四匹、コクレン五四七匹。合計すると、重量は二二トンを超えた。カープはセミトレーラーで西へ運ばれ、すりつぶされて肥料になる。

五大湖の侵入者対策

ミシシッピ川は世界三位の流域〔降った雨や雪がその川や湖に流れこむ範囲〕を誇り、面積で上にくるのはアマゾン川とコンゴ川の流域だけだ。およそ三一〇万平方キロメートルにわたって広がり、米国の三一の州とカナダの二州の一部にまたがっている。流域全体はどことなく漏斗に似た形をしており、漏斗の注ぎ口はメキシコ湾に差しこまれている。

五大湖の流域も広大だ。面積はおよそ七八万平方キロメートルに達し、北米の淡水地表水源の八〇％を占める。食べすぎのタツノオトシゴのような形をしたこの水系は、セントローレンス川をつうじて東側の大西洋に流れ出ている。

このふたつの巨大な流域はたがいに隣接しているものの、それぞれがはっきり異なる水世界をかたちづくっている——いや、かたちづくっていた、と言うべきか。一方の流域を出た魚（でも貝でも甲殻類でも）が、もう一方の流域に入る道は存在しなかった。シカゴがサニタリー・シップ運河の掘削により下水問題を解決したときに玄関口が開き、ふたつの水世界がつながった。二〇世紀のほとんどをつうじて、それはたいした問題ではなかった。シカゴの排水が流れこむ運河は水質が悪すぎ、生きたまま通行できるルートとしては機能しなかったからだ。水質浄化法の成立とシカゴ川友の会などの団体の活動により環境条件が改善されると、ラウンドゴビーなどの生物が運河を通り抜けるようになった。

二〇〇九年一二月、定期メンテナンスの実施に際して、陸軍工兵隊がサニタリー・シップ運河の電気バリアのひとつの電源を切った。アジアン・カープは、いちばん近くのものでも、そこから二五キロほど下流にいると思われていた。それでも、イリノイ州天然資源局は念のための措置として、およそ七五〇〇リットルの有害物質を運河の水にまいた。その結果、重さにして二四トンあまりの魚が死んだ。[22]そのごちゃまぜの魚たちのなかから、一匹のアジアン・カープ——体長五五センチのコクレン——が見つかった。川底に沈んでしまい、網ですくいとれなかった魚が数多くいたことは疑いようがない。そのなかに、ほかにもアジアン・カープがいたのだろうか？

近隣州の反応は苛烈だった。連邦議会議員五〇名が工兵隊宛ての書簡に署名し、遺憾の意を表明

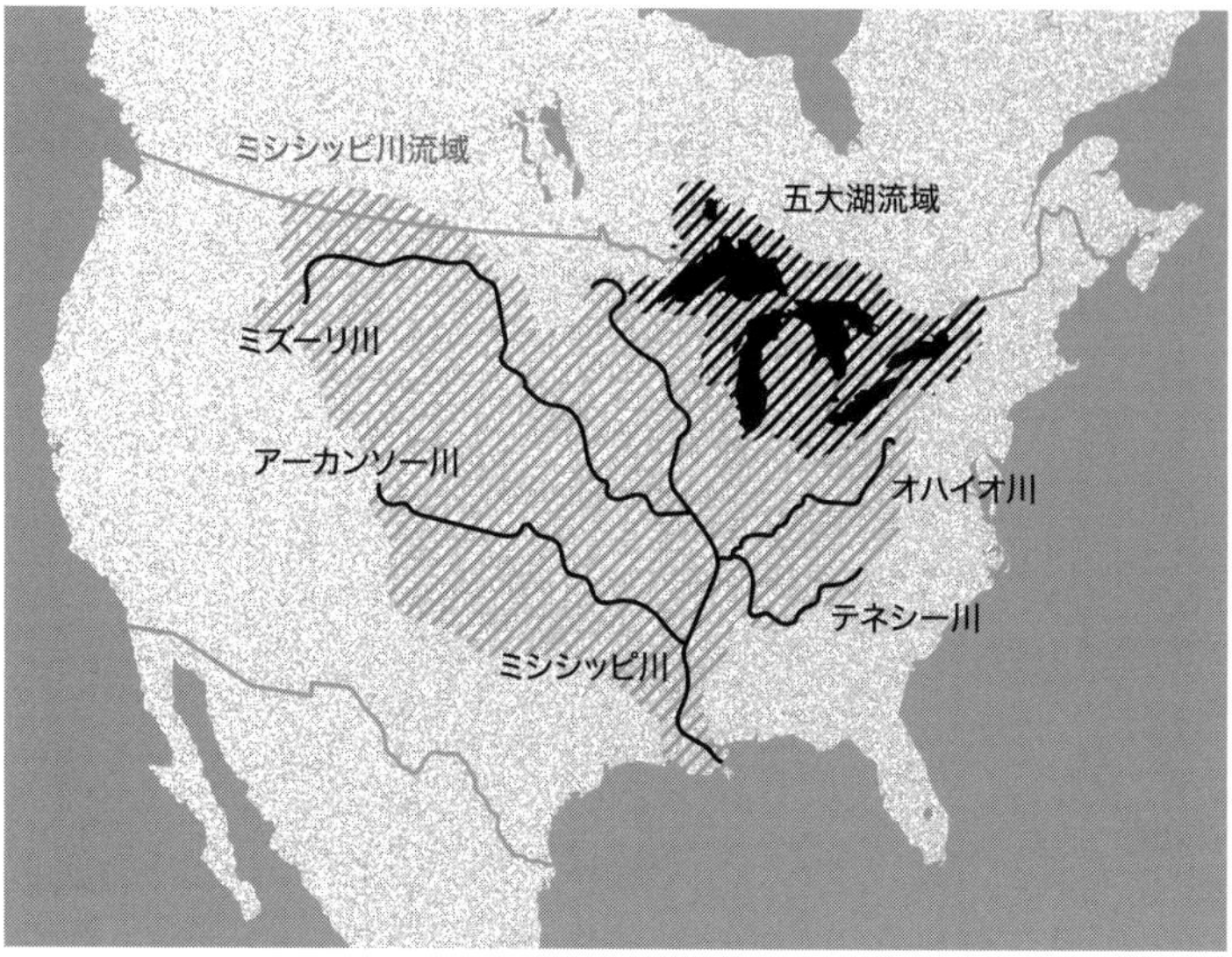

シカゴ川の流れの逆転によりつながった、ふたつの巨大な流域。

した。「五大湖の生態系にとって、アジアン・カープの侵入以上に大きな脅威はないかもしれない」とその書簡には書かれていた。[23] ミシガン州は訴訟を起こし、ふたつの水系のつながりを断つことを求めた。[24] その選択肢を検証した工兵隊は、二〇一四年に二三二ページからなる報告書を公表した。

工兵隊のアセスメントによれば、五大湖へのアジアン・カープの侵入を阻むには、たしかに「水系分離」の強制的な再導入がもっとも効果的な方法だという。[25] また、それには二五年――当初の運河掘削の三倍の期間――と最大一八〇億ドルを要すると見積もられた。

わたしが取材した専門家の多くは、それだけの大金を費やす価値はあるだろうと話していた。彼らの指摘によれば、ふたつの流域それぞれに独自の侵入種リストが存在するという。なかにはアジアン・カープのように意図的に連れてこられた生物もいるが、ほとんどは船舶のバラスト水〔船底に重しとして積み込まれる海水などのこと〕をつうじて意図せずして入りこんでしまったものだ。ミシシッピ川の侵入種としては、ナイルティラピア、ペルービアン・ウォーターグラス（イネ科の水生生物）、中米原産のコンビクトシクリッド（カワスズメの一種）などがいる。いっぽうの五大湖側の侵入種は、ウミヤツメ、イトヨ、フォースパイン・スティックルバック（イトヨと同じくトゲウオのなかま）、スパイニー・ウォーターフリーとフィッシュフック・ウォーターフリー（いずれもミジンコの一種）、どちらも淡水生の巻貝であるコモチカワツボ、ヨーロピアン・バルブスネイル、ヨーロピアン・イヤースネイル、淡水生の二枚貝であるグレーター・ヨーロピアン・ピークラム、ハンプバックト・ピークラム、ヘンズロー・ピークラム、アメリカザリガニ、ブラッディレッド・

シュリンプなどだ。(26) 侵入種をコントロールしたいのなら、運河に栓をするのがいちばん確実だろう。だが、「水系分離」を支持する人のだれひとりとして、それが実現するとは考えていない。いったん変更されたシカゴの排水路をさらに変えるためには、船舶交通のルートをあらため、洪水調節の仕組みを設計しなおし、下水処理システムを改造しなければならない。現状の仕組みに既得権を持つ有権者はあまりにも多い。「政治的な観点からして、絶対に動かないでしょう」。分離を推進してきたものの、結局はあきらめてしまったとある団体のリーダーはそう話した。川を取り巻く人々の暮らしを変えることに比べれば、川そのものをいまいちど――電気や泡や音など、だれにでも思いつく方法で――変えるほうが、はるかに想像しやすいのだ。

対策の最前線

わたしがはじめてアジアン・カープに体あたりされたのは、イリノイ州にあるオタワという町の近くだった。だれかにウィッフルボール〔野球を原型として、手軽で安全に楽しめるように考案されたスポーツ〕のバットで向こうずねを思いきり叩かれたような感じだった。アジアン・カープにかんしていやでも目につく――文字どおり、こちらに向かってとびだしてくる――事実は、ハクレンがジャンプをすることだ。カープをジャンプさせる音のひとつに、船外モーターのぶんぶんという音がある。そのせいで、中西部のカープだらけの場所でするウォータースキーはご当地版のエクストリームスポーツになっている。ハクレンが宙で弧を描く光景には、魚の踊るバレエのような美しさと同時に、迫り来る炎と向きあっているようなおそろしさがある。オタワで会った漁師のひとりは、宙を舞うカープに衝突されて気絶したことがあるという。別の漁師は、カープ絡みのケガをどれだけしたのか、もう数えるのもやめてしまったと話す。「ほとんど毎日ぶつかられる」からだ。わたしが読んだ記事によれば、ある女性はカープにジェットスキーから叩き落とされ、ボートで通りかかった人が川でぷかぷかしている彼女のライフジャケットに気づいたおかげで、すんでのところで命拾いしたという。(27) ユーチューブにはカープのアクロバットを撮影した無数の動画があり、「アジアン・カーポカリプス〔「カーポカリプス」は車をぶつけあって相手の車を破壊して進むレースを題材にしたテレビ番組名〕」とか「とびだすアジアン・カープの攻撃」といったタイトルがついている。とくにカープが多い川の区画に位置するイリノイ州バースの町は、カープの捕獲数を競う「レッドネック・フィッシング・トーナメント」なるものを毎年開催し、カープの巻き起こす混乱でひともうけしようと試みている。参加者には仮装が奨励され、トーナメントのウェブサイトは「保護具の着用を強くおすすめします！」とアドバイスしている。

カープにぶつかられた日は、前回とは別の契約漁師の一団とともに、「関門防御」のためにイリノイ川に出ていた。その小旅行には、ほかにも何人かがくっついてきていた。そのうちのひとりが、パトリック・ミルズという名の教授だ。ミルズが教鞭をとるジョリエット・ジュニア・カレッジは、陸軍工兵隊が音とウォータージェットの泡による「ディスコ風」バリアを設置したいと考えている

驚いて水からとびだすハクレン。

場所からほんの数キロのところにある。「ジョリエットは先鋒隊のようなものです」。そう話すミルズは、ジョリエット・ジュニア・カレッジの野球帽をかぶり、ひさしに〈ゴープロ〉のアクションカメラをつけている。

わたしがイリノイ州で出会った人たちのなかには、かならずしもわたしがすっかり理解したわけではない理由から、アジアン・カープとの闘いに身を投じる決意を固めている人がいた。ミルズもそのひとりだ。化学者として経験を積んだミルズは、カープを網におびきよせるという触れこみの特殊なフレーバーつきの餌を開発し、地元の菓子製造業者の助けを借りてトラック一台ぶんの試作品をつくっていた。餌は形も大きさも煉瓦《れんが》と同じで、大部分が溶かして固めた砂糖でできている。

「ちょっとマクガイバー〔身近なもので即席の武器や装置をつくってミッションを達成するドラマシリーズ『冒険野郎マクガイバー』の主人公〕っぽいですよね」とミルズ本人も認めた。

この日テストされるフレーバーはガーリックだ。餌のひとつを試食してみると、不愉快な味というわけではなく、ニンニク風味の〈ジョリーランチャー〉のキャンディのようだった。ミルズが教えてくれたところによれば、翌週はアニス〔スパイスとして使われるハーブの一種〕を試すつもりだという。「アニスは、すごく川向きのフレーバーなんです」とミルズは話した。

ミルズの研究がアメリカ地質研究所の関心を引いたことから、試験のなりゆきを見守るために、ミズーリ州コロンビア——車で六時間の距離——から生物学者が来ていた。餌の製造に協力した菓子業者の男性も、妻とともに参加している。シカゴから一三〇キロほど離れたこの地点では、イリノイ川は川幅が広く、船の往来はない。二羽のハクトウワシが頭上を舞っている。魚がそこかしこでとびはね、ときどき船のなかに入ってくる。全員がお祭り気分だった。例外は漁師たちだ。彼らにとっては、言ってみれば、かわりばえしない職場の一日にすぎない。

その数日前、漁師たちは二〇あまりのフープネットを設置していた。見た目も機能も吹き流しのような網だ（水が流れこむと広がり、そうでないときにはしぼむ）。フープネットの半分に、小さなメッシュの袋に入れて吊るしたミルズの「煉瓦」を仕掛けた。うまくいけば、餌をつけた網のほうが多くのカープを引き寄せるはずだ。漁師たちは疑念を隠さなかった。漁師のひとりは、カープ用キャンディのにおいについて、わたしに文句をたれた。その不平には興味をそそられた。というのも、そのにおいと張りあっているのは、死んだ魚の悪臭だったからだ。別の漁師は、こんなものは金の無駄だとばかりに目をぐるりとまわしてみせた。

「言わせてもらえば、こんなのはお笑いぐさですよ」。漁師たちのうち、いちばん遠慮会釈のない発言をするゲイリー・ショーが、ある時点でミルズに言った。砂糖はあっというまに溶けるので、どうしたらカープがそのフレーバーを嗅ぎとったり餌を見つけたりできるのかわからない、というのだ。ミルズはそつなく応じ、「いろいろなアイデアがありますが、こういう対話をつうじて、はじめて改良できるんですよ」と返した。すべてのフープネットを空《から》にしたあと、漁師たちは収穫物を前と同じようなセミトレーラーへ引きずっていった。この魚たちもまた、肥料になる運命にある。

本当の解決策？

アジアン・カープの五大湖への侵入を阻むにはどうすればいいのか。その方法をめぐる案は、カープそのものと同じくらい無数にあると見える。「毎日、市民から電話がかかってくるんですよ」とケヴィン・アイアンズは話した。「ありとあらゆる案を聞かされています――カープがこぞって跳びのる艀から、宙を飛ぶナイフまで。なかにはよく考えられたものもありますが」

アイアンズはイリノイ州天然資源局の漁業担当次長だ。そんなわけで当然、カープのことをあれこれと心配しながら勤務時間のほとんどを過ごしている。「どんな案でも、あっさり却下してしまうのは躊躇します」。最初に話をしたときに、アイアンズは電話ごしにそう語った。「どのちょっとしたアイデアが注目の的になるかなんて、絶対にわかりませんからね」

アイアンズに言わせれば、アジアン・カープの侵入を阻止する最大の希望は、いくらか斜めに見れば生物的防除の担い手と見なせなくもないものを引き入れることにあるという。カープの数を大きく減らせるくらい大型で貪欲な生物種とは、いったいどんな種なのか？

「人間は乱獲のやりかたを知っています」とアイアンズは話した。「ですから考えるべきは――どうすればそれをうまく利用できるか、ということです」

数年前、アイアンズはカープを殺したいほど好きになってもらうためのイベントを企画した。その名も「カープフェスト」だ。モリスにほど近い州立公園で開催された開会式には、わたしも出席した。公園のボート乗り場近くに巨大な白いテントが設営され、そのなかでボランティアがありとあらゆる侵入種グッズを配っていた。わたしは鉛筆、冷蔵庫用マグネット、『五大湖の侵入者』と題されたポケットガイド、「水の侵入者の拡散と闘おう」と書かれたハンドタオル、空飛ぶカープのかわしかたを解説するパンフレットを手にとった。

「キルスイッチ（エンジン停止スイッチ）を衣類にとめておきましょう」とイリノイ州天然資源局発行のパンフレットはアドバイスしている。「そうしておけば、船から叩き落とされたり投げ出されたりしても、船がどんどん進んでしまうのを防ぐことができます」。カープをペット用のおやつに変えている会社からは、無料の犬用ガムを一袋もらった。ガムはミイラ化したヘビのようだった。

わたしが見つけたとき、アイアンズはアジアン・カープがサニタリー・シップ運河を通ってミシガン湖に忍びこめることを示す地図の隣に座っていた。たくましい体格、薄い白髪、白いあごひげのアイアンズは、サンタクロースがオフシーズンに釣り用タックルボックスを持ち歩いていたらこんな感じかもしれないと思わせる風貌をしている。

「こと五大湖とその生態系にかんしては、みなさん、熱くなってしまうんです。たとえ大きく変わってしまっていても」とアイアンズは言う。「『ああ、もともとの水系は――』と言うときには、気をつけないといけません。実際のところ、もう自然のままではないんですから」。アイアンズ自身もオハイオ出身で、エリー湖で釣りをして育った。近年のエリー湖では植物プランクトンが大量発生し、そのたびに広大な面積が気味の悪い緑色に変わる。アジアン・カープがミシガン湖に到達し、そこから別の湖に侵入したら、その大量発生した植物プランクトンがカープ向けの食べ放題ビュッフェになるのではないかと生物学者は危惧している。貪欲なカープは植物プランクトンの抑制に貢献するかもしれないが、その過程でウォールアイやパーチなどの釣り向きの魚を駆逐するだろう。

「もっとも大きな影響が出るのは、おそらくエリー湖だろうと見ています」とアイアンズは言う。

わたしたちが話をしているあいだ、大柄な男性がテントの中央で大きなハクレンをさばいていた。まわりに集まった人たちが、その様子を眺めている。

「こうやって、ナイフを傾けます」とその男性、クリント・カーターは集まった観衆に説明した。魚の皮をはぎ終え、いまは横腹から長い身を切りとっているところだ。

「これを切りとって、ミンチにしたら、フィッシュパテやフィッシュバーガーをつくれます」とカーターは観衆に話した。「サーモンバーガーとの違いなんて、わかりませんよ」

もちろん、アジアでは何世紀も前からアジアン・カープがおいしく食べられている。だからこそ「四大家魚」が飼養されているのだし、一九六〇年代にアメリカの生物学者たちの目を引くに至ったのも、少なくとも間接的にはそれが理由だ。何年か前、アメリカの科学者の一団がアジアン・カープの知識を深めようと上海を訪ねた際には、『チャイナ・デイリー』紙が「アジアン・カープ――アメリカ人には害悪、中国人にはごちそう」という見出しの記事を掲載した。(28)

「中国人は太古の昔から、栄養たっぷりのこの美味なる魚を食してきた」と同紙は書いている。記事には、カープのホワイトスープやチリソース煮込みなど、見るからにおいしそうな料理の写真がいくつか添えられている。「カープを丸ごと供するのは、中国文化では繁栄のシンボルだ」と同紙は続けた。「晩餐会では、尾頭つきのカープを最後に出すのが慣例である」

中国は、だれもが思いつくであろうアメリカ産アジアン・カープの市場だ。問題は、輸出するためにはカープを冷凍する必要があるが、中国人は生魚を好んで買うことだとアイアンズは説明した。かたやアメリカ人は、カープの骨の多さを毛嫌いする。コクレンとハクレンには、肉間骨《にくかんこつ》と呼ばれる二列に並ぶ骨がある。Yの字の形をしたこの骨のせいで、骨のない切り身をつくるのは不可能に近い。

「アジアン・カープと聞くと――『カープ（carp）』は四文字言葉〔汚いものや卑猥なものを表す四文字からなる英単語の総称〕なんですよ――みんな、おええぇ、みたいな反応をします」とアイアンズは話した。だが、実際に食べてみると態度を変える。ある年、州の特産物を紹介するステート・フェアでイリノイ州天然資源局がカープを使ったアメリカンドッグを出したときのことを、アイアンズは振り返った。「みんな、すごく気に入りましたよ」

州都スプリングフィールドで魚市場を経営するカーターも、アイアンズと同じく、カープ食の熱心な伝道者だ。カーターの友人のひとりは、とびはねたカープに鼻を折られ、そのせいで目の手術を受けるはめになったという。

「抑制《コントロール》しないといけません」とカーターは言う。「数百トン、数千トンのカープを獲れるなら、効果が出るはずです。そのための唯一の方法が、需要を生み出すことなんです」。カーターは自分でさばいた切り身を手にとり、転がしてパン粉をまぶし、たっぷりの油で揚げた。その日は晩夏の暑い一日で、そのころまでにカーターは汗びっしょりになっていた。切り身が揚がったあと、カーターが試供品として配ってまわると、反応はおおむね好評だった。

「チキンみたいな味がする」。どこかの男の子がそう言うのが聞こえた。

正午ごろ、白いシェフコートを着た男性がテントに姿を現した。だれもがシェフ・フィリップと呼んでいたが、正式な名前はフィリップ・パローラだ。パリ出身のパローラは、現在はルイジアナ州バトンルージュに住んでいる。イリノイ北部まではるばるやってきた――車で一二時間の距離だが、本人の話によれば一〇時間でついたという――のは、みずから考案した必殺料理を宣伝するためだ。

パローラは太い葉巻を吸いながら、新手のグッズを配ってまわった――太い葉巻を吸いながら、フライパンに警戒の目を向けるカープの絵が描かれたTシャツだ。Tシャツの背中には「われらが川を守れ」と書かれている。パローラは大きな箱も持参していた。箱の片側には「アジアン・カープの解決策」、その下には「やつらをぶちのめすのは無理だ、食え！」と印刷されている。箱のなかに入っていたのは、巨大なミートボールのような魚肉団子だ。

「ホウレンソウを敷いて、クリームソースをちょっとかければ、前菜になりますよ」。パローラは魚肉団子の載った皿をみなにまわしながら、強いフランス風のアクセントまじりで話した。「団子ふたつにフライドポテトとカクテルソースを添えたものを、フットボール場で売ってもいいですね。大皿に盛って結婚披露宴で出してもいいし。まさに変幻自在です」

パローラはこの魚肉団子の発明に人生の一〇年近くを費やしたという。その時間の大半は、Y字形の骨の問題に頭を悩ませながら過ごした。特殊な酵素や、アイスランドから輸入したハイテクの骨抜き機を試したこともある。だが、ぐちゃぐちゃになったアジアン・カープのかたまりができただけだった。「何かとあわせて料理してみると、そのたびに灰色に変わって、燻製肉みたいな味になるんです」とパローラは振り返る。最終的に、この魚は手作業で骨を抜かなければだめだとの結論に至った。しかし、米国では人件費が法外に高いので、国外に委託する必要がある。

パローラがカープフェストに持ってきた魚肉団子は、ルイジアナ州で獲れたカープでつくったものだ。パローラの説明によれば、そのカープは冷凍され、船でベトナムのホーチミン市へ輸送された。そこで解凍し、加工し、真空パックし、ふたたび冷凍したあと、また別のコンテナ船に載せてニューオーリンズへ運んだという。カープを毛嫌いするアメリカ人の先入観に配慮し、パローラはこの魚に「シルバーフィン」という新たな名をつけ、商標登録もした。

フィンガーリングからフィンガーフードになるまでに、パローラの「シルバーフィン」はどれだけの距離を旅したのか。それを知るのは難しいが、おそらく少なくとも三万二〇〇〇キロくらいにはなっているにちがいない。しかもそこには、その魚たちの先祖がそもそも米国へたどりつくために旅した距離は含まれていない。これが本当に「アジアン・カープの解決策」になるのだろうか？

わたしは疑念を拭えなかった。それでも、魚肉団子がまわってきたときには、ふたつをつまんだ。

たしかに、なかなかおいしかった。

第2章　ミシシッピ川と沈みゆく土地

ニューオーリンズ・レイクフロント空港は、ポンチャートトレイン湖に舌のように突き出す盛り土の上に位置する。壮麗なターミナルは、一九三四年の建設当時には時代の最先端と見なされていたアールデコ様式だ。いま、ターミナルは結婚式向けに貸し出され、滑走路は小型飛行機が使っている。かくいうわたしも、カープフェストの数か月後、四人乗りの小型飛行機パイパー・ウォーリアの助手席に座ってここに到着した。

パイパーの所有者兼パイロットはセミリタイア生活を送る弁護士で、口実を見つけては空を飛びたがる人だ。保護された動物たちをシェルターからシェルターへ運ぶボランティアをよくしている、と話してくれた。はっきりとは言わなかったものの、彼のお気に入りの乗客はイヌたちだということがそれとなく伝わってきた。

パイパーはレイクフロント空港から離陸して北進し、ポンチャートレイン湖を越えてから、ぐるりと方向転換してニューオーリンズへ向かった。ミシシッピ川のイングリッシュ・ターンが見えた。この急な湾曲部で、川は三六〇度に近い円を描く。わたしたちはそこから、プラークミンズ郡をくねくねと流れていく川に沿って飛びつづけた。

プラークミンズはルイジアナ州の南東の端にあたる。ここでミシシッピ川流域の巨大な「漏斗」が狭まって「注ぎ口」になり、シカゴの漂流物のあれこれがついに海に吐き出される。地図の上では、この郡はメキシコ湾に押しこまれた筋骨隆々の太い腕のようで、その中央を一本の静脈よろしくミシシッピ川が流れている。腕の先端で、ミシシッピ川は三つ又にわかれる。指やかぎづめを思い起こさせるその配置から、この地域の名――「バーズ・フット（鳥の足）」――がついた。

空から見ると、プラークミンズ郡はまったく違う様相を呈する。腕にたとえるなら、ぞっとするほど痩せ細った腕だ。ほぼ全長――およそ一〇〇キロ――にわたって、ほとんど静脈しかない。なけなしの切れ目のない陸地が、二本の痩せこけた細長い線となって川にはりついている。

高度およそ六〇〇メートルを飛んでいると、その細長い土地にひしめく家屋や農場や精油所は見えるものの、そこで暮らしたりはたらいたりしている人たちまでは見えない。その先にあるのは、広い水域とつぎはぎのような沼地だ。多くの場所では、まばらな地面を水路が縦横に走っている。おそらく、陸地がもっとしっかりしていたころに、地下の石油を採るために掘られたのだろう。ところどころに、いまや直線的な湖と化したかつての畑の輪郭が見えた。飛行機の上でもくもくと膨らむ巨大な白い雲の鏡像が、地上の黒い水たまりに映っている。

プラークミンズ郡は、地球上屈指のスピードで消えつつある場所という称号――ひいき目に見ても不名誉な称号だが――を得ている。この郡に住む人――その数は減るいっぽうだ――のだれもが、いまは一面の水だが、かつては家や狩猟キャンプがあった場所を指し示すことができる。ティーンエイジャーでさえそうだ。数年前、アメリカ海洋大気庁はベイ・ジャクインやドライ・サイプレス・バイユーをはじめ、プラークミンズ郡の三一の地名を公式に廃した。[1] もはやそこにはその場所が存在しないからだ。

そして、プラークミンズで起きていることは、ルイジアナ州の沿岸部全体で起きている。一九三〇年代以降、ルイジアナ州は五〇〇〇平方キロメートル以上縮んだ。デラウェア州かロードアイランド州が同じだけの土地を失ったら、アメリカ合衆国は四九州になってしまうだろう。ルイジアナは一時間半ごとに、アメリカンフットボール場ひとつぶんの土地を失っている。数分ごとに、テニスコート一面ぶんの土地が消える。地図で見れば、この州はまだブーツに似た形をしているかもしれない。だが実際には、現時点ですでにブーツの底はぼろぼろになり、靴底だけでなく、かかとと甲のかなりの部分も消えてなくなろうとしている。

「土地消失危機」と呼ばれるようになったこの現象は、さまざまな要因に導かれている。だが、根本的な原因は土木工学の偉業にある。シカゴ近辺で跳ねるアジアン・カープとニューオーリンズ周辺の郡の沈んだ畑に共通するもの、それは人間起因の自然災害を体現しているという点だ。ミシシッピ川を管理するために、途方もない長さの堤防、防水壁、護岸がつくられてきた。陸軍工兵隊はかつてこう誇っていた。「われわれは川に手綱をつけ、まっすぐにし、秩序を与え、足枷《あしかせ》をはめた」(2)。ルイジアナ州南部が水浸しになるのを防ぐために築かれた巨大なシステム。まさにそれが、この地域が崩壊し、履き古した靴のようにばらばらになりかけている理由なのだ。

そしていま、新たな公共事業計画が進行している。管理《コントロール》が問題だというのなら、人新世のロジックにしたがえば、さらなるコントロールこそが解決策になるはずだ。

堆積物が築いた土地

プラークミンズで——あるいはルイジアナ南部のほぼどんな場所でもいいが——地面を掘りはじめると、泥炭のようなぬかるみを掘り起こすことになる。このあたりの土壌のかたさは、生ぬるいゼリーになぞらえられてきた。いくらもしないうちに、掘った穴は水で満たされる。そのため、棺のようなものを地下にとどめておくのは難しい。ニューオーリンズで死者が地上の納骨堂におさめられるのはそのせいだ。さらに掘り進めていくと、やがて砂と粘土に行きあたる。そのまま掘りつづけるとさらなる砂とさらなる粘土に到達し、このパターンが数百メートル、場所によってはそれ以上にわたって繰り返される。堤防や道路の補強のために運びこまれたものを除けば、ルイジアナ南部に岩石は存在しない。

砂と粘土の層にしても、ある意味では運びこまれたものと言える。微妙に変わってはいるものの、ミシシッピ川は大昔から流れている。そのあいだずっと、広い背中に膨大な量の堆積物をのせて運んできた――ルイジアナ買収〔米国が広大な仏領ルイジアナを購入した一八〇三年のできごと〕のころには、年間四億トン前後に相当する量だった。[3]「わたしは神々のことをよくは知らない。だが、わたしの考えでは／河は強い褐色の神――」（『四つの四重奏』岩崎宗治訳、岩波書店）とT・S・エリオットは書いている。川が岸を乗り越える――かつては毎年と言っていいほど、春になるとそれが起きていた――たびに、平野に堆積物がぶちまけられる。季節を重ねていくうちに、粘土と砂と沈泥《ちんでい》が何層にも積み重なっていった。こうして「強い褐色の神」は、イリノイとアイオワとミネソタとミズーリとアーカンソーとケンタッキーのかけらからルイジアナの沿岸部を組み立てたというわけだ。

ミシシッピ川は絶えず堆積物をばらまいており、そのせいで絶えず流れを変えている。積み重なった堆積物は流れを妨げるので、そうなると川はもっと速く海まで行けるルートを探しに出る。ひときわ急激な流路の変化は「アバルジョン」と呼ばれる。過去七〇〇〇年のあいだに、ミシシッピ川は六回にわたってアバルジョンを経験した。そしてそのたびに、盛り上がった土地を新たに構築してきた。ラフォーシェ郡はカール大帝の治世にできたローブ（舌状堆積体）の生き残りだ。テレボーン郡西部は、フェニキア人の時代に形成されたデルタローブの名残。ニューオーリンズの街は、ピラミッドの時代に生まれたローブ――セントバーナード郡――の上にある。さらに古いローブの多くは、いまや水に沈んでいる。ミシシッピ扇状地――氷期の堆積物からなる巨大な円錐丘

──は、いまではメキシコ湾の海底に横たわっている。その面積はルイジアナ州全体よりも大きく、場所によっては厚さ三〇〇〇メートルにもなる。

プラークミンズ郡も同じようにして築かれた。地質学的に見れば、この郡は一族の赤ちゃんのようなものだ。ミシシッピ川の最後のアバルジョンのあと、一五〇〇年前ごろにできはじめた。まだ若い堆積地なのだから、いちばん長もちするのではないかと思うかもしれない。だが、実際はその反対だ。ミシシッピ川デルタのやわらかいゼリーのような土壌は、時とともに水がはけ、圧縮されていく傾向がある。新しい層はもっとも水分が多いので、もっとも急速にかさが減る。そのため、新たな堆積物が積み重ならなくなった途端、水に沈みはじめる。ルイジアナ南部では、ボブ・ディランの言葉を借りれば、どんな場所だろうが「せっせと生まれ変わっていないやつは、せっせと死に急ぐ」のだ。

これほどまでに変わりやすい土地に定住するのは難しい。にもかかわらず、ネイティブアメリカンはこのデルタ地帯で、それがつくられている最中から暮らしていた。川の気まぐれさとつきあうために彼らがとった戦略は、考古学者たちにわかっているかぎりでは、一種の順応作戦だった。ミシシッピ川が氾濫したら、もっと高い土地を探す。川が居場所を変えたら、人もそれにならう。

このデルタ地帯に到来したフランス人は、植民地にするにあたり、そこに暮らす先住民の意見を仰いだ。一七〇〇年の冬、現在のプラークミンズ郡の東岸にあたる場所に、フランス人が木造の砦を建てた。砦の司令官ピエール・ル・モワン・ディベルヴィルは、バイヨグーラ族の案内人から、

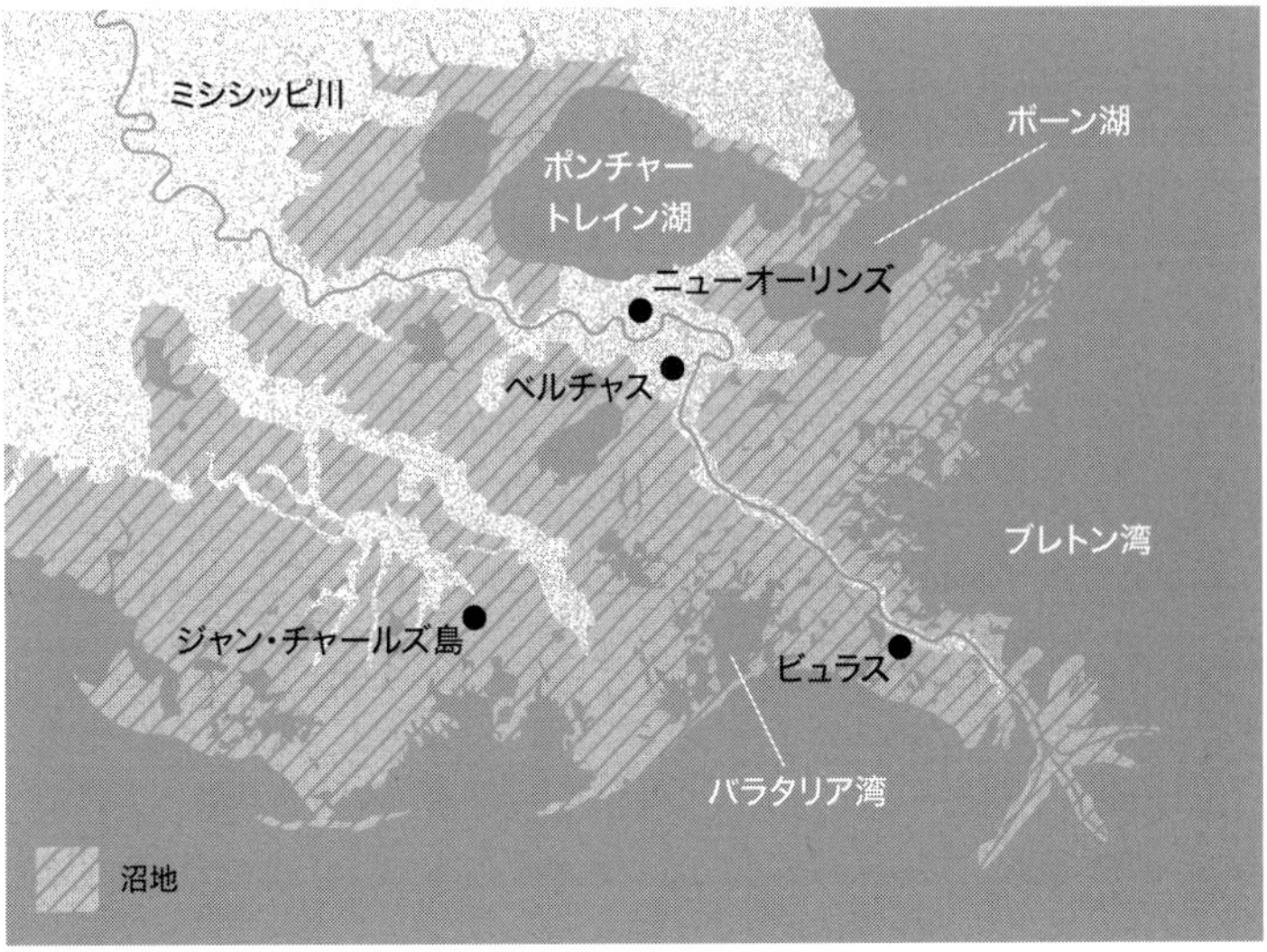

ルイジアナ州南部の大部分は、もはや水をかぶらない陸地ではない。

この場所は水が来ない《ドライ》と保証された。(4) それが意図的な偽りだったのか、単なる誤解だった——ルイジアナ南部では「ドライ」は相対的な言葉だ——のかはともかく、そこはすぐに水浸しになった。翌年の冬に訪れたとある司祭は、「脚のなかばまでの深さ」の水をかきわけて宿舎へ向かう兵士たちの姿を目にした。(5) 一七〇七年、砦は放棄された。「いかにすればこの川辺に入植者を配せるのか、見当もつきません」とディベルヴィルの弟ジャン＝バティスト・ル・モワン・ド・ビヤンヴィルはパリにいる上司に書き送り、撤退を釈明した。(6)

ビヤンヴィルは冷たく濡れた足をものともせずに前進し、一七一八年にニューオーリンズを設立した。この新たな都市は、水に囲まれた環境にちなみ、リル・ド・ラ・ヌーヴェル・オルレアン〔新オルレアン島の意。オルレアンはオーリンズのフランス語読み〕と呼ばれた。意外でもなんでもないが、フランス人が建設地として選んだのは、もっとも高さのある土地だった。直観とは裏腹に、それはミシシッピ川と背中あわせの場所、川そのものが築いた小高い土手の上にあたる。川の水があふれると、砂などの重い粒子は真っ先に水から離れて沈殿する傾向がある。それにより、自然堤防《レヴィ》と呼ばれるもの（「レヴィ（levee）」はフランス語では単に「持ち上がった」を意味する）ができる。

設立の一年後、リル・ド・ラ・ヌーヴェル・オルレアンははじめての氾濫に見舞われる。「一五センチほど冠水している」とビヤンヴィルは書き残した。(7) 入植地はその後の六か月にわたって水に浸かりつづけることになる。フランス人たちは再度の撤退ではなく、足場を固めるほうを選んだ。自然堤防の上に人工の堤防を築き、ぬかるみを切り裂いて排水路をつくりはじめたのだ。そうした骨の折れる労働のほとんどはアフリカ人奴隷が担った。一七三〇年代までに、奴隷の築いた堤防はミシシッピ川の両岸にのび、その距離は八〇キロ近くに達していた。[8]

こうした初期の堤防は土を木材で補強したつくりで、たびたび決壊した。とはいえ、これにより、こんにちまで残るパターンが確立されることとなった。川の動きにあわせて街を動かすわけにはいかないのだから、川をその場にとどめておかなければならない、というわけだ。川が氾濫するたびに堤防は改良され、より高く、より広く、より長くなっていった。一八一二年の米英戦争のころには、堤防の長さは二四〇キロを超えていた。[9]

ルイジアナの土地消失をめぐるジレンマ

プラークミンズ郡の上空を飛んだ数日後、わたしはふたたびその郡を見下ろしていた。ミシシッピ川が急激に水位を上げ、ニューオーリンズの上流にある放水路の水門が機能していないのではないかと懸念されていた。水位が上がりつづけ、放水路が開かなければ、下流にあるニューオーリンズといくつかの郡は水浸しになるだろう。わたしといっしょにいる数人のエンジニアがぴりぴりしはじめている。わたしも不安だったが、ほんの少しだけだ。というのも、わたしたちがいま見ているミシシッピ川は、川幅が一〇センチあまりしかないからだ。

ここ河川研究センターはルイジアナ州立大学の出先機関で、本物のミシシッピ川からそう遠くない、バトンルージュという街のホッケーリンクが入っていそうな建物のなかにある。

センターの中心《センター》には、ミシシッピ川デルタの六〇〇〇分の一の模型がある。ルイジアナ州中央部に位置するアセンション郡ドナルドソンビルの市街からバーズ・フットの先端までの領域だ。高密度フォーム製の模型は、この地域の地形とそこにつけたされたあらゆるもの――堤防、放水路、防水壁――とそっくり同じになるように機械加工されている。バスケットボールコート二面ぶんの広さがあり、上にのって立てるほど丈夫だ。とはいえ、わたしが訪ねた日のように、模型が稼働しているときには、数歩といえどもその上を歩くのは難しい。模型にある大きな水たまりは、ポンチャートトレイン湖とボーン湖を表している。このふたつは湖と呼ばれてはいるが、厳密に言えば海とつながった汽水の潟湖《せきこ》だ。そのほかの水たまりは、バラタリア湾とブレトン湾、それにメキシコ湾の入江。そして、さらに多くの水たまりが、さまざまなバイユー〔ミシシッピ川下流域に多くある、流れのごくゆるやかな小川や沼地のような水域〕や潟を模している。わたしは靴を脱ぎ、ニューオーリンズから海岸まで歩こうとした。イングリッシュ・ターンにつくころには、足が濡れていた。わたしはぐしょぐしょの靴下をポケットに突っこんだ。

このデルタの模型はいわば未来の立体地図で、土地消失と海面上昇をシミュレーションし、それに対処するための戦略のテストに役立てることを意図している。センターの壁の一面には、アルベルト・アインシュタインのものとされる格言が目立つように掲げられている。「問題を生み出したときと同じ考えかたをしていたのでは、その問題を解決できない」

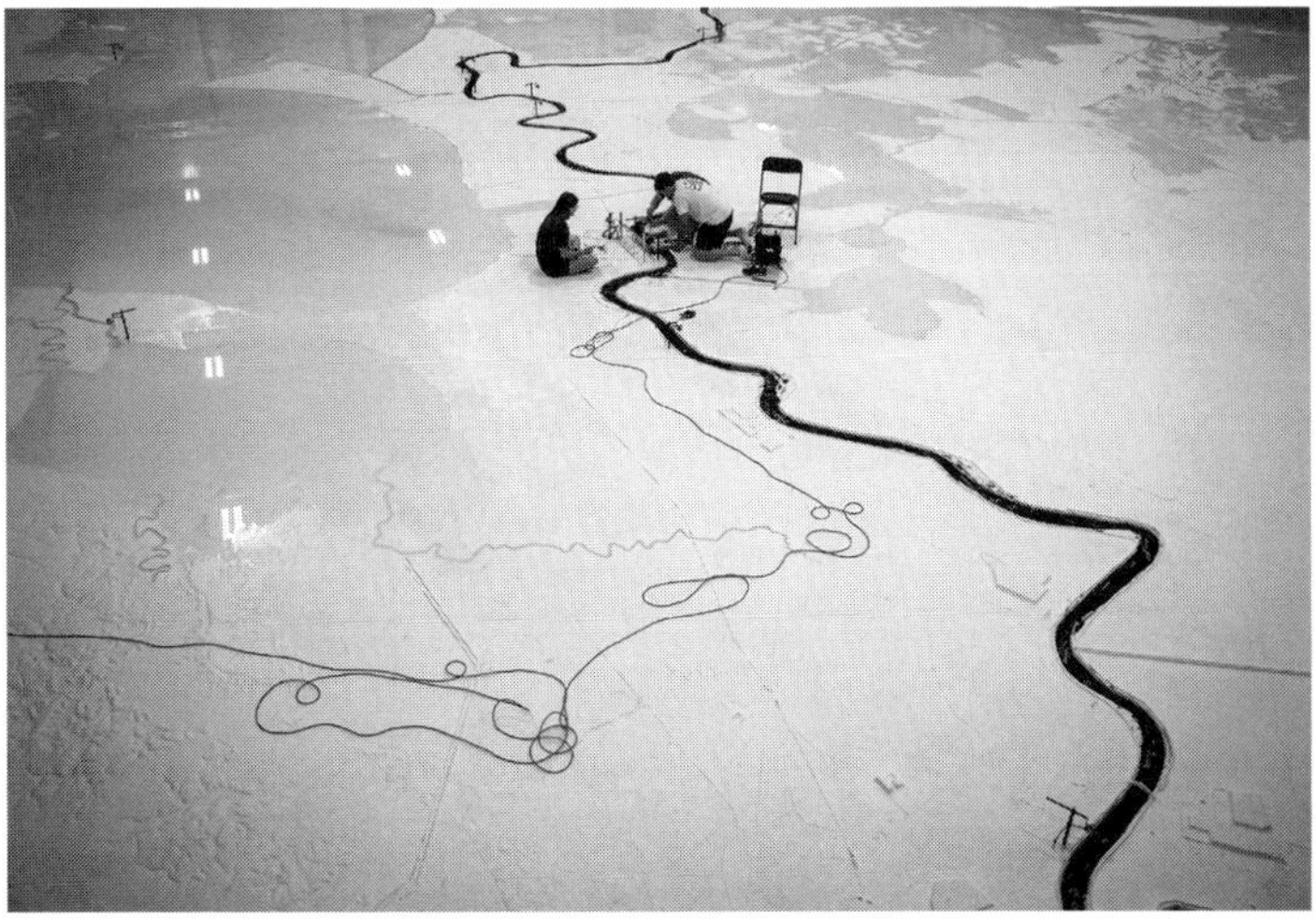

ミシシッピ川をミニチュアで再現したルイジアナ州立大学の模型。

わたしが訪ねたときには模型はできたてほやほやで、まだ調整している最中だった。調整にあたっては、詳細な記録が残る過去の災害をシミュレーションする。たとえば、二〇一一年に起きた大洪水だ。その年の春、数週間にわたって中西部全域で降った大雨に大量の雪解け水が加わり、川が記録破りの水位に達した。ニューオーリンズを守るために、陸軍工兵隊は街から五〇キロほど上流にあるボンネ・キャレ放水路を開いた（この水路は川の水をポンチャートレイン湖へ迂回させる。すべての水門が開くと、ナイアガラの滝を上まわる量の水が流れる）。模型上の放水路の水門は、小さな細長い真鍮《しんちゅう》に銅線をくっつけたもので再現されている。過去の試験ではこの水門がつかえて動かなかったので、エンジニアのひとりが水門を見張れる位置にある折りたたみ椅子に陣どっていた。まるで、晩年のガリバーが水に飲まれる小人国リリパットの上に身をかがめているような風情だ。ふと見ると、彼もまた靴下を濡らしていた。

模型の世界では、空間だけでなく時間も縮む。その加速した暦の上では、一年は一時間、一か月は五分で過ぎ去る。わたしの視線の先で数週間があっというまに流れ去り、川はひたすら水位を上げつづけた。今回は縮小サイズのボンネ・キャレ放水路の水門が無事に開き、エンジニアたちは胸をなでおろした。水がミシシッピ川を出て放水路へ流れはじめ、ニューオーリンズは守られた。少なくとも当面は。

ミニ・ミシシッピ川の水源の役割を果たしているのが、ふたつの大桶だ。ひとつは澄んだ水を供給する。もうひとつには泥遊びに使うような泥が入っている。ただし、本物の泥ではない。黒いプラスチック製ペレットを均一な大きさに粉砕して堆積物を模したもので、フランスからの輸入品だ。ごく小さな直径〇・五ミリのペレットは大きな砂粒、それよりもさらに小さなペレットはもっと細かい粒子にあたる。この真っ黒な堆積物は、真っ白に塗られたフォーム製の川床と周囲の領域からくっきり浮き立つ。

模擬氾濫では、そのペレットの一部が放水路を通ってポンチャートレイン湖に流れこんだ。川床に沈殿し、そこでミニチュアの瀬や砂洲を形成したものもある。大部分はニューオーリンズを勢いよく通りすぎ、イングリッシュ・ターンをぐるりとまわって流れた。バーズ・フットのあちらこちらの流路は模擬堆積物でどろどろに濁り、インクで満たされているかに見えるほどだった。このインクのような混合物は黒い渦を巻きながらメキシコ湾へ向かい、本物の堆積物なら、そこで大陸棚から落ちて姿を消す。

この黒と白のなかに、ルイジアナの土地消失をめぐるジレンマがある。水門と放水路ができるよりも前の時代なら、二〇一一年のような極端に水の多い春には、ミシシッピ川とその支流が岸を越えて氾濫していただろう。川からあふれた水は被害をもたらすが、数千平方キロメートルの土地に数千万トンの砂と粘土をまきちらす。この新たな堆積物が土壌の新しい層を形成し、それにより土地の沈没を相殺していたはずだ。

エンジニアたちの介入のおかげで氾濫と大災害がなくなり、その結果、土地がつくられることもなくなった。そのかわりに、ルイジアナ南部の未来が海へと洗い流されてしまったのだ。

「湿地創造」プロジェクト

河川研究センターのすぐ隣には、ルイジアナ州沿岸保護復旧局（CPRA）の本部がある。CPRAの創設は二〇〇五年。ニューオーリンズを冠水させ、一八〇〇人を超える死者を出したハリケーン・カトリーナの襲来から数か月後のことだ。この組織の公式な使命は、「州の沿岸部の保護、保存、強化、復旧に関連する計画」を実施することにある。身もふたもない言いかたをすれば、この地域の消滅を防ぐための組織、ということだ。

バトンルージュ滞在中のある日、例の模型のところでCPRAのエンジニアふたりと面会した。わたしたちが話をしているときに、だれかが天井のプロジェクターのスイッチを入れた。突然、プラークミンズ郡の野原が緑に、メキシコ湾が青に変わった。ミシシッピ川とポンチャートレイン湖に挟まれた湾曲部では、衛星画像のニューオーリンズが煌々《こうこう》と光を放っている。その効果は目もくらむほどだった。とはいえ、少しばかり不安を誘うものでもある。セピア色のカンザスを出て、オズに足を踏み入れたドロシーのような気分だ。

「プラークミンズにはあまり土地がないことがわかるでしょう」とエンジニアのひとり、ルディ・シモノーは言った。彼の着ているシャツにはCPRAのエンブレムが刺繍《ししゅう》されている。円内の左側に沼地の草、右側に波を配し、そのふたつを黒い防水壁が隔てるデザインだ。「この模型を見て、わたしたち全員がどれほど水に近くなっているかを認識すると、なんというか、ぞっとします」
シモノーと同僚のブラッド・バースは、この日の夜にプラークミンズ郡で市民集会を開くことになっていた。そんなわけで、ミニ・ミシシッピ川をしばらく堪能してから、わたしたちは本物に向けて出発した。目的地は、バーズ・フットの一五キロほど北に位置するビュラスの町だ。どうにか昼食にまにあう時間に郡の中心都市ベルチャスに到着し、ポーボーイ〔肉や魚介類をフレンチバゲットに挟むルイジアナ州の伝統的なサンドイッチ〕をあわただしく食べた。そこから、ミシシッピ川西岸で郡を縦断する唯一の道路、州道23号線をさらに南へ進む。製油会社フィリップス66の精油所、柑橘類の養樹園、そしてビリヤード台に負けないほど平らで緑の野原を通りすぎた。

プラークミンズ郡の大部分は海抜ゼロメートルよりも低い——六フィート下《シックス・フィート・アンダー》〔「six feet under」は「埋葬されて、死んで」を意味する。墓穴の深さが六フィート（約一八〇センチ）とされていたことに由来〕と言われることもある。それを可能にしているのが堤防——厳密に言えば四セットの堤防だ。二セットは両岸にひとつずつ、川沿いにのびている。プラークミンズ郡とメキシコ湾のあいだを走る残りの二セット——「バック堤」と呼ばれる——は、海が押し寄せるのを防ぐためのものだ。水を締め出すこうした堤防は、水を囲いこみもする。堤防が決壊したり水に乗り越えられたりすると、プラークミンズ郡は一組の細長いバスタブのように水で満たされる。

プラークミンズ郡はビュラスに上陸したハリケーン・カトリーナにより壊滅的な被害を受け、そのわずか数週間後には、メキシコ湾を襲ったものとしては観測史上最強のハリケーン・リタにまたもや破壊された。この立て続けの災害のあと、23号線は打ち上げられた漁船に塞がれ、数か月にわたって通行不能になった。木の枝には死んだウシがぶらさがっていた。次の大災害を見越して、プラークミンズ郡の公共建築物は目を疑うほど高い支柱の上にのっている。サウス・プラークミンズ高校では、ほかの学校なら体育館やカフェテリアがありそうな一階部分に、トラクタートレーラーの車隊をずらりと停められるだけのからっぽのスペースがある（この高校のマスコットは渦を巻くハリケーンだ）。この郡に立つ住宅の多くも同じように嵩上げされている。わたしたちが通りすぎたある住宅は、目もくらむほどの高さに持ち上げられていた。シモノーはその支柱を高さ一〇メートルほどと推測した。

「たいそうな上がりかたですね」とシモノーはコメントした。車は川沿いを走っていたが、堤防の内側〔堤防によって洪水氾濫から守られている側、堤内地〕だったので、しばらくのあいだずっと、ミシシッピ川は見えなかった。ときおり、船がぬっと視界に現れた。道路の見晴らしのよいところからだと、船は水ではなく宙に浮いているように見える。まるでツェッペリン飛行船だ。

ベルチャスから南に二〇キロほどの位置にあるアイアントンの町の近くで、シモノーはハイウェイを降りて砂利敷きの車道に入った。車を停めたわたしたちは、有刺鉄線を越えてみすぼらしい野原に出た。その日は蒸し暑く、水たまりの散る野原は何かが腐ったようなにおいがしていた。まとわりつくような午後の空気のなかで、ハエがけだるげにぶんぶんうなっている。

わたしたちが立っている土地は、BA‐39と呼ばれるプロジェクトの産物だ。シモノーの説明によれば、このデルタのほかの部分と同じく、ＢＡ－39プロジェクトの土地もミシシッピ川から生まれたが、その生まれかたが普通とは異なるという。「川底に巨大な二・五メートルのドリルビットがあると想像してください」とシモノーは話した。ドリルが回転すると、砂と泥がえぐりだされる。ディーゼル駆動の巨大ポンプが、その混濁物を直径七五センチほどのスチールパイプに勢いよく送りこむ。長さ八キロのパイプは、ミシシッピ川西岸から堤防を越え、23号線の下をくぐり、いくつかの放牧場を横切り、バック堤を越え、ようやくバラタリア湾の浅瀬に入る。そこに泥が積み重なったら、ブルドーザーで平らに広げる。

じゅうぶんな量のパイプとポンプとディーゼル燃料によって何を成し遂げられるのか。ＢＡ－39はそれを証明した――もうすでに、さらなる証拠は必要ないほど証明されていたのだが。およそ七六万立方メートルの堆積物が八キロの距離を移動し、その果てに一八六エーカー（約〇・七五平方キロメートル）の沼地が創造――もっと厳密に言うなら再創造される。そこには氾濫のもたらすあらゆる利点が、厄介な副作用なしで存在している。冠水した柑橘果樹林も溺死者も木からぶらさがるウシもない。「何世紀もかかっていた土地の構築を、一年で成し遂げたんです」とシモノーは話した。このプロジェクトの費用は六〇〇万ドル。つまり、わたしの計算によれば、わたしたちがいま立っている一エーカーに三万ドルほどの費用がかかったわけだ。「総合マスタープラン」というやや重言めいた名を冠したＣＰＲＡの計画には、さらに数十件のこうした「湿地創造」プロジェクトが含まれる。そのひとつひとつに数百万ドル、ものによっては数千万ドルの値札がついている。

だが、ルイジアナは赤の女王との競争〔その場にとどまるためには、絶えず全力で走らなければならないレース。『鏡の国のアリス』に登場する赤の女王の言葉にちなむ〕にはまりこんでいる。しかもこのレースでは、二倍の速さで走らなければ、その場にとどまることさえできない。土地が失われるペースに追いつくためには、ルイジアナは九日ごとにひとつの新たなBA－39をつくりださなければならない。そのいっぽうで、ドリルを撤去し、ポンプの電源を抜き、パイプを運び去ったこの人工湿地は、すでに水がはけて沈みはじめていた。ルイジアナ当局の予測によれば、あと一〇年もすれば、BA－39はまた沈んで消え去るという。

世界でいちばん新しい土地

午後三時ごろにビュラスについたわたしたちは、「**ケイジャン・フィッシング・アドベンチャーズ**」を謳う看板のある場所に車を入れた。看板には、何かの爆発に驚いたかのようにとびはねるカモと魚が描かれている。パームツリーの木立の向こうに、裏手にプールのあるAフレームのロッジが立っていた。

釣りと猟のガイドで、ロッジのオーナーでもあるライアン・ランバートがわたしたちを出迎えた。「プロパガンダに耳を貸すなと、みんなに教えたいんですよ」とランバートは話し、この夜の集会のホスト役を買って出た理由を説明した。「自分の目で見てもらいたいんです」。ランバートはそのために、参加者をミシシッピ川へ連れていくボート隊も手配していた。わたしも一行に加わった。フォックス・ニュースの地元局のレポーターと、ランバートの飼う大きな黒いイヌもいる。

川に出ると、岸よりも華氏にして一〇度くらい（摂氏で五度ほど）涼しかった。強い風がイヌの耳を旗のようにぱたぱたとはためかせている。別のボートの航跡にぶつかった拍子に、肩の上でカメラのバランスをとろうとしていたフォックスのレポーターがあやうく川に落ちそうになった。

バーズ・フットに至るまで堤防が続くプラークミンズ郡のミシシッピ川西岸とは異なり、東岸の堤防は、この郡が実際に腕だとしたら、だいたい肘あたりで途切れている。肘より下、つまり南側では、川がたびたび氾濫する。ときおり川が新たな水路を切り開き、水と堆積物を新たな方向へ送りこみ、その過程で新たな土地をつくりだす。

「いま、みなさんの目の前にあるものすべてが、以前はだだっぴろい水面でした」。広々とした緑の一画のそばを滑るように通り過ぎていたときにランバートが言った。「いまでは緑豊かな、美しい場所です」。彼のミラーサングラスに、午後遅くの低い太陽と茶色い川が映った。

「ほら、あの若いヤナギを見て！」とランバートは叫んだ。片手で舵をとりながら、もう片方の手で身ぶりをつけている。「あの鳥を見て！」この場所はなんと呼ばれているのか、とフォックスのレポーターが訊いた。

「名前を言うのは難しいな。なにしろ、ここには名前がないんでね。できたてだから」とランバートは答えた。「世界でいちばん新しい土地ですよ！」

わたしたちはスピードにのって、名前のないいくつものバイユーを出たり入ったりした。丸太の上で日向ぼっこをしていた大きなアリゲーターが、ボートが勢いよく通りすぎると同時にぼちゃんと水にとびこんだ。「美しいでしょう?」ランバートはしきりにそう言った。「ここに来ると、最高の気分になります。西岸へ行くと、吐きそうになりますよ」。東岸の生まれたばかりの湿地は、切りたての草の甘いにおいがした。はるか彼方に、メキシコ湾の上にちょこんとのった巨大な石油プラットフォームのシルエットが見えた。

西岸のロッジに戻ると、集会がいままさにはじまるところだった。エルクの頭、リスの剝製、跳ねるようなポーズをとった魚たちが飾られた部屋にスクリーンが据えられていた。五〇人ほどが集まり、思い思いにソファに座ったり、エルクと魚の下の壁にもたれたりしている。

バースがスライドでプレゼンテーションをはじめた。まず、この地域の地質の長い歴史に触れ、ミシシッピ川が暴れまわるのにあわせてひとつ、またひとつとデルタローブができ、数千年をかけてこの沿岸部が構築されていった経緯を説明した。そのあと、問題を提起した——消えてなくなりかけている地域で二〇〇万人が暮らしていくにはどうすればいいのか? 土地消失がとりわけ深刻なのは、あなたがたの裏庭だとバースは指摘した。プラークミンズ郡周辺の面積は、すでに一八〇〇平方キロメートルほど縮んでいる。

「われわれは海面の上昇と土地の沈下を相手に、苦しい闘いを強いられています」とバースは話した。CPRAはドリルでの掘削とパイプの敷設《ふせつ》を続けるつもりだ。「できるかぎりの量の堆積物を、最後の一オンスに至るまで川からさらいだすつもりです」とバースは約束した。だが、BA－39のようなプロジェクトでは、この難問の規模には太刀打ちできない。「大胆な手を打つ必要があります」

洪水を人工的に再現する

ミシシッピ川が堤防を破ると、自然のものでも人工のものでも、その穴は「決壊口《クレバス》」と呼ばれる。ニューオーリンズの歴史のほとんどをつうじて、この用語は災害と同義だった。

一七三五年、決壊口に起因する洪水により、当時は四四区画で構成されていたニューオーリンズのほぼ全域が冠水した。(10) 一八四九年五月には、「ソーヴェの決壊口」と呼ばれる裂け目がニューオーリンズを水浸しにした。その一か月後、セントチャールズ・ホテルの丸屋根の頂塔からニューオーリンズを眺めていた『デイリー・ピカユーン』紙の記者は、「一枚の板のような水に、家々のつくる点が無数に散っている」と述べている。(11) 一八五八年にはルイジアナ州各地の堤防で四五か所、一八七四年には四三か所、一八八二年に至っては二八四か所の決壊口が開いた。(12)

のちに「一九二七年の大洪水」と呼ばれるようになる災害では、二二六の決壊口が報告された。(13) このときは六つの州でおよそ七万平方キロメートルが冠水した。五〇万人超が住む場所を追われ、被害額は推定五億ドル（現在の価値に換算すると七〇億ドル超）にのぼった。(14) そしてこの洪水は、いわばびしょぬれの「分水嶺」になった。「今朝、目を覚ましたら、うちの外にも出られやしない」とブルースの女帝ことベッシー・スミスは「バックウォーター・ブルース」のなかで嘆いた。

この「大洪水」を受け、連邦議会はミシシッピ川沿いの洪水管理《コントロール》を実質的に国の管轄とし、陸軍工兵隊にその任務を委ねた。当時のルイジアナ州選出上院議員ジョセフ・ランズデルは、一九二八年の洪水管理法を「天地開闢《かいびゃく》以来」もっとも重要な治水関連法と表現した[15]。工兵隊は堤防をのばし（四年のうちに、さらに約四〇〇キロメートルを追加[16]）、強化した（平均すると、堤防の高さは一メートルほど嵩上《かさあ》げされ、体積はほぼ二倍になった[17]）。さらに、新しい機能も追加した。たとえば、ボンネ・キャレのような放水路だ。川が氾濫危険水位になると、放水路の水門が開き、堤防にかかる圧力を緩和する。ある詩人は工兵隊の奮闘を称え、高らかにこう述べている[18]。

土木工学の傑作たるこの計画
達人たちの創《つく》りし、壮大なる浅浮き彫り
堤防、放水路、もろもろの改良が混ざりあい
慈悲深きプロジェクトとあいなった。

この「慈悲深きプロジェクト」のおかげで、決壊口の時代は終わりを告げた。だが、洪水の終わりとともに訪れたのが、堆積物供給の終焉だった。ルイジアナ州立大学の地理学者ドナルド・デイ

現代の画家が描いた「ソーヴェの決壊口」の光景。

ヴィスの簡潔明瞭な言いまわしを借りれば――「ミシシッピ川は制御《コントロール》された。土地は失われた。環境は変わった」(19)

プラークミンズ郡を守るためのCPRAの「大胆」な計画、それは決壊口なき時代に決壊口を復活させることだ。CPRAのマスタープランでは、ミシシッピ川の堤防に八つの巨大な穴を、主要な支流であるアチャファラヤ川の堤防にもさらにふたつの穴を穿《うが》つ必要があるとされている。その開口部に水門と水路を設け、水路そのものにも堤防をつくる。CPRAはその取り組みを一種の復元――「自然な土砂堆積プロセスを再構築する」ものだと説明するのを好んでいる。たしかにそのとおりだが、それはあくまでも、川に電気を流すのも「自然」と呼べないことはないかもしれない、というくらいの話だ。

人工決壊口の極致が、「ミッド・バラタリア土砂放水路」と呼ばれるプロジェクトだ。幅およそ一八〇メートル、深さ九メートルのこの放水路は、ニューヨークにあるグリニッジ・ビレッジ地区ひとつぶんの広さを舗装できる量のコンクリートと捨石でがっちりかためられる。ミシシッピ川西岸、ビュラスの上流五五キロほどのところを起点とし、そこから明らかに水文学の法則に逆らって、完璧な直線で西へ四キロほど流れてバラタリア湾へと至る。最大能力で稼働するときには、毎秒二一〇〇立方メートルを超える水がこの放水路を流れる。流量という点で見れば、米国で二〇番目に大きい川ということになる（比較のために言うと、ハドソン川の平均流量は毎秒五七〇立方メートルほどだ）。これに類する試みが過去におこなわれたことはない。「唯一無二です」とバースは言う。

現在のところ、このプロジェクトの費用は一四億ドルと見積もられている。その次に控える放水路、プラークミンズ郡の東岸側に建設予定のミッド・ブレトン放水路は八億ドルだ。このふたつの放水路の資金は、二〇一〇年に起きた石油大手BP社の原油流出事故の和解金でまかなわれることになっている。三〇〇万バレルを超える原油をメキシコ湾に流出させ、テキサスからフロリダまでの海岸を汚染した事故だ（ほかの八つの放水路は計画の初期段階にあり、資金はまだ確保されていない）。

ランバートをはじめとするプラークミンズ住民の多くは、そうした放水路を郡の最後にして最大の希望と歓迎している。「とにかく、堆積物がすべてです」。プロジェクトの積極的な支持者で、この郡で堤防の守りの外側に住む数少ない人のひとりでもあるアルバーティン・キンブルはそう話した。だが、反対する人も多い。ビュラスでの集会の数週間前には、プラークミンズ郡長が放水路建設候補地の土壌サンプル採取を許可するのを拒み、衆目のもとでCPRAとやりあった。いずれにしても、CPRAは州警察官に護衛されながらサンプルを採取したのだが。(20)

ケイジャン・フィッシング・アドベンチャーズでの集会で、バースはスライドを次々と切り替えながら、ミッド・バラタリア土砂放水路の向かう先と工事の方法を説明した。工事プロセスを示すアニメーションは、その工事がほとんど理解不能なほど複雑であり、鉄道線路の移動、23号線のルート変更、水に浮かべた部品から巨大な水門を組み立てる工程をともなうことを示していた。バースの説明によれば、ひとたび放水路が完成したら、CPRAが洪水を再現できるようになるという。川の水位が高く、大量の土砂が運ばれているときには、この水門を開く。すると、土砂をたっぷり含む水がプラークミンズ郡を通ってバラタリア湾へ流れこむ。数年もすれば、確固たる大《テラ・フィル》地《マ》とはいかないまでも、それに近いものができはじめるくらいの砂と沈泥が堆積するはずだ。この放水路は、ポンプではなく川そのものが動力になる。BA－39のようなプロジェクトとは異なり、毎年毎年、継続的に土砂の流路を変えられる。

「そもそも、土砂放水路の最大の目的とは、なんでしょうか？」とバースは言った。「堆積物をできるだけ多く、真水をできるだけ少なくすることです」

部屋の隅にいた男性が手を挙げた。「たぶん、つくることになるんでしょうが」と彼はミッド・バラタリア放水路についてコメントした。「でも、どんな被害が出るんでしょうか？」バースの心強い言葉の数々にもかかわらず、男性の懸念は晴れなかった。どれだけの量の真水がバラタリア湾に流れこむのか。それが娯楽目的の釣りにどのような影響をおよぼすのか。「スペックルド・トラウト〔スズキ目の魚。スポッティド・シートラウトとも〕は、おしまいでしょうね」と男性は言い放った。

「自然にできた決壊口だったら、全面的に賛成したと思いますよ」と彼は言った。「だけど、人間が介入して、うまくいくことなんてめったにない。そもそも、今日、われわれがここに集まっているのは、そのせいなんだから」

ニューオーリンズの排水事情

もうすぐ、暑さが度を越すだろう。

その日も空気がまとわりつくような蒸し暑い日だった。それに先立ち、わたしはニューオーリンズに戻り、アレックス・コルカーという名の沿岸地質学者と面会していた。ルイジアナ大学海洋コンソーシアムで教鞭をとるコルカーは、教育目的の副業として、ときどきニューオーリンズをめぐる自転車ツアーを企画している。幽霊、ブードゥー教の儀式、海賊を呼びものにするおなじみの人気ツアーとは違って、コルカーが重きを置いているのは水文学だ。彼はわたしの同行に賛成してくれたが、朝早くに出発しないといけないと警告した。正午になるころには、街路がサウナと化すからだ。

「この街の大部分は、川がつくりました」。まだ深い眠りのなかにいる高級住宅地区のガーデン・ディスクリクトから出発するときに、コルカーがそう言った。「簡単に言えば、川沿いの土地は高く、古い沼地や湿地は低い土地です」。一行はペダルを漕ぎつつジョセフィン・ストリートを北へ進み、ミシシッピ川から離れ、それと気づかないほどゆるやかな坂を下った。そびえたつ豪邸にとってかわるように現れたショットガン・ハウス〔幅の狭い長方形の家屋。一説には、玄関で銃を撃つと裏口まで弾が届きそうなことからこの名がついたとされる〕群は、改築されたものがあるかと思えば荒廃しているものもあり、さまざまな状態の家が入り乱れている。

道路に巨大な穴が開いているところで、コルカーがブレーキをかけた。アスファルトで修繕され、その修繕部分にもまた新たな穴が開いている。「ふたつの規模で、別々に沈下が起きています」とコルカーは説明した。「大きな規模では、古い沼地全体が沈んでいます。加えて、もっと小さな規模の特徴もあります。こんなふうに」。さらに少し進むと、小塔のように街路から突き出すマンホールの蓋に出くわした。

「このマンホールはおそらく、沈まないようにしっかり固定されているんでしょう。少なくとも、周囲の地面ほどの速さで沈まないくらいには」とコルカーは説明した。近くの標識には「**避難経路**」と書いてある。

観光客向けの陽気な説明では、ニューオーリンズはミシシッピ川の湾曲に沿った街の形にちなんだ「クレセント・シティ（三日月の街）」や、のんびりとした雰囲気を表す「ビッグ・イージー」の名で呼ばれる。それほどお気楽でない文脈では、住民はこの街を「ボウル」と呼ぶ。現在までに、ボウルの大部分は海抜ゼロメートル以下になり、場所によってはマイナス四・五メートルにもなる。街のなかにいると、自分の足の下でこの場所が丸ごと沈んでいると想像するのは難しいが、沈んでいるのはたしかだ。人工衛星のデータをもとにした最近の調査では、ニューオーリンズが場所によっては一〇年で一五センチ近く沈下していることがわかった。[21]「地球上でも屈指の速さです」とコルカーが注釈を入れた。

さらに何度か立ちどまってくぼみや陥没を堪能したあと――「あそこに陥没穴があるよ!」――メルポメネ・ポンプ場に到着した。その時点で、わたしたち一行はもうブロードムーアに入っていた。ときに「フラッド(洪水)ムーア」とも呼ばれる低地の地区だ。ポンプ場には鍵がかかっていたが、窓の向こうに、横倒しになったロケットのようなものが並んでいるのが見えた。発明者のA・ボールドウィン・ウッドにちなんで名づけられたウッド・スクリュー・ポンプだ。ウッドは一九二〇年にその設計の特許を取得した。土木工学の威力に対して、ひときわ仰々しい信頼が寄せられていた時代のことだ。

「ニューオーリンズの排水問題は深刻である」。その年の五月に掲載された『アイテム』紙の一面記事にはそう書かれている。「この問題に対処するために、ニューオーリンズは世界最高の排水システムを建造した[22]」

「人間は日々、自然を凌駕しつつある」と記事は宣《のたま》っている。「ミシシッピの巨人を撃退し、その意に反した場所へ追いやった」

一九二〇年当時のニューオーリンズは、メルポメネを含む六か所のポンプ場を擁していた。そのおかげで、「古い沼地」を排水し、レイクビューやジェンティリーといった新しい地区に変えることができた。現在は二四のポンプ場があり、あわせて一二〇基のポンプが稼働している。嵐になると、雨水はベネチアひとつぶんに匹敵する水路網に注ぎこまれ、そこからポンチャートレイン湖へ送られる。このシステムがなければ、ニューオーリンズの大部分はたちまち人が住めない場所になってしまうだろう。

だが、ニューオーリンズが世界に誇る排水システムは、世界に誇る堤防システムと同じく、トロイの木馬のようなものだ。沼地の土壌は水が抜けるときに圧縮されるので、ポンプで地面から水を排出すると、解決すべきまさにその問題を悪化させることになる。つまり、ポンプで排出される水が増えれば増えるほど、街の沈むペースが速くなってしまうのだ。そして、街が沈めば沈むほど、いっそう多くのポンプが必要になる。

「ポンプによる排水は、問題の一部をなす大きな要素です」。わたしたちが汗まみれの自転車にまたがりなおすあいだに、コルカーが言った。「沈下を加速させてしまいます。つまり、正のフィードバックループになるわけです」

近づきつつある海

自転車を漕ぎ進めるうちに、話題がハリケーン・カトリーナに移った。コルカーがニューオーリンズに移り住んだのは、カトリーナ襲来から一八か月後のことだ。その後の数年にわたり、ほとんどの建物の外壁にいわゆる「バスタブの輪じみ」――洪水が街全域に残したしみ――がくっきり見えていたとコルカーは振り返る。

「ほら、水が一・五〜二・五メートルくらいになった地域に入りますよ」。ある地点で、コルカーがそう言った。

桁外れの大きさだったカトリーナは、けっして最悪のシナリオではなかった。二〇〇五年八月二九日の早朝にルイジアナ州を北上し、目の部分はニューオーリンズの東を通過した。つまり、もっとも風の強い範囲も、東のミシシッピ州ウェーブランドやパスクリスチャンといった町を通過したということだ。つかのま、ニューオーリンズは助かったかに見えた。

だが、カトリーナはニューオーリンズの東端を走る水路網に水を送りこんだ。これらの水路――インダストリアル運河、メキシコ湾沿岸内水路、ミシシッピ川－メキシコ湾連絡運河――は船舶輸送用に掘られたもので、川と海を結ぶ近道を提供していた。午前七時四五分ごろ、インダストリアル運河の堤防が決壊し、高さ六メートルの水の壁が下九区に押し寄せた。黒人が大多数を占めるこの地域で、七〇人を超える人が死亡した。

水はポンチャートレイン湖にもなだれこんだ。カトリーナが北上して内陸へ進むのにあわせ、この湖の水は南に押しやられ、湖を出てニューオーリンズの排水路に流れこんだ。その効果は、言ってみれば、スイミングプールの水をリビングルームにあけるようなものだ。すぐに、一七番通り運河とロンドンアベニュー運河の防水壁が屈した。翌日までに、ボウルの八〇％が水没していた。

ハリケーン襲来に先立ち、数十万人がニューオーリンズから避難していた。街が冠水した状況では、いつ戻れるのか、あるいは戻るべきなのかどうかもわからなかった。上陸の一週間後、「水没したニューオーリンズの復興をめぐる反対論」の見出しを掲げた記事がオンラインマガジンのスレートに掲載された[23]。

「そろそろ地理的な現実と向きあい、ニューオーリンズ解体計画を慎重に立てはじめるべきときである」と『ワシントン・ポスト』紙の論説は言い切った[24]。この論説を書いた地球物理学者で、リスク管理の専門家でもあるクラウス・ジェイコブは、一時的な措置として、ニューオーリンズの一部を「ボートハウスの街」に改造する手もあると提案した。そうすれば、ミシシッピ川がかつてのように洪水を起こせるようになり、「『ボウル』を新たな堆積物で満たせる」というわけだ（ジェイコブはその後の二〇一一年、ニューヨーク・シティの地下鉄について、大規模な嵐になったら水没するだろうと警告し、その予言は翌年のハリケーン・サンディにより現実のものになった）。

ニューオーリンズ市長の任命した顧問団は、街のなかでもとくに海抜が高い地区――ミシシッピ川沿いと、ジェンティリー・リッジとメタリー・リッジの頂上部――のみで居住を再開することを推奨した[25]。そのあとで公共計画プロセスを実施し、低地の地区のうち、どこに住民が帰還し、どこを放棄するかを決めるべきだとした。

街の一部を水に明け渡すという提案は、浮上してはしばしば水面を漂い、やがてひとつ、またひとつと却下されていった。撤退は地球物理学の観点では理にかなっているかもしれないが、政治的にはまったく見込みがなかった。そんなわけで、またもや陸軍工兵隊に堤防強化の任務が課せられた。今回は、メキシコ湾経由で襲いくる嵐から街を守る堤防だ。工兵隊はニューオーリンズの南に世界最大の排水ポンプ場を建てた。これはウェスト・クロージャー・コンプレックスと呼ばれる一一億ドル規模の構造物の一角をなすものだ。その東には、ボーン湖防潮堤が建造された。長さおよそ三キロ、厚さ一・五メートルを超えるこのコンクリートの壁には一三億ドルの費用が投じられた。さらに、ミシシッピ川 - メキシコ湾連絡運河を幅およそ二九〇メートルのロックフィルダム〔石や岩石を主材料としてつくられるダム〕で塞ぎ、各排水路とポンチャートレイン湖のあいだに巨大な水門とポンプをいくつか設置した。一七番通り運河の湖側の端にあるポンプ場は、毎秒三四〇立方メートルの水を流せるように設計されている。[26] この流量は、イタリアで三番目に長いテベレ川のそれを上まわる。

そうした堂々たる建造物は、最近のいくつかのハリケーンを無事にくぐりぬけ、街を浸水から守ってきた。見かたによっては、現在のニューオーリンズはカトリーナに襲われたときよりもかなりしっかり守られているように思える。だが、ある角度からは防御に見えるものが、別の角度からだと罠に見えることもある。

「海岸を取り戻す必要があります」と語るのは、元ニューオーリンズ副市長のジェフ・エベールだ。「海岸が消えれば、ニューオーリンズも消えるのですから」。決壊口時代の終焉からこちら、南の土地が消失したせいで、ニューオーリンズとメキシコ湾の距離は三〇キロほど縮まった。[27] 嵐が陸地の上を五キロ弱進むごとに、高潮は三〇センチ低くなると推定されている。[28] だとすれば、ニューオーリンズに迫る脅威は二メートルほど高くなっているということだ。

「自然をピッチフォークで追い払えたとしても――」とホラティウスは紀元前二〇年に書いている。「自然はきまってたちどころに舞い戻り、汝の気づかぬうちに、汝のよこしまな尊大さを誇らしげに打ち破るであろう」

沈下見物ツアーの終盤、コルカーとわたしは自転車で旧市街エリアのフレンチクォーターをひとまわりした。まだ早い時間だったが、街路はドリンクを手にした観光客でごったがえしていた。わたしたちはウォルデンバーグ・パークで堤防のてっぺんに立ち、ミシシッピ川の対岸にあるアルジアーズ方面を見わたした。

未来をどう見ているか、と尋ねたわたしに、コルカーはこう答えた。「海面上昇は続くでしょうね」。プラークミンズ郡で計画されている放水路は、ニューオーリンズの南の沼地で多少の土地を復活させるだろう。それほど型破りではない、BA‐39のような土砂を移動させるプロジェクトも同様だ。「それでも、復元されていないエリアは、ますます頻繁に洪水に見舞われるようになると思います。湿地の消失は続くでしょう」。かつて新オルレアン島《リル・ド・ラ・ヌーヴェル・オルレアン》として知られた街は、この先の数年で「ますます島のようになる」。コルカーはそう予測した。

消えゆく運命にある島

ニューオーリンズの南西八〇キロに位置するテレボーン郡のジャン・チャールズ島は、ニューオーリンズの数十年先を行っている。この島には、「アイランド・ロード」と呼ばれる一本の細い道を通って渡ることができる。かつてはしっかりした陸の上を走っていた道だが、いまではタイミングさえあえば、車に乗ったまま釣りができる。

「春には、いつもこの道が水をかぶるんです。南風が吹いているときには、かならずね」とボヨ・ビリオは話した。わたしたちがいま立っているのは、ビリオが育った家の裏庭だ。彼の母親がいまも住むその家は、三・五メートルの支柱の上にのり、わたしたちの頭上で危なっかしくバランスをとっている。頭上高くに浮かぶポーチでは、何本かの米国旗がはためいている。季節は冬、シカ猟シーズンの最終盤だ。ビリオは迷彩服を着ている。どこにいるのかと尋ねる狩猟なかまたちのメッセージが、ビリオの携帯電話をひっきりなしに鳴り響かせていた。

がっしりした体格のビリオは、しゃがれ声と白髪まじりのヤギひげの持ち主だ。彼の先祖をさかのぼっていくと、一八〇〇年代はじめにこの島に名を与えたジャン・チャールズ・ネイキンにたどりつく（ジャン・チャールズ・ネイキンは海賊ジャン・ラフィットのなかまだった）。ネイキンのひとり息子ジャン・マリーはネイティブアメリカンの女性と結婚し、父に勘当されたあと、この島に逃げてきた。ジャン・マリーの子どもたちも三つの先住民族、ビロクシ、チティマチャ、チョクトーの血を引く相手と結婚した[29]。その子どもたちのほとんどは島にとどまり、結びつきの強い、おおむね自給自足でまわる独自の社会を築いた。

「長年ずっと、そんなふうに暮らしていました。外の世界のだれひとりとして、ここにだれかが住んでいるなんて知らなかった」とビリオは話した。「大恐慌のときにも、ここの人たちはみんな、そんなことが起きてるなんて全然知らなかったんです。なんの影響もなかったから」

ビリオは一九五〇年代のジャン・チャールズ島で、ケイジャン・フランス語とチョクトー語をまぜこぜに話しながら育った。「島のすみからすみまで、みんながおたがいに顔見知りでした」とビリオは振り返る。島民はまだ、生計のほとんどを漁業、カキ採集、罠猟に頼っていた。ビリオの父はエビ釣り船を所有し、家の目の前に係留していた。当時は、島の全長を一本の深いバイユーが貫き、島民はそこでカニを獲っていた。そのころできたばかりの例の道路は、あまり使われていなかった。当時は島にも食料雑貨店があったからだ。

いまでは、店はすべてなくなっている。残っている家は四〇軒ほどで、そのほとんどは支柱で嵩上げされ、多くは放棄されている。ビリオの子ども時代からこちら、ジャン・チャールズ島は九〇平方キロメートルから一平方キロメートルほどにまで縮んだ――九八％を超える面積を失ったのだ。

ジャン・チャールズ島が消滅しかけている原因は、どれもどこかで聞いたような話だ。この島はかつてのデルタローブの一部で、土壌がまだ完全に固まっていない。海面はひたすら上昇している。

二〇世紀前半には、洪水管理のための施策により、新たな堆積物の最大の供給源を失った。そのあとに石油会社が到来し、湿地に水路を掘った。水路から塩水が入りこみ、塩分濃度の上昇とともに、葦などの湿地の草が枯れた。植物が死んだことで水路が広がり、さらなる塩水が流れこみ、それがまたさらなる枯死とさらなる水路の拡大を招いた。

「ビデオプレーヤーがあったころ、早送りボタンを押しっぱなしにして、映画の好きな場面までとばしたりしていましたよね。まるでそんな感じです」。ビリオの娘のシャンテル・カマーデルはそう話す。カマーデルがいま座っているのは、彼女が「ママン」と呼ぶビリオの母が住む高床式住居のキッチンだ。壁には家族の写真がずらりと並んでいる。「あの水路が、問題の早送りボタンを押しっぱなしにしたんです」

一九八〇年代に立て続けにハリケーンに見舞われ、住んでいたトレーラーが水浸しになったあと、ビリオとカマーデルはそのほかの肉親とともに島を離れた。ハリケーンが次々と襲ってくるたびに、また新たな土地がごそっと失われ、さらに多くの家族が去っていった。二〇〇〇年代はじめ、ジャン・チャールズ島の残された部分を取り囲む環状の堤防がつくられた。その堤防は、かつて島民が釣りをしてカニを獲っていたバイユーを淀んだ狭い池に変えた。堤防の内側では土地消失が減速した。外側と例の道路沿いでは、悪化の一途をたどった。

その時点でもまだ、その気になれば、ジャン・チャールズ島の残された部分を守る措置をとることはできただろう。当時は、ルイジアナ州モーガンザからメキシコ湾岸のあいだに堤防などの巨大なハリケーン防御システムを築く「モーガンザ・メキシコ湾岸プロジェクト」の計画が練られている最中で、そのシステムを延長してこの島を含められないこともなかった。だがこのケースでは、陸軍工兵隊はさらなる土木工事をしない選択肢を推した。延長部を建造するとなると、プロジェクトの一〇億ドルという値札にさらに一億ドルが上乗せされることになる[30]。しかも、それで守られるのは、わずか一平方キロメートルあまりのぬかるんだ土地だ。それだけの金があれば、たとえばシカゴあたりで、その五倍の土地を買えるだろう。

島の住民とすでに島を離れた家族は、ほぼ全員が〈ビロクシ・チティマチャ・チョクトー族のジャン・チャールズ島団《バンド》〉のメンバーだ。カマーデルは団の書記、ビリオは副団長を務めている。団長はビリオのおじだ。島と本土を結ぶ道路が、そしてやがては島そのものが洗い流される運命にあると判明したあと、コミュニティ全体を本土へ移住させる計画が立てられた。第一段階の費用として、団は五〇〇〇万ドルの連邦政府補助金を申請し、二〇一六年に認められた。だが、わたしが訪問した時点で、その補助金は州政治の駆け引きに巻きこまれて凍結されており、この先どうなるのか、たしかなことはだれにもわからない状況だった。

ぶらぶらと歩いて「**立ち入り禁止**」の標示が貼られた空き家を通りすぎていると、この島の「解体計画」の経済的ロジックが見てとれた。同時に、不公平さもくっきり浮かび上がっていた。ビロクシ族とチョクトー族は、さらに東の先祖伝来の土地を奪われたあとにルイジアナにやってきた。ジャン・チャールズ島団がこの島で平和に暮らすことができたのは、あまりにも周囲から切り離されていて、ほかのだれかが興味を持つほど商業的な価値がなかったからにすぎない。石油関連の水路の浚渫《しゅんせつ》でもモーガンザ・メキシコ湾岸プロジェクトの設計でも、団は発言権を持たなかった。ミシシッピ川管理《コントロール》の取り組みにかんしても、ずっと蚊帳《かや》の外だった。そして、昔のコントロールの影響を和らげるために、新たなかたちをとったコントロールが押しつけられようとしているいま、彼らはそこでも蚊帳の外に置かれている。

「そのうちに、ここにだれも住まなくなる。そんなふうに想像するのは、つらいものがありますよ」とビリオは話した。「それでも、島が浸食されて消えていくのを、ずっと見守ってきたんです」

手綱をつけられた川

オールド川管理補助構造は、遠目に見ると、耳と耳をつながれて一列に並ぶスフィンクスのようだ。この構造は長さ一三〇メートル、高さ三〇メートルほど。じゅうぶんに近づいてみると、スフィンクスの頭は実のところクレーン、脚と腰にあたる部分は鋼鉄製の水門だとわかる。ミシシッピ川を支配する——「意に反した場所へ追いやる」——ための数世紀にわたる試みに、たったひとつでなりかわる土木工学の偉業があるとするなら、この補助構造がそれかもしれない。川の氾濫を食い止めるためにつくられた堤防や放水路とは異なり、この構造は時間を止めるために築かれた。

オールド川管理補助構造は、バトンルージュの一三〇キロほど上流に位置する広い平野に鎮座し

オールド川管理補助構造

ている。この場所の近くで、五〇〇年ほど前にミシシッピ川が酔っぱらいよろしくふらりと曲がり、水文学のうえでも命名法のうえでも厄介なものを生み出した。この蛇行により、ミシシッピ川の一部がアチャファラヤ川とぶつかるほど西にそれた。当時、アチャファラヤ川は別の川(レッド川)の支流で、レッド川そのものもミシシッピ川の支流だった。ミシシッピ川最下流の数百キロに比べると、アチャファラヤ川は大幅に短く、流れも急だ。そして、この蛇行によるもつれのおかげで、大きいほうの川、つまりミシシッピ川の水に選択肢ができた。昔ながらの道をたどって、ニューオーリンズとバーズ・フット経由でメキシコ湾に至ってもいいし、ルートを変更して、アチャファラヤ川の提供するもっと速い道を通ることもできる。一八〇〇年代なかばまで、アチャファラヤ川には水に浮かぶ丸太でできた巨大な停滞部が存在し、歩いて渡れるほど密集したこの丸太のせいで、川がルートを選ぶのは難しかった。だが、その停滞が——さまざまな手段が用いられたが、とりわけダイナマイトにより——解消されると、ミシシッピ川の本流からそれる水が増えはじめた。流量が増えるにつれて、アチャファラヤ川は広く、深くなっていった。

自然のなりゆきにまかせていれば、アチャファラヤ川はそのままひたすら広く、深くなっていき、最終的にはミシシッピ川下流を完全に手中に収めることになっただろう。そうなると、ニューオーリンズは乾いた低地になり、川沿いに発展してきた産業——精油所、穀物倉庫、コンテナ港、石油化学工場——はすっかり無価値になってしまう。そんな結末は論外だった。そこで、一九五〇年代に陸軍工兵隊が介入する。工兵隊はオールド川と呼ばれるかつての蛇行部にダムをつくり、巨大な水門のついた二本の水路を掘った。こうして、ミシシッピ川の選択は川にかわって人が指図するようになり、その流れはアイゼンハワー〔合衆国第三四代大統領。任期は一九五三〜六一年〕時代が永遠に続いているかのように不変に保たれることになった。

実際にこの目で見るよりもずっと前に、わたしは補助構造をめぐる物語をジョン・マクフィーの古典的エッセイ「アチャファラヤ（*Atchafalaya*）」で読んでいた。このエッセイは、ミシシッピ川のアバルジョンモアの色を帯びた道徳譚だ。マクフィーの語る話のなかで、工兵隊はミシシッピ川のアバルジョンを未然に防ごうと全力を――そして膨大な量のコンクリートを――投じ、それに成功したと信じる。「陸軍工兵隊は、ミシシッピ川をどこであろうと、隊が行けと命じる場所へ向かわせることができる[31]」。ある将軍はそう豪語する。一九七三年にオールド川管理構造がほとんどコントロール不能になり、すんでのところで災害を免れたあとのことだ。マクフィーは工兵隊の度胸と決意、さらには非凡な才能を称賛とともに描いているが、このエッセイでは終始、強い逆流も感じとれる。工兵隊は現実から目をそらしているにすぎないのか？　われわれはみんなそうなのか？

「アチャファラヤ――」とマクフィーは書いている。「今後、地球を相手にした闘いで人類がみずから兵士となり、与えられていないものを奪い、破壊を招く敵を敗走させ、オリュンポス山のふもとを包囲して神々の降伏を要求し、またそれを期待するときには、その言葉が多かれ少なかれわたしの脳裏に浮かび、自然の力に立ち向かうあらゆる格闘――英雄的であれ打算的であれ、無分別であれ賢明であれ――と響きあうだろう[32]」

わたしがオールド川管理構造を訪ねたのは、晩冬の穏やかな日曜の午後だった。おそろしげな鉄柵のうしろに隠れた工兵隊事務所は、がらんとしていて人気《ひとけ》がなかった。だが、ドライブウェイのそばにあるボタンを押すと、インターホンがきしみながら命を吹き返し、ジョー・ハーヴィーという名の資源管理専門家がゲートまで出てきた。これから釣りにでも行くようないでたちで、ズボンの裾を緑色のゴム長靴に押しこんでいる。ハーヴィーは補助構造とその流水路を見下ろす展望台に案内してくれた。

水路の水が渦巻きながら流れていくのを横目に、わたしたちは河川史について会話を交わした。「一九〇〇年には、レッド川とミシシッピ川の合計一〇％ほどがアチャファラヤ川へ流れていました」とハーヴィーは説明した。「一九三〇年には二〇％。一九五〇年までに三〇％になりました」。その推移の傾向が、工兵隊に介入を促すことになった。

「そのまま、いまも七〇対三〇で分割しています」とハーヴィーは話した。毎日、技師がレッド川とミシシッピ川の流量を測定し、それに応じて水門を調節する。この日曜日には、毎秒およそ一一〇〇立方メートルを通過させていた。

「ここからミシシッピ川の河口まで、五〇〇キロくらいです」とハーヴィーは続けた。「そして、ここからアチャファラヤ川の河口までは、二三〇キロくらい。つまり、だいたい半分の距離です。だから、川はこっちへ行きたがるんです。でも、もしそうなったら……」。ハーヴィーの声が尻すぼみになった。

一艘の小さなモーターボートに乗ったふたり組が流出路で釣りをしている。何が釣れるのかとハーヴィーに訊いてみた。「ああ、ミシシッピ川にいるものなら、なんでも釣れますよ」とハーヴィーは答えた。「当然、いまではカープがたくさんいます。あまりいいことではありませんね」「五大湖ではまだ、侵入を阻止しようとしているみたいですが——」とハーヴィーは続けた。「ここでは、どこにでもいるんですよ」

マクフィーのエッセイは、一九八九年刊行の『自然のコントロール（*The Control of Nature*）』に収録された。以来、たくさんのことが起き、「自然」は言うまでもなく、「コントロール」の意味するところも複雑化した。水文学者のあいだでは、いまやルイジアナのデルタ地帯は人間-自然結合システム（Coupled Human And Natural System）、略してＣＨＡＮＳ《チャンズ》と呼ばれることも多い。不格好な用語——これもまた命名法上の厄介者——だが、わたしたちがつくりだしたもつれを簡単に言い表せる方法など存在しない。ミシシッピ川は手綱をつけられ、まっすぐにされ、秩序を与えられ、足枷をはめられてもなお、神のごとき力を行使できる。だが、厳密に言えば、それはもはや川ではない。オリュンポス山を占領しているのは、いったいだれなのか。昨今では、それを見極めるのは難しい——そもそも占領している者がいればの話だが。

第 **2** 部 *Into the Wild*

野生の世界へ

第3章　砂漠に生息する小さな魚

一八四九年のクリスマスの二週間前、峠を登っていたウィリアム・ルイス・マンリーは、「これ以上みごとなものは過去にだれひとり見たことがないであろう、壮大な荒涼たる光景」を目にした。そのときマンリーが立っていたのは、現在のネバダ州南西部、スターリング山にほど近い場所だ(1)。マンリーは故郷のミシガン州にいる両親と、そのテーブルを彩る「たっぷりのパンと豆」を思い出し、自身が置かれている境遇――「からっぽの腹とからからに渇いた喉」と引き比べた(2)。下りに入って太陽が沈みはじめると、思考はいっそう陰鬱《いんうつ》になり、マンリーは泣きはじめた。その理由を、のちにこう回想している。「わたしは未来を見とおせると信じたが、その結果は考えるだにつらいものだった」

マンリーが砂漠をさまようはめになったのは、一連の不運な判断のせいだった。その三か月前、マンリーのほか、金鉱を探し求める五〇〇人ほどがソルトレイクシティに集まり、カリフォルニア北部の「金の国《ゴールド・カントリー》」へともに旅する計画を練った。彼らがソルトレイクに到着したときには、もっとも直線に近いシエラネバダ山脈越えのルートをとるには季節が進みすぎていた。そこで、雪に閉じこめられるのを避けるために、広い踏みわけ道に沿って南へ向かい、ロサンゼルスをめざすことにした。出発から数週間後、一行は別の四九年組《フォーティーナイナーズ》〔一八四九年のゴールドラッシュで金を求めてカリフォルニアに殺到した人たち〕の一隊と出くわす。集団を率いていたのは早口で話すニューヨーク出身の男で、オーソン・K・スミスと名のった。スミスはおおまかな地図を携えており、それによれば、もっと早く西へ行ける別の道があるらしい。マンリーの集団のほとんどはスミスについていくことにしたが、結局は何日もしないうちにとってかえした。[3] 荷馬車では渡れないほど深い渓谷に行く手をふさがれてしまったからだ（スミス本人もその後まもなく引き返した）。だが、マンリーを含めた数十人は、その幻の近道を断固として進みつづけた。

すぐにわかったことだが、その渓谷はほんの序の口だった。渓谷をまわりこむ迂回路の先にあったのは、人を寄せつけないことにかけてはこの大陸でも有数の土地――おそらくそれ以前には白人がうろついたことのない、岩石だらけの荒野だった（一世紀後、この地域の大部分は核実験場にあてられる）。水は乏しく、見つけられたとしても、たいていは塩からすぎて飲めない。餌になる草がほとんどないせいで、ウシは動きが鈍くなり、痩せ衰えていった。食料にするためにウシを一頭屠《ほふ》ると、その骨は骨髄ではなく、「膿《うみ》に似た」汚らしい液体で満たされていたとマンリーは書いている。[4]
マンリーとともに旅をしていた友人は、妻と幼い子ども三人を連れていた。斥候のような役割を務めていたマンリーは、荷馬車の先を歩いてようすを偵察した。彼の持ち帰った報告はあまりにも気の滅入るもので、しばらく話を聞いていたその友人が、どうかもう黙ってくれと頼んだほどだった。妻にはもう耐えられないから、と。[5]デスバレー――当時は地図に描かれていなかった広漠たる砂漠――に近づくと、一行のムードはひときわ重苦しくなった。マンリーがたまらずに涙を流した数日後の晩、焚き火を囲んで座っていたときに、ひとりの男がそのあたり一帯を「創造主のごみ捨て場」と表現し、「世界をつくったあとに無用なくずをここに捨て置いた」のだと言った。[6]別のだれかは、「ロトの妻が塩の柱になったのは、まさにこの場所」〔旧約聖書の「創世記」にあるソドムとゴモラの滅亡の物語にちなむ。ロトの家族が逃げる際、神の言いつけに背いてうしろを振り返ったロトの妻は塩の柱になった〕にちがいないが、その柱も結局は「崩れてこのあたりにまきちらされた」だけだったと続けた。
デスバレーのちょうど端に来たところで、意気がわずかにあがった。岩棚の上で、一行は偶然、温かな澄んだ水を湛える小さな池のある洞穴を見つけた。数人の男が水にとびこんだ。そのうちのひとりは、「最高に爽快な入浴を楽しんだ」と日記に書いている。[7]水のなかを覗きこんだマンリーは、奇妙なことに気づく。その池は岩と砂に囲まれていた。ほかの水域からは何キロも離れている。それなのに、魚がひらひらと舞っていたのだ。数十年後、マンリーは「長さ一インチにすぎない」

その小さな「雑魚《ざこ》たち」を思い出すことになる。(8)

世界でもっとも希少な魚

現在では、四九年組が行きあたった洞穴はデビルズホール、「雑魚たち」はデビルズホール・パプフィッシュ、学名で言えばキプリノドン・ディアボリス（*Cyprinodon diabolis*）として知られている。デビルズホール・パプフィッシュは、マンリーも述べているように、体長一インチ（約二・五センチ）ほど。サファイアのような青い体に真っ黒な目を持ち、体のサイズのわりには頭部が大きい。もっともわかりやすい特徴は、ひとつの欠落だ――ほかのパプフィッシュにある腹びれが、この魚にはないのだ。

パプフィッシュがデビルズホールに行きついた経緯は、ある生態学者の言葉を借りれば「美しい謎」だ。(9)この洞穴は地質学上の変わり種《だね》で、広大な迷路のような帯水層への入口にあたる。帯水層は洞穴のはるか地下を流れ、更新世から残る水を湛えている。この魚の祖先が帯水層を移動できたとは考えにくい。魚類学者のあいだでもっとも有力視されているのは、このあたり一帯にもっと水が多かった時代にデビルズホールまで押し流されてきたとする説だ。長さ一八メートル、幅二・四メートルほどの例の池がキプリノドン・ディアボリスの生息地のすべてで、これは脊椎動物の生息域としてはもっとも狭いと考えられている。

わたしが最初にデビルズホールのことを知ったのは、そこで起きた犯罪がきっかけだった。二〇一六年のある暖かな春の晩、どう見てもそろって酔っぱらっている三人の男が、洞穴を囲む金網のフェンスをよじのぼった。ひとりが監視カメラを銃で撃ち抜き、服を脱いでひと泳ぎし、水に浮かぶ下着を残して去った。別のひとりは嘔吐した。翌日、一匹のパプフィッシュが死んでいるのが見つかり、検死がおこなわれた。それが重罪の告発につながった。最終的に警察は監視カメラの映像を公開し、わたしはそれを繰り返し見た。がたがたと揺れる映像には、ATV（全地形対応車）をフェンスに向かって走らせる男たちが映っていた。さらに、水中カメラのぼやけた映像では、水中の岩棚を歩いて水を泡だてる二本の足が見てとれた。[10]

その犯罪をめぐるすべて――魚の検死、郡刑務所に匹敵する警備体制、モハーベ砂漠の真ん中に置き去りにされた小さな魚――がわたしの興味をそそった。関連書物を読みあさりはじめたわたしは、マンリーの回想録『四九年のデスバレー（*Death Valley in '49*)』に行きあたった。パプフィッシュを含む砂漠の魚《デザートフィッシュ》が多様な一大グループであることも知った。毎年、メキシコ北部か米国西部のどこかで、デザートフィッシュ協議会の会合が開かれる。たいてい、会合のプログラムは長さ四〇ページにもなる。パプフィッシュにその名がついたのは、オスがなわばりをめぐって争うようすが、どこか子犬《パピー》の取っ組みあいのように見えるからだ。デスバレー一帯だけでも、一時期には種と亜種あわせて一一種のパプフィッシュがいた。一種はすでに絶滅し、もう一種は絶滅したと見られ、残りはすべて絶滅の危機に瀕している。デビルズホール・パプフィッシュは世界でもっとも希少な魚かもしれない。この魚を守るために、魚版テーマパークのようなものがつくられた――例の痩せた沐浴者の足がビデオにとらえられた岩棚に至るまで、実際の池を寸分たがわず再現したレプリカだ。そのいっぽうで、ネバダ核実験場から漏れ出す放射能汚染水が洞穴にじわじわと忍び寄っている。読めば読むほど、絶対にデビルズホールへ行かなければいけないような気がした。

帯水層と進化

パプフィッシュの個体数の調査は年に四回、デビルズホールで実施されている。計数するのは、米国立公園局、米魚類野生生物局、ネバダ州野生生物局の生物学者チームだ――この三組織が、パプフィッシュの未来にかんして協力している（ときに口論もする）。わたしが訪問にこぎつけるまでには、しばらく時間がかかった。夏の計数の時期にあたるそのころまでに、気温は四〇℃を超えていた。

例の洞穴にもっとも近い町、ネバダ州パランプで、わたしは調査チームに合流した。パランプにある一本だけの大通りには、花火店、大きな箱のような巨大小売店、カジノが並ぶ。そこからデビルズホールまでは車で四五分ほど。砂漠の低木と虚無の入り混じる土地を走り抜けるドライブだ。

マンリーの時代には、そのなかに文字どおり転がりこみでもしないかぎり、この洞穴を見つけるのは難しかっただろう。現在では、有刺鉄線を頂く高さ三メートルのフェンスのおかげで、見落とそうにも見落とせない。生物学者のひとりが、ゲートを開錠する鍵を持っていた。ゲートの先には、傾斜がきつくて滑りやすい道が続く。容赦ない太陽にもかかわらず、洞穴の底は影に包まれている。真夏でも、ここの池が直射日光を浴びるのは一日にほんの数時間だ。

生物学者のうち数人は、金属製の足場の部品を引きずっていた。これを組み立てて、キャットウォークをつくるという。ほかの人たちはスキューバタンクを運んでいる。全体の進行をとりしきっているのは、ケヴィン・ウィルソンという名の国立公園局の生態学者だ。ウィルソンは成人してからの人生のほとんどをキプリノドン・ディアボリスの研究に費やし、デビルズホールの長老的存在と見なされている（デビルズホールがあるのはデスバレーではない――フューネラル山脈を越えたアマゴサバレーに位置する――が、管理上の都合から、デスバレー国立公園の一部とされている）。わたしが訪ねる直前、ウィルソンは例の侵入事件のその後をめぐる『ハイ・カントリー・ニュース』誌の記事でとりあげられた。あの痩せた沐浴者は最終的に刑務所に入ることになったが（嘔吐したほうの犯人には執行猶予がついた）、これはウィルソンの努力によるところが大きかった。記事の執筆者はウィルソンをヒーロー――粘りづよい砂漠の刑事コロンボ――として描いていたが、その途中で「太鼓腹」や「いかめしい」とも形容した。[11] ウィルソンはいまだにそれを気に病んでいた。いちどなどは、わたしが彼の腹を横から見られるように、横向きになってみせたくらいだ。「これって、太鼓腹かな？」と訊かれたわたしは、「ぽっこり腹」と言うほうがいいかもしれないと意見を述べた。いつもなら、ウィルソンは潜水の準備をする班に入るが、最近受けた何かの体力テストで不合格になっていた。それもまたジョークのネタになった。

すべての用具を運びこみ、組み立てが終わると、ウィルソンと同じく国立公園局に所属する生物学者のジェフ・ゴールドスタインが安全にかんするレクチャーをした。ケガ人が出たら、ヘリコプターで搬送しなければならない。そして、ヘリの到着までに四五分以上かかってもおかしくない。

「だから、気をつけてください」とゴールドスタインは言った。そのあとで、意見を募った――パプフィッシュは何匹見つかるか？

「一四八匹だと思うな」とウィルソンが予想した。同じく国立公園局のアンブル・ショードアンは一四〇匹と答えた。魚類野生生物局のオーリン・フォイヤーバッカーとジェニー・ガムはそれぞれ一六〇匹と一七七匹。ネバダ州のブランドン・センガーは一五五匹。ちなみに、ショードアンとフォイヤーバッカーは夫婦だと教わった。フォイヤーバッカーによれば、デビルズホールでプロポーズしたのだという。ウィルソンが、いまにも吐きそう、というジェスチャーをした。

地方自治体の運営するスイミングプールと同じように、デビルズホールの池も片方の端が浅く、もう片方の端が深くなっている。池の深い側は、実際のところ、ものすごく深い。国立公園局によれば、深さ「一五〇メートル超」だという。「超」の部分がどれくらいになるかは、推測する以外にない。というのも、池の底に触れ、生きてそれを語った者は、いまだかつてひとりもいないからだ。一九六五年にふたりの若いダイバーが探検に出たが、ふたたび水面に現れることはなかった。遺体はおそらく、まだどこかに沈んでいるのだろう。浅い側には、傾斜した石灰岩の岩棚がある。

「棚《シェルフ》」と呼ばれるその岩棚は、水面から三〇センチほど下に位置している。岩棚の上は、魚の多くが産卵する場所であり、餌の大部分を見つける場所でもある。

マスク、酸素ボンベ、短パン、Tシャツを身につけたゴールドスタインとセンガーが水にとびこんだ。数秒のうちに、ふたりは闇のなかに消えた。そのあいだに、ショードアン、フォイヤーバッカー、ガムがキャットウォークでよつんばいになり、シェルフにいる魚を数える。三人が数字を叫ぶと、ウィルソンが専用の用紙にそれを記録する。

シェルフの計数が終わると、全員が日陰に引っこみ、ダイバーたちが浮上してくるのを待った。岩の割れ目に隠れたフクロウの子たちがきいきい鳴いている。太陽が洞穴の西面をじりじりと下っていく。「こまめに水分を補給して」とウィルソンが促した。池のまわりにバスタブで見るような輪があるのに気づいたわたしは、それについてショードアンに質問した。月の引力の作用だとショードアンは説明してくれた。わたしたちの下にある帯水層では、その巨大さのあまり潮汐《ちょうせき》が起き、水位が上下するのだという。

パプフィッシュが生息しているのは池の上層だけで、水面からおよそ二〇メートルよりも下ではめったに見られない。にもかかわらず、この魚は帯水層の広大さにかたちづくられてきた。砂漠では、昼と夜、夏と冬で温度が極端に変化する。地熱により温められた洞穴の水は一年をつうじて三四℃ほどの温度で安定し、溶存酸素濃度も、きわめて低い値ではあるものの一定に保たれている。高温と低酸素は、本来なら致命的な条件だ。デビルズホール・パプフィッシュはその条件に——と

水中から見上げたデビルズホールの光景。

もかくも――耐えられるように進化した。そして、それに劣らず重要なのが、そうした条件にしか耐えられないように進化したことだ。この魚が腹びれを失ったのは、ストレスの大きい環境のせいだと考えられている。余分な付属器官をつくって、エネルギーを無駄にするわけにはいかなかったのだ。

ようやく、ダイバーたちのヘッドランプの光が現れ、サーチライトのような線が池を貫いた。ゴールドスタインとセンガーが自力で体を水から引き上げた。センガーは数字の列でびっしり埋まったダイブスレート〔水中で文字などを書くための道具〕を手にしている。

「あのスレートが宇宙のカギを握っているんですよ」とウィルソンが高らかに言った。

全員で岩の道を登って戻り、フェンスのゲートを抜けて駐車場へ出た。センガーがスレートに書かれた数字を読み上げる。ウィルソンがそれをシェルフの数字とまとめ、総計を出した――一九五四。前回の計数よりも六〇匹多く、だれひとりとして予想だにしなかった数字だ。そこかしこでハイタッチが起きる。ゴールドスタインが本人いわく「ささやかな喜びの舞い」を踊った。

「たくさんいたのなら、全員が勝者なんです」とゴールドスタインは言った。

のちに、わたしはちょっとした計算をしてみた。デビルズホールにいるパプフィッシュは、全部あわせても重さ一〇〇グラムほど。[12] マクドナルドのフィレオフィッシュ・バーガーひとつよりもわずかに軽い。

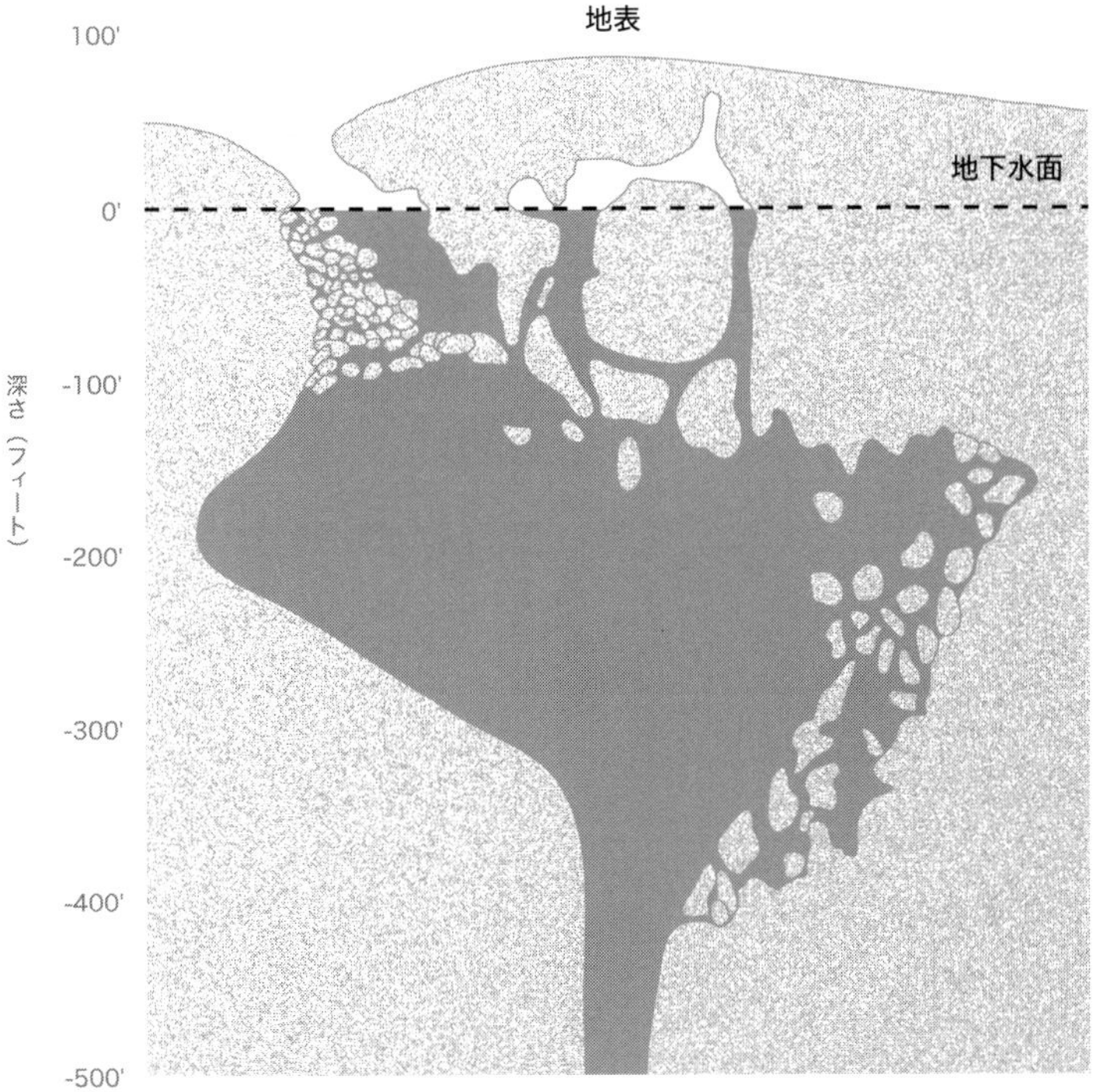

デビルズホールの断面図。左上の端が洞穴のある渓谷にあたる。

加速する絶滅

金《きん》を求める集団が金鉱めざして出発した当時は、確固たる意志を持つ者が飢えることなどけっしてないと思われていた。マンリーがはじめてライフルを手渡されたのは一四歳のときだった。「撃つのにも殴るのにも向いている」と彼の父は厳《おごそ》かに言った。[13] マンリーはたちまち猟の名人になり、彼がしとめるハト、シチメンチョウ、シカは、家族の食卓にのぼるありがたい追加の一品になった。二十代はじめには、ウィスコンシンまで猟に出て、三日間の旅の期間中にクマ四頭をしとめた。クマの肉を食べすぎたせいで、翌日はずっと吐きどおしだった。「銃と弾薬があるかぎり、食いつなぐだけの獣をしとめられるだろう」とマンリーはのちに書いている。一八四九年、マンリーはなかまとともに猟をしながらソルトレイクシティへ向かった。マンリーのしとめたエルク（ワピチ）は重さ二二〇キロを超え、「美食家にふさわしい、最高級の食事」になった。[14]

無尽蔵の食料庫など存在しない。狩りで食料を調達しながらアメリカ大陸を渡り歩いていたマンリーは、そのいっぽうでそうした習慣を持続不可能なものにする一端も担っていた。一八五〇年代、ソローはニューイングランドのムース、クーガー、ビーバー、クズリが根絶やしになったことを嘆いた。「損なわれた不完全な自然は、わたしのよく知る自然ではないのではないか？」[15] かつて野生のシチメンチョウがひしめいていた森は、一八六〇年代までにほとんどからっぽになっていた。あ

り し日は大西洋沿岸からミシシッピ川流域までの一帯にあふれていたイースタンエルク〔米国北東部に生息していたエルクの亜種〕は、一八七〇年代までに姿を消した。太陽の光を遮るほど巨大な群れをつくっていたリョコウバトも同じころに一掃された。最後の大規模な営巣活動――最後の大規模な殺戮でもあった――は一八八二年のことだ。(16)

「一八七〇年以前のこの種の歴史のどの時期をとってみても、バッファローの生息数の推測は、その難易度という点では、ひとつの森林にある葉の数を計測もしくは推定するのと変わらなかっただろう」(17)。スミソニアン博物館の剝製師長で、のちにブロンクス動物園の園長になるウィリアム・ホーナデイはそう書いている。彼の推定によれば、一八八九年までに、「野生で保護されずに」生息するバイソン（ホーナデイの言うところのバッファロー）の数は六五〇頭未満にまで減少した。数年後には、「われわれの知るかぎり、かつて存在したどの哺乳類よりも豊富だった種の存在を示すものは、地上には骨一本さえほとんど残っていないだろう」とホーナデイは予想した。(18)

旧石器時代にはすでに、人類は無数の種――ケナガマンモス、ケブカサイ、マストドン、グリプトドン、キャメロプス――を忘却の淵に追いやっていた。その後、太平洋の島々に定住したポリネシア人は、モアやモアナロなどの生物を絶滅させた（後者はハワイに生息していたガンのようなカモ）。ヨーロッパ人がインド洋の島々に到達すると、彼らもまたドードー、モーリシャスクイナ、マスカリンオオバン、ロドリゲスドードー、レユニオンドードーなど、数々の動物を抹殺した。

そのころと一九世紀との違いは何かといえば、それは虐殺のおそろしいまでのペースだ。それ以前の減少はゆるやかに――当事者でさえ何が起きているのか気づいていなかったであろうほどゆるやかに――進展していたが、鉄道や連発銃などの技術の出現により、絶滅はなんなく観察できる現象に変わった。米国で、それどころか世界中で、現在進行形で生物が消えていくのを見てとれるようになったのだ。「ひとつの種《しゅ》がほかの種の死滅を悼むということは、天地開闢《かいびゃく》以来の新たな出来事である」[19]（『野生のうたが聞こえる』、新島義昭訳、講談社）。アルド・レオポルドはリョコウバトの消滅をしのぶ文章のなかでそう述べている。

二〇世紀になると、のちに生物多様性危機として知られるようになるこの現象は加速の一途をたどった。いまや絶滅率は、地質時代のほとんどをつうじたいわゆる背景絶滅率〔平穏な時期に、通常の自然選択の結果として種が絶滅する割合〕の数百倍――もしかしたら数千倍――にのぼる。[20]その喪失はすべての大陸、すべての海、すべての分類群におよぶ。正式に「絶滅危惧種」に分類されている種だけでなく、ほかの無数の種もその方向へむかっている。米国の鳥類学者たちは「急速に減少しているごく普通の鳥」のリストをつくっているが、そこにはエントツアマツバメ、ヒメドリ、セグロカモメのようなおなじみの生きものも並ぶ。[21]絶滅しにくいと長らく思われてきた生物群である昆虫でさえ、急速に数を減らしている。[22]生態系全体が危機にさらされ、減少が減少を呼びはじめているのだ。

人工の池で管理する

カラスの飛ぶ直線距離で言えば、偽物のデビルズホールは本物から一・五キロほどのところに位置する。なんの特徴もない飛行機の格納庫のような建物のなかにあり、入口は一組の看板に挟まれている。看板のひとつには「**注意――ここから先は個人防護具が必要です**」とある。もうひとつはこうだ。「**警告！　一酸化二水素――厳重に注意せよ**」。

最初に訪ねたときに、看板について質問してみた。なんでも、これを掲げているのは、政治には熱心だが化学には疎い抗議者たちが侵入して破壊しようとするのを思いとどまらせるためだという（一酸化二水素は、水を表す冗談まじりの名称だ）。わたしが立ち入りを許される前には、尿のように見える液体が入ったバケツに足を浸せと言われた。あとでわかったことだが、それは消毒薬だった。

なかに入ると、鋼の桁、プラスチックのパイプ、電線が壁にはりめぐらされていた。コンクリート打ちこみの通路が、一段低くなったプールのまわりを走っている。プールもやはりコンクリートでできている。景観のよさにかけては工場といい勝負だ。実際、わたしが思い浮かべたのは、原子力発電所の見学ツアーで見たことのある、使用済み燃料棒を入れるタンクだった。とはいえ、この偽の洞穴がつくられたのは「哀れな魚のきょろきょろ動く目を幻惑する」ためであって、わたしの目を楽しませるためではない。

底に触れた者のいない池を再現するのは、もちろん不可能だ。コピー版の深い側は水深七メートルほどしかない。だが、それ以外のあらゆる面では、本物を忠実になぞっている。デビルズホールの池はほぼつねに日陰になることから、複製の池には、季節に応じて開閉して日差しを調節するルーバー式の天井がある。デビルズホールの水温は約三四℃に保たれているので、偽の池には予備の加熱システムがある。本物と同じ、浅い岩棚《シェルフ》もある。こちらのほうは発泡スチロール製で、グラスファイバーでコーティングして本物と同じ起伏をつけている（本物のシェルフを3Dレーザースキャナーで読みとった画像をもとにレプリカをこしらえた）。

パプフィッシュだけでなく、デビルズホールの食物連鎖の大部分も複製の池に移入された。発泡スチロールのシェルフには、石灰岩版シェルフで育つのと同じ種類のあざやかな緑の藻類が雲のように浮いている。水のなかでは、同じ種の小さな無脊椎動物が泳いでいる——トリオニア属の巻き貝、ケンミジンコ類とカイミジンコ類と呼ばれる二種の小さな甲殻類、それに二種の甲虫。

プールの環境は絶えず監視されている。たとえば、pHや水位が下がりはじめたら、スタッフにコンピューターから警告が送られる。大きな変化が起きると、システムが携帯電話を鳴らす。この施設ではたらくフォイヤーバッカーはいちどならず、真夜中にパランプの自宅から車を走らせるはめになった。

この偽物の計画がはじまったのは二〇〇六年のことだ。その年の春はパプフィッシュにとって厳しいものとなり、個体数調査で三八匹という観測史上最低を記録した。「ちょっと心配どころではありませんでした」とフォイヤーバッカーは話す。四五〇万ドルを投じたこの施設の建設が進むあいだに、パプフィッシュの数は少しだけ持ち直した。ところが、その後の二〇一三年にふたたび激減する。その春の個体数調査では三五匹しか確認できず、まだテスト段階だった施設は大急ぎで稼働に向かった。「お偉いさんがたから電話があって、『三か月で準備を整えるには何が必要か？』と聞かれましたよ」とフォイヤーバッカーは振り返る。

デビルズホールでは、パプフィッシュの寿命は一年ほどだ。人工のプールのなかでは、その二倍の長さを生きることもある。わたしが訪ねたとき、デビルズホール・ジュニアは稼働開始から六年になっており、およそ五〇匹のパプフィッシュの成魚がいた。見かたしだいで、たくさん――二〇一三年の地球上の全生息数よりも一五匹多い――とも言えるし、それほど多くないとも言える。フォイヤーバッカーのほかに、この施設のフルタイムの従業員は三人いる。つまり、世話人ひとりにつき、およそ魚一三匹という計算だ。その数が魚類野生生物局の理想よりも少ないことはまちがいない。それは甲虫のせいかもしれないとフォイヤーバッカーは考えている。

その甲虫はネオクリペオディティス属〔ゲンゴロウ科の水生甲虫類の属〕の一員で、ほかの無脊椎動物たちとともにデビルズホールから連れてこられたあと、やりすぎなほど意気揚々とコンクリート版の池に適応した。野生のときよりもはるかに速く繁殖し、その途中のどこかで、パプフィッシュの稚魚に味をしめるようになった。ある日、稚魚の撮影に使われている特殊な赤外線カメラの映像を確認していたフォイヤーバッカーは、ケシの実ほどの大きさの一匹の甲虫が稚魚を攻撃するところを目にした。

「イヌがにおいを嗅ぎつけているみたいでした」とフォイヤーバッカーは振り返る。「一匹の幼魚のまわりで円を描いて、その円をどんどん小さくしていったかと思ったら、とびかかって半分に引き裂いたんです」（イヌの比喩を膨らませるなら、これはスパニエルがムースを襲うようなものだ）。甲虫の数を抑えようと、スタッフはその虫をとらえる罠を仕掛けはじめた。罠の中身をあけるときには、目の細かい網で内容物をふるいわけてから、ピンセットかピペットで小さな昆虫をひとつひとつ拾い上げる。わたしは一時間ほど、スタッフがふたりがかりで腰をかがめてこの仕事をするのを見守った。しかも、これは毎日しなければならない。生態系を管理することに比べたら、生態系を壊すのはどれほど簡単か。これがはじめてというわけではないが、そんな思いに襲われた。

開発と保護をめぐる論争

だれに訊くかによって、人新世のはじまりの時期は大きく変わる。明快さを好む層序学者《そうじょがくしゃ》は、一九五〇年代はじめを支持する傾向がある。米国とソビエト連邦が近視眼的に核の覇権を争い、地上核実験がたびたびおこなわれるようになったころだ。そうした核実験は、多かれ少なかれ恒久的な跡を残した——放射性粒子が急増し、その一部は半減期が数万年にもなる。(23)

これは偶然の一致ではないが、キプリノドン・ディアボリスの災難もその時期までさかのぼる。一九五二年一月、ハリー・S・トルーマン大統領はデビルズホールをデスバレー国立公園に組み入れた。トルーマンは大統領布告のなかで、その狙いは「驚くべき地下の池」に生息し、「そこ以外には世界のどこにも」いない「デザートフィッシュの固有種」を守ることにあると述べた[24]。その年の春、米国防総省はデビルズホールの北およそ八〇キロに位置するネバダ核実験場で八発の核爆弾を爆発させた。翌年の春には一一発。ラスベガスからでも見えたそのキノコ雲は観光の呼びものになった[25]。

五〇年代が終盤に向かって――そしてさらに多くの核爆弾が爆発して――いたころ、ジョージ・スウィンクという名の土地開発業者がデビルズホール周辺の土地を買い占めはじめる。核実験場の労働者を住まわせる新しい町をゼロから建設するもくろみだった[26]。最終的に、スウィンクは二〇平方キロメートル前後の土地を買いあげ、井戸を掘りはじめた。そのうちのひとつは、デビルズホールからわずか二五〇メートルほどの場所にあった。

スウィンクの計画は行きづまり、その土地は一九六〇年代なかばにフランシス・カパートという名の別の開発業者に買収される。カパートの夢は、砂漠にアルファルファを茂らせることだった。カパートが帯水層からポンプで水をくみあげはじめると、すぐにデビルズホールの水位が下がりはじめた。一九六九年までに、すでに二〇センチほど低くなっていた。翌年の秋までに、さらに二五センチ低下した。水位が下がるたびに、浅瀬の岩棚の露出部も大きくなった。一九七〇年末までに、

パプフィッシュを守れ

パプフィッシュの産卵場所は、極小のキッチンくらいの広さにまで縮まっていた[27]。その時点で、ネバダ大学のとある生物学者が、パプフィッシュが繁殖できる偽物の岩棚をつくることを思いつく。木材と発泡スチロールでつくられたその岩棚は、池の深い側に設置された。深い側は浅い側よりもさらに日照量が少ないことから、国立公園局はその差を埋めあわせるために、一五〇ワットの電球ひとそろいを急ごしらえでとりつけた[28]（この偽の岩棚は結局、二四〇〇キロ彼方のアラスカで起きた地震で壊れた。帯水層の巨大さゆえに、デビルズホールはサイスミック・セイシュと呼ばれる現象に見舞われた——要は、小さな津波だ）。

それと同時に、バックアップ用の個体群をつくるために、数十匹のパプフィッシュがデビルズホールから別の場所へ移された。あるものはデスバレーの西のセイリンバレーへ、またあるものはデスバレーのグレープバイン・スプリングスへ運ばれた[29]。第三のグループは、デビルズホール近くのパーガトリー・スプリングと呼ばれる場所へ。そして第四のグループは、水槽での飼育を計画していたカリフォルニア州立大学フレズノ校のとある教授のもとへ送られた。そうした初期の避

パプフィッシュを殺せ

難集団づくりの試みは、どれも失敗に終わった。

岩棚の四分の三以上が露出した一九七二年までに、連邦政府はカパートの興した会社、カパート・エンタープライジズを訴える以外に方法はないと判断する。司法省側の弁護士は、トルーマン大統領がデビルズホールを保護した際に、パプフィッシュが生き延びられるだけの水も暗黙のうちに保護されたのだと主張した。この「カパート対アメリカ合衆国」訴訟は、最終的に連邦最高裁までもつれこむ。訴訟が先へ進むにつれて、ネバダの住民はまっぷたつに割れた。一部の人は、パプフィッシュを砂漠のはかない美の象徴ととらえた。そのいっぽうで、政府による過干渉の象徴と見る人もいた。「**パプフィッシュを守れ**」のステッカーが車のバンパーに登場すると、それに対抗するステッカーも現れた。いわく、「**パプフィッシュを殺せ**[30]」。

結局、カパートは訴訟に敗れた（九対〇の評決でパプフィッシュの勝利だった）。その後の数十年で、カパートの土地は魚類野生生物局に買収され、アッシュ・メドウズ国立野生生物保護区に変わった。この保護区には、いくつかのピクニックテーブルと何本かのトレイル、それにビジターセンターがあり、そこでは数々の品と並んで、怒り顔の風船のようにも見えるパプフィッシュのぬいぐるみが売られている。センターの外に立つ一組の看板は、カパートの地所がヌウヴィとネウェというふたつの先住民族の先祖伝来の土地にまたがっていたことに触れている。女性用トイレには（おそらく男性用トイレにも）、エドワード・アビー著『砂の楽園』の一節を記した飾り板がある。この本はユタ州アーチーズ国立公園でレンジャーをしていたアビーの体験を記録したものだが、彼がその大部分を執筆した場所は、デビルズホールからほんの数キロのところにある売春宿のバーだった。「水、水、水……」とアビーは綴っている。

　砂漠に水が不足しているわけではない。ぴったり適正な量が存在している。岩に対して、砂に対して完璧な比率の水があり、その水の比率により、植物、動物、家、町、都市のあいだにひろがる広大で自由な、気前のいい開けた空間が確保されている。これが乾燥した西部をこの国のどの土地とも違う場所にしているのだ。砂漠に水がたりないということはない。あるべきではない場所に都市をつくるようなまねさえしなければ。[31]

　偽物のデビルズホールを管理するジェニー・ガムは、このビジターセンターのなか、来館者には立ち入れないエリアにオフィスを構えている。ある日の午前中、わたしはそのオフィスを訪ねて彼女と話をした。行動生態学者として訓練を積んだガムは、テキサスからネバダに越してきたばかりで、新しい職務への情熱にあふれていた。

「デビルズホールは、ほんとうに特別な場所です」とガムは話した。「このあいだみたいに、あそこへ下りていくあの体験は――みんなに訊いてまわったんですよ、『飽きるなんてこと、ある?』って。わたしに言わせれば、いまのところそんなことはないし、近いうちにそうなるとも思えません」

ガムは携帯電話を引っぱり出した。そこにはパプフィッシュの卵の写真がおさめられていた。その前夜、施設にいたスタッフのひとりがプールから卵を回収したという。「今日くらいにはもう、心拍があるはずです」とガムは言った。「見えるはずですよ」。顕微鏡の接眼レンズごしに撮影されたその卵は、まるでガラスのビーズのようだった。

多くの魚――たとえばハクレン――は、いちどに数千個の卵を産む。養殖できるのは、そのおかげだ。デビルズホール・パプフィッシュは、極小の卵をいちどにひとつしか産まない。なかまのパプフィッシュに食べられてしまうこともめずらしくない。

ガムのトラックに乗ってデビルズホール・ジュニアへ行くと、フォイヤーバッカーがパプフィッシュの保育室にいた――ずらりと並ぶガラスの水槽、各種の装置、ごぼごぼと流れる水でぎゅうぎゅうになった部屋だ。フォイヤーバッカーが卵を探し出し、小さなプラスチックの皿をひとりじめにしてぽつんと浮かぶそれを顕微鏡の下に置いた。

二〇一三年にこの偽物の池が大急ぎで稼働をはじめたときに真っ先にぶつかった難問のひとつが、池の魚を増やす方法を見つけることだった。地球上にデビルズホール・パプフィッシュが三五匹しか残っていなかった当時、国立公園局は一対といえども繁殖用のつがいを危険にさらすのを拒んだ。

卵を引き渡すことさえ渋っていた。数か月におよぶ議論と分析のすえにようやく、いずれにしてもデビルズホール内では卵が生き延びられる可能性の低いオフシーズンにかぎり、魚類野生生物局による卵の回収が認められた。最初の夏には卵一個が回収されたが、死んでしまった。それに続く冬には、四二個が集まった。うち二九個がうまく育ち、成魚になった。

顕微鏡の下に置かれた卵は、甲虫の問題にもかかわらず、プールのなかでパプフィッシュが繁殖していることを証明している。卵は小さなマットに産みつけられていたのを回収したものだ。まさにその目的のために偽のシェルフに敷かれたマットは、見た目はぼろぼろにけばだったカーペットの切れはしに似ている。「いい徴候です」とガムは言った。「ほかにも、このカーペットの近辺に産みつけられた卵が、食べられずに残っているといいんですが」

その卵は、たしかにもう心拍を打っていた。あざやかな紫の渦のようなものもできている――初期の色素細胞だ。この小さな卵の小さな心臓がどくどくと脈打つのを見ているときに思い浮かんだのは、わが子たちの最初の超音波画像と、やはりアビーの本に出てくる別の一節だった――「地球上のすべての生物はみなきょうだいである(32)」

ガムは毎日、プールのふちでしばらく過ごし、ひたすらパプフィッシュを眺める時間をつくるようにしているという。その日の午後は、わたしもいっしょに眺めた。デビルズホール・パプフィッシュは、小さいなりに、なかなか派手派手しかった。プールの深い側で、からかいあうように泳ぐ一組を見つけた。もしかしたら、いちゃついているのかもしれない。その魚たち――光を放っているかのような青い筋たち――は、曲がりくねった、それでいてぴったりあった動きでたがいのまわりをくるくるとまわっている。やがてパ・ド・ドゥは解散し、片方が玉虫色の筋となって勢いよく泳ぎ去った。

「パプフィッシュの小さな群れが、砂漠のちっぽけな水たまりで弧を描くのを眺める。それは驚異をめぐる重要な何かを発見する営みである」(33)。生態学者のクリストファー・ノーメントは、本物のデビルズホールを訪問したあとにそう書いた。同じことはここでも言える、とわたしは思った。たとえ水がパイプから供給され、殺菌されていても。だが、プールのなかの魚を見下ろしながら、首をひねった。それはいったい、何に対する驚異なのか？

人に依存する生きもの

自然――もしくは少なくとも自然という概念――が文化のなかでこんがらかるのは、よく見られる現象だ。対立させうる何か――技術、芸術、意識――が現れるまで、そこに存在するのはただ「自然」のみで、したがってそのカテゴリーにはたいして使いみちがなかった。「自然」が発明された時点で、すでに文化がそのなかに絡まっていたというのも、おそらくそのとおりなのだろう。二万年前、オオカミが家畜化された。その結果、ひとつの新しい種（一説には亜種）と、ふたつの新しいカテゴリーが生まれた――すなわち、「飼いならされたもの」と「野生のもの」だ。一万年前ごろの小麦の栽培化にともない、植物の世界も分断された。ある植物は「作物」になり、別のものは「雑草」になった。人新世のすばらしき新世界のなかで、その分断は深まりつづけている。

「シナントロープ」について考えてみよう。シナントロープとは、家畜化されてはいないが、なんらかの理由から、農場や大都市での暮らしに異様なほどうまく適応した動物のことだ。シナントロープ（ギリシャ語で「ともに」を意味する「シン」と「人間」を意味する「アントロポス」に由来）には、アライグマ、アメリカガラス、ドブネズミ、アジアン・カープ、ハツカネズミ、二〇種ほどのゴキブリなどがいる。コヨーテは人間による攪乱《かくらん》の恩恵を受けているが、人間活動がさかんにおこなわれている領域は避けることから、「人間嫌いのシナントロープ」と呼ばれている。[34] 植物界では、「アポファイト」は人間が侵入してきた際に栄える在来の植物を指す。「アントロポファイト」は、人間が周囲で動きまわっているときに栄える植物だ。アントロポファイトはさらに細かく分類され、「アーキオファイト」はヨーロッパ人が新大陸に到来する以前に広まった植物、「キノファイト」はその後に広まった植物を指す。

言うまでもなく、人間とともに繁栄してきた種がいるのに対して、それ以上に多くの種が衰退し、また別の、いっそう寒々しい用語リストをつくる必要が生じている。いわゆる「レッドリスト」をまとめている国際自然保護連合（ＩＵＣＮ）によれば、種が「危急（ＶＵ）」と分類されるのは、今後一〇〇年のうちに姿を消す可能性が一〇％以上と予測される場合だ。「危機（ＥＮ）」とされるのは、今後一〇年間もしくは三世代のどちらか長いほうの期間の減少率が五〇％以上と予測される場合。「深刻な危機（ＣＲ）」に分類されるのは、同じ期間の個体数の減少率が八〇％以上と予測される生物だ。ＩＵＣＮの用語で言えば、植物もしくは動物は完全に「絶滅（ＥＸ）」することもあれば、「野生絶滅（ＥＷ）」や「おそらく絶滅（ＰＥ）」となることもある。ある種が「おそらく絶滅」とされるのは、「証拠に鑑みると」絶滅したと考えられるが、まだ絶滅が裏づけられていないときだ。現時点で「おそらく絶滅」とされている数百種の動物の例としては、クチバテングコウモリ、ミスウォルドロンズ・レッドコロブス（旧世界ザルの一種）、エマハダカオネズミ、ニューカレドニアズクヨタカなどがある。[35] マウイ島原産の丸々としたハワイミツスイのなかま、ポオウリ（カオグロハワイミツスイ）をはじめとするいくつかの種は、もはや地球上を歩いて（跳ねて、と言うべきか）おらず、液体窒素のなかに保存された細胞としてのみ生きながらえている（この奇妙な人工冬眠状態を表す用語はまだ考案されていない）。

生物多様性危機を理解するためのひとつの方法は、単純にそれを受け入れることだろう。なんといっても、生命の歴史は絶滅イベントによってたびたび途切れてきた。絶滅イベントには大きなものもあれば、途方もなく大きなものもあった。白亜紀に終焉をもたらした小惑星の衝突は、地球上のすべての種の七五％前後を絶滅させた。だれもそれを嘆き悲しんだりはしなかったし、やがては新しい種が進化して絶滅した種にとってかわった。だが、理由はどうあれ——生命愛《バイオフィリア》のせいか、神の創造物に対する愛のせいか、はたまた心臓が止まりそうな恐怖のせいか——人間は小惑星になりたがらない。そんなわけで、人類はまた別の種類の動物をつくりだしてきた。みずから絶滅の縁まで追いやったあとに、あわてて引っぱり戻した生きものたちだ。そうした生物は学術的には「保護に依存する」種と呼ばれるが、迫害する張本人に完全に依存しているという点では、「ストックホルム種」〔誘拐・監禁などの被害者が犯人に共感や好意を抱くようになる「ストックホルム症候群」にちなむ〕と呼んでもいいかもしれない(36)。

デビルズホール・パプフィッシュは典型的なストックホルム種だ。洞穴の水位が下がった六〇年代後半には、国立公園局の設置した人工の岩棚と電球がこの魚を生きながらえさせた。裁判所が洞穴付近での水のくみあげを差し止めたあと、水位はじりじりと戻ったものの、帯水層が完全にもとどおりになることはなかった。現在でも、洞穴の水位は本来の位置よりも三〇センチほど低いままだ。その結果、この池の生態系が変化し、食物網《しょくもつもう》がほころびた。二〇〇六年以降、国立公園局はブラインシュリンプやホウネンエビなどの追加の食べものを届けてきた——魚向けのフードデリバリー・サービスというわけだ。

およそ三八〇立方メートルの避難用プールにいるパプフィッシュにいたっては、ガムやフォイヤーバッカーをはじめとする熟練の世話人がいなければ一シーズンも越せないだろう。プールの環境はできるかぎり本物のデビルズホールの池とそっくりにつくられているが、本物がひどく危うい状態にあるという、その一点だけは例外だ。偽物の池が人間の破壊のおよばない領域にあるのは、それが完全に人間の創造物であるからなのだ。

デビルズホール・パプフィッシュのように、いまや保護に依存している種の数を示す正確な記録は存在しない。最低でも、その数は数千にのぼる。そうした種が頼っている援助の形態も無数にある。たとえば、餌の補助と飼育下での繁殖のほか、一回の繁殖シーズンで二度にわたって産卵させるダブルクラッチ、ある程度まで人の手で育ててから自然に放すヘッドスターティング、特定の動物を囲いこむエンクロージャー、特定の動物が侵入しないようにするエクスクロージャー、野焼き、鉛中毒を解毒するキレート剤の投与、移動の誘導、人工授粉、人工授精、捕食者回避条件づけ、味覚嫌悪の条件づけなどがある。年々、このリストは長くなっている。「むかしのひとにはむかしの、いまのひとにはいまのやり方があるのだ」（『森の生活――ウォールデン』飯田実訳、岩波書店）とソローは言っている[37]。

流浪の魚たち

アッシュ・メドウズ国立野生生物保護区は約九〇平方キロメートルの広さがあり、ニューヨークのブロンクス区とだいたい同じくらいの面積だ。その境界の内側には、世界のほかのどこにも見られない二六種の生物が生息している。ビジターセンターでもらった冊子によれば、「米国でもっとも固有種が集中している場所であり、北米全体でも二番目」だという。

厳しい環境は多様性を生む。それはダーウィンの唱えた進化論の典型例だ。砂漠では、列島の生物群と同じように、個体群が物理的に隔離されており、したがって繁殖という点でも隔てられている。その意味では、モハーベ砂漠と近くのグレートベースン砂漠にそれぞれ生息するパプフィッシュは、ガラパゴス諸島にすむフィンチのようなものだ。ひとつひとつの個体群が、砂の海に浮かぶ自分たちだけの小さな水の島で暮らしている。

その「島」の多くが、そこに生きるものをだれかがわざわざ記録しようとするよりも前に干上がってしまったことは疑いようがない。メアリー・オースティンが一九〇三年に述べたように、「そこそこの大きさがある西部の小川はひとつ残らず、灌漑用水路になる運命」にあった。[38] 絶滅に気づかれるくらい長く生き延びた生物としては、コイ科の魚パラナガット・スピネダス（一九三八年に最後に捕獲）、同じくコイ科のラスベガスデース（一九四〇年に最後に目撃）、アッシュメドウズキリフィッシュ（一九四八年に最後に目撃）、レイクラフトランチ・プールフィッシュ（一九五三年に最後に目撃）、テコパ・パプフィッシュ（一九七〇年以来、確認されず）などがいる。[39]

やはり砂漠のパプフィッシュであるオーウェンズ・パプフィッシュも絶滅したと思われていたが、一九六四年に再発見された。一九六九年まで、娯楽室ほどの広さの池のなかでどうにか踏みとどまっていたが、その年、だれひとりとしてはっきりとは説明できない理由から、池が水たまりほどの大きさに縮んでしまった。知らせを受けたカリフォルニア州魚類鳥獣保護局の生物学者フィル・ピスターが、フィッシュスルーと呼ばれる現場の池に駆けつけた。ピスターは近くの泉に移すつもりで、フィッシュスルーに残っていたオーウェンズ・パプフィッシュを残らず集めた。魚はバケツ二杯に収まった。

「自分が死ぬほど怯えていたのを、はっきり覚えている」。ピスターはのちにそう書いている。「おそらく五〇メートルほど歩いたところで、まさに文字どおり、ひとつの脊椎動物種のすべてが自分の手のうちにあるのだと気づいた」[40]。ピスターはその後の数十年をかけて、オーウェンズ・パプフィッシュだけでなく、デビルズホール・パプフィッシュの保護にも取り組んできた。いったいなぜ、それほどの時間を費やして、そんなとるにたりない動物たちを救おうとするのか。ピスターはよく、そんなふうに訊かれた。

「パプフィッシュがなんの役に立つんですか？」と問いつめられることもあった。

「あなたはなんの役に立つんですか？」ピスターはいつもそう返した。

モハーベ砂漠にいるあいだに、わたしはできるかぎり多くの魚を見にいった――いわば島めぐりだ。デビルズホールからそれほど離れていない池には、アッシュメドウズ・アマゴサ・パプフィッシュ（*Cyprinodon nevadensis mionectes*）が生息している。この池を取り囲む風景はひどく干からびていて、マンリーの災難が思わず脳裏に浮かぶほどだ。現代でさえ、モハーベ砂漠で死んだら、だれにも気づかれないかもしれない。道路からほんの一八〇メートルほど歩いただけで、そんな考えが頭をよぎった。デビルズホール・パプフィッシュの色を薄くしたバージョンのようなアッシュメドウズ・パプフィッシュたちは、矢のように泳ぎまわっていた――ここでもやはり、けんかをしているのか、いちゃついているのか、わたしにはわからなかった。

五〇キロほど離れたカリフォルニア州の小さな町ショショニには、また別の亜種、ショショニ・

パプフィッシュ（*Cyprinodon nevadensis shoshone*）が生息している。オーウェンズ・パプフィッシュと同じく、ショショニ・パプフィッシュも一度は絶滅したと思われていたが、のちに再発見された。こちらのケースでは、RVパーク〔キャンピングカーなどのレクリエーショナル・ビークルを駐車できるオートキャンプ場〕のへりにある排水路で見つかった。町で唯一のレストランと一軒だけの商店とともにこのRVパークも所有しているのが、スーザン・ソーレルズという人物だ。ソーレルズはさまざまな州機関からの援助を受け、ショショニ・パプフィッシュ用の一群の池をつくった。結果、ショショニ・パプフィッシュはデビルズホールの親戚よりもはるかに適応力が高いことがわかった。「絶滅から繁栄へ、変貌を遂げたんです」とソーレルズは話した。パプフィッシュの池の水源になっている温泉は、地元のスイミングプールにも水を供給している。ある日の午後、わたしはそのプールで、ひげを生やした男性とともに涼をとっていた。その男性は――彼がうしろを振り返ったときにそれが目に入り、わたしはうろたえてしまったのだが――背中に大きなふたつのカギ十字のタトゥーを入れていた。

パランプの町にも、かつては固有の魚、パランプ・プールフィッシュ（*Empetrichthys latos*）がいた。この魚はいまも存在しているが、悲しいことに、パランプにはいない。もともとの生息地は湧き水を水源とする池だったが、何者かが、わざとかうっかりかはわからないが、その池に金魚を放した。金魚が繁栄するいっぽうで、プールフィッシュは激減した。六〇年代には、地下水のくみあげが、ただでさえ悪い状況をさらに悪化させた。池が完全に干上がる寸前だった一九七一年、ジム・ディーコンという名のネバダ大学の生物学者が土壇場の救出に打って出る。ピスターと同じく、ディーコンも生き残っていた魚をバケツに入れて連れ出した。どうにか救えたのは三二匹だった——少なくとも、そう伝えられている。[41]

その救出劇以降、パランプ・プールフィッシュは水中の流浪生活を送り、捕囚先の池からまた別の池へとさまよう——正確に言えば、トラックで運ばれる——ことになった。わたしが訪ねたネバダ州野生生物局の生物学者ケヴィン・グアダルーペは、この魚にとってのモーセだ。ネバダ州野生生物局のオフィスはラスベガスにあり、ネバダ州の在来魚四〇種を描いたポスターで飾られていた。「そこにのっているほぼすべてが、絶滅の危機にさらされています」と言いながら、グアダルーペは身ぶりでポスターを示した。名刺をもらうと、そこには松の実サイズのプールフィッシュの絵が描かれていた。

実物のパランプ・プールフィッシュは長さ五センチほどで、黒と黄色が縞模様のように入り乱れる胴体に、黄色っぽいひれがついている。デビルズホール・パプフィッシュと同様、この魚も厳しい環境で進化し、不戦勝で捕食者の頂点に君臨していた。グアダルーペの仕事の大部分は、正真正銘の捕食者になりそうなあらゆるものにプールフィッシュが出くわさないようにすることだ。人間がこの砂漠に次々と種を持ちこむせいで、新たな緊急事態が絶えず起きている。

「かなりの時間、火がついたみたいに走りまわっていますよ」とグアダルーペは話した。わたしたちはパランプから八〇キロほどに位置するスプリングマウンテン・ランチ州立公園で、水がなくなって外殻だけになった湖を訪ねた。かつては一万匹ほどのプールフィッシュのすまいになっていた湖だ（この牧場《ランチ》のもともとの所有者は大富豪のハワード・ヒューズだが、この地所を買ったころには、潔癖症が悪化しすぎてラスベガスのホテルのスイートルームから出られなくなっていた）。この湖には、近隣の住民がめいめいの水槽に入った生きものを捨てていた。その結果として生じた捕食に対処できず、プールフィッシュはほとんど一掃された。移入されたほかの種——言うまでもなく、プールフィッシュそのものも移入種だ——を取り除くために、湖の水がすっかり抜かれた。いま、赤土の湖底は太陽に焼かれてひびわれ、からからになっている。環境史学者のJ・R・マクニールはマルクスの言葉をもじって、こんなふうに表現した。「人間はみずからの生物圏を創造するが、自分たちが満足いくようにはつくらない[42]」

パランプから六五キロほどのデザート国立野生生物保護区で、また別の包囲された池を見学した。「あそこに一匹います」とグアダルーペは言いながら、泥の下から頭を突き出した、小さなロブスターのように見えるものを指さした。アメリカザリガニだ。アメリカザリガニはメキシコからフロリダ北西部までのメキシコ湾岸を原産とする。この生きものがあちらこちらへ拡散してきたのは、人間が好んで食べるからだ。当のアメリカザリガニはと言えば、プールフィッシュを好んで食べる。プールフィッシュにチャンスを与えるために、グアダルーペは産卵用の偽の岩礁を急ごしらえした。岩礁は滑りやすいプラスチックの円柱でできていて、てっぺんに人工の草むらが生えている。円柱がつるつると滑るので、腹ぺこのザリガニには登れないはずだ。グアダルーペはそう期待している。

わたしたちが訪ねた最後のプールフィッシュの避難所は、ラスベガスのとある公園内にあった。到着したときにはすでに正午に近く、灼熱の気温になっており、正気の人はだれひとりとして外に出ていなかった。

その日、ネバダ州で過ごす最後の夜に、わたしはラスベガス・ストリップに立つホテル〈パリス〉の一室、エッフェル塔の見える部屋に泊まった。ここベガスでは、エッフェル塔はスイミングプールにのしかかるようにそびえている。水の色は凍結防止剤の青だ。どこかプールの近くから、サウンドシステムの繰り出すビートが七階のはめ殺しの窓を通り抜け、鈍い鼓動となってわたしのところまで届いた。酒を飲みたくてたまらなかった。でも、またロビーまで下りていき、ル・コンシェルジュとレ・トワレットとラ・レセプションを通りすぎ、まがいもののフランスのバーを見つけるような気力はなかった。わたしは偽物の洞穴にいるデビルズホール・パプフィッシュを思った。あの魚たちも、闇が深くなるときには、こんなふうに感じているのだろうか？

第4章　死にゆくサンゴ礁

ルース・ゲイツが海と恋に落ちたのは、テレビを見ているときだった。小学生のころ、『ジャック・クストーの海中世界（*The Undersea World of Jacques Cousteau*）』に釘づけになっては、うっとり見入っていた。色、形、多様な生き残り戦略——波の下の生命は、波の上の生命よりも華々しく見えた。そのテレビシリーズで学んだ以上のことはろくに知らないうちに、海洋生物学者になろうと心に決めた。

「テレビごしではあっても、それまでほかのだれにもできなかったやりかたで、クストーは海のベールをはがしてくれたんです」とゲイツは話した。

イングランド育ちのゲイツはニューカッスル大学に入り、北海を背景にして海洋生物学を教わった。サンゴをめぐる講義を受けたときに、またもや眩惑された。教授の解説によれば、サンゴはごく小さな動物でありながら、細胞内に生きものを──さらに小さな植物を宿しているのだという。ゲイツは首をかしげた。いったいどうやって、そんな配置が実現したのだろう。「まったく見当もつきませんでした」とゲイツは振り返った。一九八五年、彼女はサンゴとその共生生物を研究するためにジャマイカへ渡った。

当時は、そうした研究をするには刺激的な時代だった。分子生物学の新たなテクニックのおかげで、生物をごく奥深いところまで観察できるようになりつつあった。だが、不穏な時代でもあった。カリブ海のサンゴ礁は死にかけていた。開発により破壊されたものもあれば、過剰な漁業や汚染に殺されたものもある。この海域で優勢だった二種の造礁サンゴ──スタッグホーンサンゴとエルクホーンサンゴ──は、白帯病として知られるようになる病気により壊滅的な被害を受けていた（どちらの種も、現在はレッドリストの「深刻な危機（CR）」に分類されている）。一九八〇年代が進むあいだに、カリブ海のサンゴ被覆面積の半分ほどが消滅した。(1)

ゲイツはカリフォルニア大学ロサンゼルス校（UCLA）で、その後はハワイ大学で研究を続けた。そのあいだ一貫して、サンゴ礁をめぐる展望はひたすら暗さを増していった。気候変動が海水温をじりじりと押し上げ、多くの種には耐えられない域にまで達しようとしていた。一九九八年、海水温の急上昇をきっかけに地球規模で生じたいわゆる世界的白化現象により、全世界のサンゴの一五％超が死滅した。(2) 二〇一〇年にも、また地球規模の白化現象が起きた。さらに二〇一四年には海洋熱波が発生し、ほぼ三年にわたって猛威を振るった。

温暖化の危機をさらに悪化させていたのが、海の化学組成の大きな変化だ。サンゴはアルカリ性の水でよく育つが、化石燃料から排出される温室効果ガスが海を酸性化させていた。ある研究チームの計算によれば、排出量がさらに数十年にわたって増えつづければ、サンゴ礁は「成長をやめ、溶解しはじめる」という。[3] 別の研究グループは、二一世紀なかばまでに、グレートバリアリーフのような場所を訪ねても「急速に浸食されつつある、がれきのような岸」のほかには何も見られなくなるだろうと予測している。[4] ゲイツはどうしてもジャマイカに戻る気になれなかった。そこにあった、自分の愛するもののあまりにも多くが失われてしまったからだ。

とはいえゲイツは、本人の言葉を借りれば、「水が半分まで入ったグラスを見て、まだ半分もあると思うタイプの人間」だった。ゲイツが注目したのは、死んだものとあきらめていた一部のサンゴ礁が復活の兆しを見せていたことだ。そのなかには、彼女がすみずみまで知るサンゴ礁もあった。一部のサンゴをほかのサンゴよりもたくましくしている性質があるとしたら？　そして、その形質を突き止められたら？　それならたぶん、海洋生物学者にも、ただ手をこまねいているだけでなく、できることがあるはずだ。ほかよりもたくましいサンゴを繁殖させることが可能なら、酸性化と気候変動に耐えられるように、世界のサンゴ礁をつくりかえることだってできるかもしれない。

ゲイツはそのアイデアをまとめ、「オーシャン・チャレンジ」というコンペに提出し、みごと勝利した。賞金――一万ドル――は極小規模の研究でさえ維持するのがやっとの額だったが、コンペに出資している財団に、もっと詳細な企画書を出してみてはどうかと誘われた。そして今度は四〇〇万ドルの助成金を勝ちとった。その助成金をめぐるニュース記事は、ゲイツたちが「スーパーサンゴ」の創造を計画しているとほのめかしていた。ゲイツはそのコンセプトを歓迎した。教え子の大学院生のひとりがロゴを考案した。枝わかれしたサンゴの、人間で言えば胸にあたりそうなところに、大きな赤いＳのマークがついたロゴだ。

もはや完全な自然ではない自然

わたしがゲイツに会ったのは二〇一六年春のことだ。スーパーサンゴ助成金を得てから一年ほどが経ったころで、偶然だがその少し前に、ゲイツはハワイ海洋生物学研究所の所長に任命されていた。この研究所はオアフ島の沖、カネオヘ湾に浮かぶモクオロエ（通称ココナツ島）という小さな島をひとりじめしている（ドラマシリーズ『ギリガン君ＳＯＳ』を見たことがある人なら、オープニングでモクオロエを目にしているはずだ）。モクオロエへ行く公共交通機関はない。訪問者は桟橋に姿を見せるだけでいい。来客があるのを研究所のボート操縦士が知っていれば、モーターボートで島まで連れていってくれる。

ボートから降りたわたしはゲイツに出迎えられ、ふたりで彼女のオフィスまで歩いた。おそろしく広く、おそろしく白いオフィスだ。窓からは湾を一望でき、その向こうには軍事基地――ハワイ海兵隊基地が見える（この基地は真珠湾攻撃の数分前に日本軍に爆撃された）。ゲイツの説明によれば、スーパーサンゴ計画の発想の源になったのはカネオへ湾だったという。二〇世紀の大半をつうじて、この湾は下水の放出先として使われていた。一九七〇年代までに湾のサンゴ礁はほぼ壊滅した。海藻が湾をのっとり、水は不気味なほどあざやかな緑色に変わった。だがその後、下水処理施設が稼働しはじめた。さらにのちには、ハワイ州が自然保護団体〈ザ・ネイチャー・コンサーバンシー〉とハワイ大学と協力し、海底から藻類を吸いとるための珍妙な仕掛け――要は巨大な掃除機ホースを備えた艀――を考案した。そして少しずつ、サンゴ礁がよみがえりはじめた。現在では、カネオへ湾には五〇あまりのいわゆる離礁（パッチ礁）〔ほかから孤立した礁〕がある。

「カネオへ湾は、ひどく荒らされた環境で個体が生き延びた最高の事例です」とゲイツは話した。「生き残ったサンゴは、つまりはもっともたくましい遺伝子型ということです。要するに、あなたを殺せなかったものがあなたを強くする、というわけです」

わたしは結局、ゲイツとともにモクオロエで一週間を過ごした。最初の日には、巨大なレーザー走査型顕微鏡でサンゴを観察し、学生時代のゲイツを悩ませた例の「配置」を見せてもらった。サンゴの小さな細胞のなかに、さらに小さな共生植物が収まっているのが見えた。別の日にはシュノーケリングをした。二〇一四年に発生した海洋熱波が二年目に突入しており、湾のサンゴ群体（コロニー）の多くが幽霊さながらに白くなっていた。そのほとんどはおそらく生き延びられないだろう、とゲイツは話した。それでも、ほかのサンゴはまだカラフルだった――黄褐色や茶色もあれば、緑っぽいものもある。そのサンゴたちは元気そうだった。「ここのサンゴ礁にこれほどの回復力があるのを見ると、本当に勇気づけられます」とゲイツは言った。

三日目には、ずらりと並ぶ屋外水槽を見にいった。そこでは、湾から採取したサンゴが厳密に制御された条件下で育てられている。その水槽の狙いは、パプフィッシュの水槽のような最適な環境をつくることではなく、おおむねそれとは逆――調整されたストレスを与えながらサンゴを飼育することにある。よく育ったもの――あるいは、少なくとも生き延びたもの――をかけあわせたら、生まれた子を水槽に戻し、さらに大きなストレスをかける。そうした選択圧をかけられたサンゴは、うまくいけば、いわば「アシスト」つき進化を経ることになる。その後、そうして生まれたサンゴを使って、未来のサンゴ礁のタネをまけばいい。

「わたしは現実主義者です」。あるとき、ゲイツはそう言った。「この惑星が急激に変わるはずがないと希望を持ちつづけるなんて、わたしにはできません。すでに変わっているんですから」。人間にできることは、ふたつにひとつ。みずからがもたらした変化に対応できるようにサンゴを「アシスト」するか、死んでいくのをただ眺めているか。それ以外はどれも、ゲイツに言わせれば希望的観測だ。「多くの人は、何かに戻りたがります」とゲイツは話した。「みんな、こんなふうに考えているんです――わたしたちがあれやこれをやめれば、それだけでサンゴ礁がもとの姿に戻るのではないか、と」

「本当のところを言えば、わたしは未来主義者なんです」とゲイツは別のときに言った。「自然がもはや完全な自然ではない未来が迫っているのだと受け入れること。それがわたしたちのプロジェクトです」

ゲイツは人を強烈に引きつける魅力の持ち主で、ノート一冊ぶんの疑いを抱えてモクオロエを訪ねたわたしでさえ、彼女には心を動かされた。二度ほど、ゲイツが研究所での仕事を終えたあと、いっしょに夕食をとりにいった。話をしているうちに、わたしたちは記者とその取材対象という関係を超え、最後には友情のようなものに近づいていた。スーパーサンゴの進展を見るために再訪を手配していた矢先、ゲイツから手紙が来て、自分はじきに死ぬのだと打ち明けられた。もっとも、そういうふうには書いていなかったが。ゲイツはこう綴っていた——脳に病変があります。治療のためにメキシコへ行きます。この病気がなんであっても打ち勝つつもりです。

ダーウィンとハト

ルース・ゲイツと同じく、チャールズ・ダーウィンもサンゴに戸惑った。最初にサンゴ礁に遭遇したのは一八三五年のことだ。ビーグル号に乗ってガラパゴス諸島からタヒチへ向かう途中、船の甲板から海を眺めていたときに、大海原から突き出す「なんとも奇妙な丸い輪」を見かけた——現代なら環礁《かんしょう》と呼ばれるはずのものだ。サンゴが動物であり、サンゴ礁がその創造物であることをダーウィンは知っていた。それでも、その形態には困惑させられた。「こうした低くて中が空いているサンゴの島々は、ただっぴろい大海のただなかに突如としてせりだしているが、なんともちっぽけな点にすぎない」（『ビーグル号航海記』、荒俣宏訳、平凡社）とダーウィンは書いている。[5] そして疑問を抱いた。いったいどうやって、そんな配置が実現したのか？

ダーウィンは長年その謎について思案し、それはやがて、彼にとって最初の主要な科学論考書である『サンゴ礁の構造と分布（*The Structure and Distribution of Coral Reefs*）』の題材になる。ダーウィンが思いついた説明――当時は物議をかもしたが、現在では正しかったことがわかっている――は、どの環礁の中心にも死火山がある、というものだった。サンゴが火山の側面にぐるりと付着したあと、火山が活動をやめてゆっくり沈んでいくあいだも、サンゴ礁は上に、太陽に向かって成長を続けた。環礁はいわば、「無数の小さな建築家により築かれた」いまはなき島の記念建造物だとダーウィンは書いている。[6]

サンゴ礁にかんする論考を発表したのと同じ月――一八四二年五月――に、ダーウィンは進化、当時の呼びかたで言えば「転成」をめぐる革新的なアイデアのあらましをはじめて書き記す。鉛筆で書かれたそのメモは、ダーウィンの伝記筆者のひとりの言葉を借りれば「二つ折りの紙三五枚ぶんの読みにくく、省略されすぎた殴り書き」だった。[7] ダーウィンはその小論を引き出しにしまいこんだ。一八四四年、それを二三〇ページにまで膨らませたが、このときも結局、手稿は隠したままだった。ダーウィンが自説を世に出すのをためらっていた理由はごまんとあるが、そのうちのひとつは、証拠がほぼ完全に欠如していることだった。

進化は観察できないとダーウィンは確信していた。プロセスの進行があまりにも遅いため、人間ひとりの一生、それどころか複数世代のあいだでも認識することはできないと考えていた。のちに「長い年代が経過するまで、ゆっくりと進むその変化にわれわれが気づくことはない」(『種の起源』、渡辺政隆訳、光文社)とも書いている。(8) だとすれば、どうすれば自説を証明できるというのか?

ダーウィンが偶然に見つけた解決策はハトだった。ヴィクトリア朝時代のイングランドでは、観賞用のハトが大きな関心を集めていた(ほかならぬヴィクトリア女王もハトを飼っていた)。観賞用ハトのクラブ、観賞用ハトのショー、果ては観賞用ハトの詩まであった。「この月桂樹が落とすやさしい憐みの影の下に/鳥小屋の古老が安らかに眠る(9)」。一二歳で死んだ愛するハトに贈られたとある頌歌《オード》は、そんなふうに幕を開ける。愛鳩家たちは数十にのぼる品種を飼育していた。たとえばファンテール。その名が示すとおり、派手な扇《ファン》の形をした尾羽《テール》で飾られたハトだ。あるいは、飛翔しながら後方宙返りを演じるタンブラー。襞襟《ひだえり》をつけているように見えるナン。枝を編んでつくった輪みたいなものを目のまわりにつけたバーブ。そして、素嚢《すのう》を膨らませると風船を飲みこんだような姿になるポーター。

ダーウィンは裏庭に鳥小屋を設け、そこで飼育するハトを使ってありとあらゆる交配実験をおこなった——ナンとタンブラー、バーブとファンテール、といった具合だ。骨格を手に入れるためにハトの死骸を煮つめ、その仕事について「ひどく吐き気を催した」とも書き残している。(10) ようやく決心をかためて一八五九年に出版した『種の起源』では、ページのいたるところでハトが存在を誇示していた。

素嚢を膨らませたポーター。

「私は手に入れられる限りの品種を飼うと同時に――」とダーウィンは最初の章に書いている。「何人もの著名な愛鳩家と知り合いになったほか、ロンドンの二つの愛鳩クラブへの入会を許された[11]」

ダーウィンにとって、ナンとファンテールとタンブラーとバーブは、間接的ではあるが、転成を裏づける重要な証拠だった。どのハトが繁殖すべきかを選ぶ。たったそれだけで、ハトのブリーダーはたがいにほとんど似ていない系統を生み出してきた。「か弱い人間でも人為選抜を行うことでこれだけたくさんの成果を上げられる」のなら、「自然の選抜力」がもたらしうる変化の量に「限界があるとは思えない」とダーウィンは考察している。[12]

『種の起源』の出版から一世紀半を経てもなお、ダーウィンの類推にもとづく論考には説得力がある。とはいえ、そこで使われている言葉の単純明快さを保つのは年々難しくなっている。「か弱い人間」は気候を変えつつあり、それが強力な選択圧を行使している。ほかの無数のかたちをとった「地球環境変化」も同様だ。森林破壊、生息地の分断、捕食者の移入、病原体の持ちこみ、光害、大気汚染、水質汚染、除草剤、殺虫剤、殺鼠剤《さつそざい》。「自然の終焉」後の自然選択を、なんと呼ぶ?(13)

進化をアシストする

マドレーヌ・ファン・オッペンがルース・ゲイツに会ったのは、二〇〇五年にメキシコで開催された会議でのことだった。ファン・オッペンはオランダ人だが、その時点ですでに、オーストラリアで暮らして一〇年近くになっていた。ふたりの性格は正反対だった——ゲイツが外向的であるのと同じくらい、ファン・オッペンは内向的。にもかかわらず、たちまち意気投合した。ファン・オッペンもまた、新たな分子研究手法が登場しはじめたころに科学者としてのキャリアをスタートさせ、やはりその威力をすぐに認識するようになった。ふたりは時差を越えてたびたび話をするようになり、チームとしていくつかの論文を書いた。その後の二〇一一年、ゲイツはサンタバーバラで開催された会議にファン・オッペンを招いた。その期間中に、サンゴが環境負荷に耐えるために用いているメカニズムがふたりの共通の関心事であることがわかった。どうにかしてそれを利用して、サンゴが気候変動をうまく乗り切れるように手を貸せないだろうか?

「この『進化アシスト』というアイデアについて、たくさん話をしました」とファン・オッペンは話す。「この用語は、わたしたちが思いついたようなものです」。ゲイツがオーシャン・チャレンジに提出した提案書は、ファン・オッペンとの連名だった。コンペに勝ったあかつきには、資金の半分がハワイに、半分がオーストラリアに割り振られることになっていた。

ゲイツの死んだ日からほぼ一年というころに、わたしはファン・オッペンを訪ねた。面会の場になったメルボルン大学の彼女のオフィスは、以前は植物学部が入っていた建物のなか、在来種のランを描いたステンドガラスの窓を背にして廊下をたどった先にある。話題はすぐにゲイツのことに移った。

「とても愉快で、エネルギーにあふれた人でした」とファン・オッペンは話した。表情が翳《かげ》る。「いなくなってしまったなんて、いまでも信じられません。命のはかなさを痛感します」

わたしがハワイを訪ねたときから、スーパーサンゴ計画は前進していた。それはサンゴの危機も同じだ。二〇一四年にハワイではじまった熱波は二〇一六年にグレートバリアリーフに到達し、またもや世界的白化現象を巻き起こした。それが終息した翌年までに、グレートバリアリーフの九〇%超が影響を受け[14]、サンゴの半分ほどが死滅した[15]。成長の速い種はとりわけ大きな打撃を受け、研究者が「壊滅的」崩壊と呼ぶものに見舞われた[16]。オーストラリアにあるジェームズクック大学のサンゴ生物学者テリー・ヒューズは空から被害を調査し、その結果を学生たちに見せた。「すると、みんなが泣きだした」とヒューズはツイートしている。

白化現象では、サンゴとその共生生物の関係が崩壊する。海水温が上がると、サンゴに宿る藻類

（褐虫藻）が暴走し、危険なほどの量の活性酸素（酸素ラジカル）を出しはじめる。サンゴは自分の身を守るために褐虫藻を追い出し、その結果として白くなる。熱波の終息がまにあえば、サンゴは新しい共生者を引き寄せて回復できる。だが、長く続きすぎると、栄養がたりなくなって死に至る。

わたしが訪ねた日、ファン・オッペンは研究室で学生や研究員《ポスドク》とのミーティングを開いていた。学生たちはさまざまな国の出身で、安全保障理事会が丸ごとひとつできそうだ――オーストラリア、フランス、ドイツ、中国、イスラエル、ニュージーランド。ファン・オッペンはテーブルをぐるりとまわりながら最新状況を尋ねた。ほとんどの人は、あの生物やこの生物に研究に協力してもらううえでぶつかっている難題を口にした。ファン・オッペンはたいてい、学生たちにただしゃべらせていた。「妙ですね」。とりわけ不可解に見える困難を抱えるひとりのポスドクに、ファン・オッペンはようやくそう言葉をかけた。

ファン・オッペンとそのチームに言わせれば、サンゴ礁のコミュニティには、なんの変化も起こしえないほど小さな構成員などひとつも存在しない。サンゴと関係を持つ一部の細菌は、酸素ラジカルの除去にとりわけ長けているように見える。研究グループが目下のところ検証しているのは、海のプロバイオティクス〔適正量を摂取した場合に有益な作用をもたらす生きた微生物、もしくはそれを用いた製品〕のようなものを与えれば、白化への耐性が高いサンゴ礁をつくれるのではないか、というアイデアだ。さらに、サンゴの共生藻類も操作できるかもしれない。存在する無数の種類――数千単

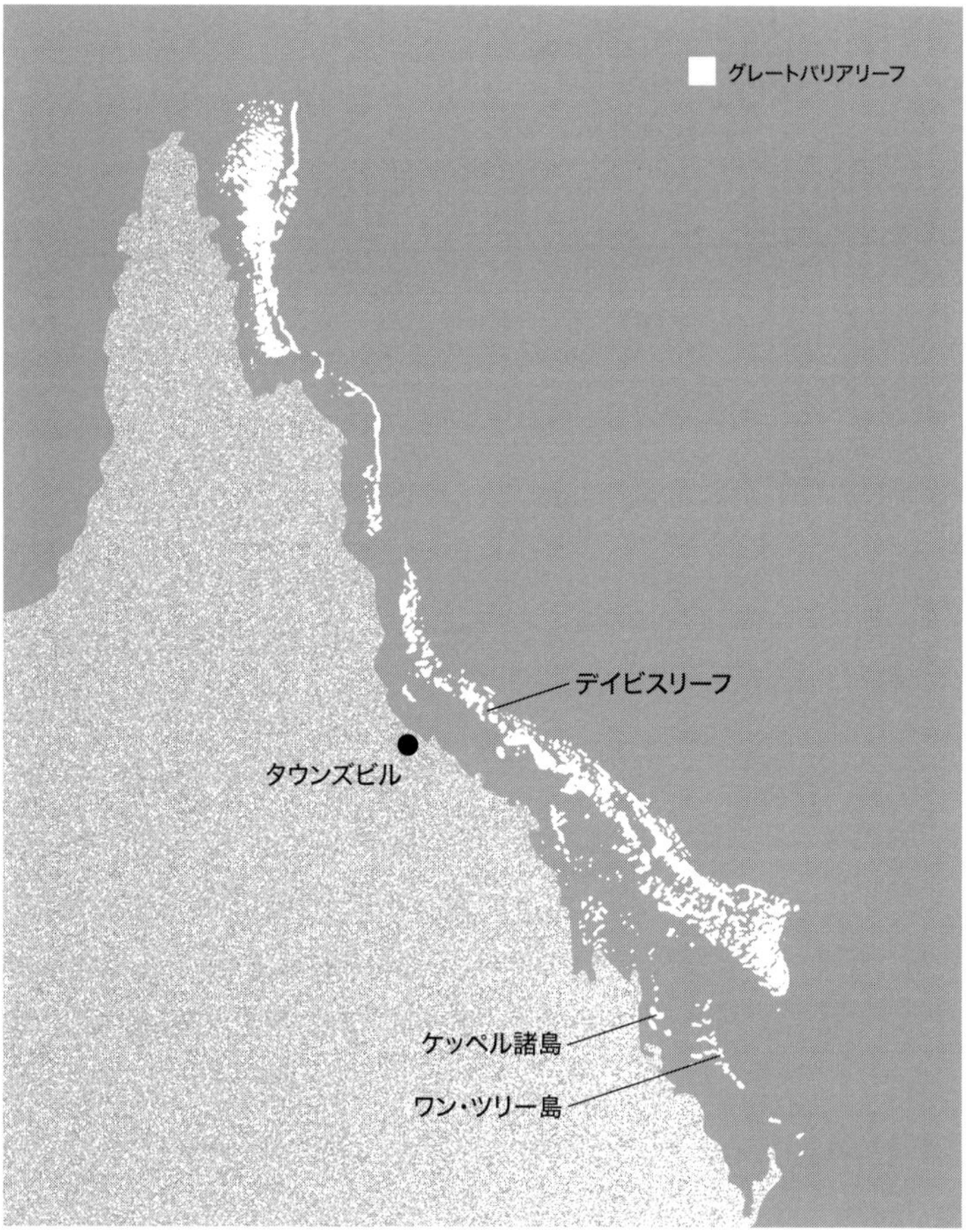

グレートバリアリーフ
デイビスリーフ
タウンズビル
ケッペル諸島
ワン・ツリー島

位――のなかには、熱耐性の高さと関係がありそうな藻類もいる。もしかしたら、サンゴをどうにかなだめすかせば、あまり我慢づよくない共生者と別れさせ、もっと頑丈な集団とつきあわせることもできるかもしれない。もっとよい友だちを見つけなさい、とティーンエイジャーをなだめすかすみたいに。あるいは、共生者そのものを「アシスト」できる可能性もある。ファン・オッペンの教えを受けたポスドクのひとりは、サンゴ礁が将来的に直面すると予想される各種の条件のもとで、クラドコピウム・ゴレアウイ（*Cladocopium goreaui*）と呼ばれる共生藻類の変種を長年育ててきた（そのクラドコピウム・ゴレアウイを見せてもらったとき、わたしとしては驚嘆してみせたかったのだが、正直に言って、瓶に浮かぶもやもやとした塵《ちり》のようにしか見えなかった）。その過酷な環境を生き延びたクラドコピウム・ゴレアウイは、熱ストレスへの対応力を高める遺伝子バリアントを持っていると考えられる。そうしたたくましい株をサンゴに「感染」させれば、高温に耐えやすくなるかもしれない。

「どの気候モデルを見ても、世界のほとんどのサンゴ礁で、今世紀のなかばか後半までに極端な熱波が毎年恒例になると示唆されています」とファン・オッペンは話した。「それに対応できるほどの速さでは、回復できないでしょう。だからこそ、介入して、手を貸す必要があると考えています」「世界がいますぐわれに返って、温室効果ガスを減らしてくれればいいんですが」とファン・オッペンは続けた。「もしくは、この問題を解決する、なんらかのすごい技術が発明されるとか。何が起きるかは、だれにもわかりません。でも、わたしたちは時間を稼がないといけません。進化アシストは、そのギャップを埋めるためのものだと思っています。いつの日か、わたしたちが本当に気候変動を抑制し、願わくは巻き戻せるようになるまで――現在からその日までをつなぐ架け橋だと」

サンゴのセックスに介入する人々

オーストラリア国立海洋シミュレーター（シーシム）は、「世界最先端の研究用水族館」を自称している。オーストラリア東岸、タウンズビルの街の近く、メルボルンからは北へ二五〇〇キロほどのところに位置する。ファン・オッペンの研究チームの数人も、この施設で研究している。そこでは目下、進化アシストの実験が計画されていた。そんなわけで、ファン・オッペンの研究室を訪ねたあと、わたしはタウンズビルへ飛んだ。

わたしの訪問は二〇一九年一一月中旬のことで、ちょうどオーストラリアの広い地域が炎上している最中だった。土壇場での脱出や焼け焦げたコアラ、呼吸するだけで一日一箱の喫煙に相当するシドニー上空の煙幕がニュースを騒がせていた。空港から車で移動していると、つぎはぎのように散らばる焼けたばかりの地面と、火炎地獄の絵が描かれた一枚の看板が目についた。「**災害への備えはできていますか?**」と問いかける看板だ。亜鉛精錬所、銅精錬所、いくつかのマンゴー農場、ワニの餌やりを売りものにする野生生物パークを通りすぎた。ハイウェイの路肩には、死んだワラビーたち――地球の裏側の路上轢死動物《ロードキル》――が散らばっていた。

シーシムは珊瑚海に突き出す細い陸地の上にある。そこからなら、すばらしい海の眺めが楽しめるだろう――窓があればの話だが。この施設内を照らす光はコンピューター制御されたＬＥＤパネルから供給されており、太陽と月の周期を再現するようにプログラミングされている。建物の大部分は水槽にあてられている。水槽は腰の高さに設置され、どことなく百貨店の商品展示ケースを思わせる。モクオロエのゲイツの研究所と同じように、ここシーシムでも、微調整されたストレスを与えられるように水の条件をコントロールできる。いくつかの水槽は、ｐＨと水温が二〇二〇年の珊瑚海で予想される数値と同じ設定になっている。それよりも温度が高い二〇五〇年の海をシミュレートする水槽もあれば、今世紀末までに予想されるさらに厳しい条件に設定されたものもある。

わたしが到着したのは午後も遅くなってからで、施設にはほとんどだれもいなかった。しばらく水槽のあいだをぶらぶら歩きまわり、鼻を水に突っこまんばかりにして時間を過ごした。「ポリプ（個虫）」という味もそっけもない名で呼ばれる個々のサンゴはおそろしく小さいので、肉眼で見るのは難しい。子どもの握りこぶしくらいのサンゴのかたまりでさえ何千何万ものポリプを宿し、そのすべてがたがいに結びつき、生きた組織の薄層を形成している（コロニーの硬い部分は、サンゴが絶えず分泌する炭酸カルシウムでできている）。シーシムでは、ずらりと並ぶ水槽がウスエダミドリイシ（*Acropora tenuis*）という枝状の種で満たされている。成長が速いので、研究しやすいのだ。ウスエダミドリイシはミニチュア版のマツの森のようなコロニーをつくる。

シーシムの外でも内でも日が沈むと、続々と人が集まりはじめた。光の管理体制に干渉しないよ

グレートバリアリーフでよく見られる種、ウスエダミドリイシ（*Acropora tenuis*）のコロニー。

うにするために、全員が特殊な赤いヘッドライトをつけ、そこから毒々しい光が放たれている。それは場にふさわしいような気がした。というのも、この群集は乱交パーティー――と全員が期待するもの――を見物するために集まってきたからだ。

サンゴのセックスは、めったにお目にかかれない驚異的な光景だ。グレートバリアリーフでは一年に一度、一一月か一二月の満月のすぐあとにおこなわれる。一斉産卵と呼ばれるそのイベントのあいだに、おびただしい数のポリプが小さなビーズのような「バンドル」を同時に放出する。精子と卵の両方が入ったこのバンドルは、海面に浮かび上がって中身をばらまく。配偶子のほとんどは魚の餌になるか、単にどこかへ漂っていく。運のよいものは異性の配偶子と出会い、サンゴの胚をつくる。

水槽で育てられたサンゴは、適切な条件が保たれていれば、海にいる親戚と同時に一斉産卵する。ファン・オッペンのチームにとって、この産卵は進化の背中をつついて先へ進ませる絶好のチャンスになる。その計画はこうだ。囚われのサンゴがことにおよんでいるところを押さえ、配偶子のバンドルをすくいあげたら、組みあわせを選抜する（この部分はちょっと愛鳩家に似ている）。あるチームは、暖かい北部のサンゴ礁から採取したウスエダミドリイシを南部から集めたウスエダミドリイシと交配させたいと考えている。第二のチームは、ミドリイシ属のまったく別の種とかけあわせ、雑種をつくる計画を立てている。そうした自然発生ではない出会いからできた子の一部は両親よりもたくましくなるはず、というもくろみだ。

その晩、研究者たちは水槽に覆いかぶさるようにして数時間を過ごした。「すごい夜になりますよ」と見張りに立っていた科学者のひとりがわたしに言った。「そんな予感がします」。産卵前には、ひとつひとつのポリプが小さな突起を発達させるので、コロニーに鳥肌が立っているように見える。これは「セッティング」と呼ばれる。衆人監視のなか、いくつかのコロニーがセッティングした。だが、慎み深さからか警戒心からかはわからないが、そこまでで思いとどまった。徐々にあきらめのムードが広がり、人間たちはベッドへと去っていった。シーシムにはまさにこうした夜更けのための寮があるが、満室だったので、わたしは駐車場に出て、車でタウンズビルに戻った。闇のなかを走っているあいだ、木々のなかできいきいと騒ぐオオコウモリの声が聞こえていた。明日こそ、すごい夜になる。そう言われているようだった。

サンゴ礁が支える多様性

グレートバリアリーフはひとつのサンゴ礁というよりは、いくつものサンゴ礁――全部で三〇〇〇ほど――の集合体で、およそ三五万平方キロメートルにわたって広がっている。その面積はイタリアよりも広い。ここよりも壮観な場所――もしくは場所の集合体――が地球上にあるとしても、少なくともわたしはまだそれを知らない。以前、グレートバリアリーフの南端、ちょうど南回帰線上にある小さな島の研究ステーションに一週間滞在したことがある。ワン・ツリー島と呼ばれるその島の沖でシュノーケリングをしたときに、頭がくらくらするほど多種多様なサンゴを目にした。分枝したもの、もじゃもじゃしたもの、脳に似たもの、皿のようなもの、扇や花や羽や指みたいな形をしたもの。サメ、イルカ、オニイトマキエイ、ウミガメ、ナマコ、驚いたような目をしたタコ、扇情的な唇を思わせる巨大な二枚貝、クレヨン製造会社が夢見るよりもさらに色とりどりの魚たち。

健康なサンゴ礁の一区域で見つかる種の数は、同じ空間の広さで比べれば、アマゾンの熱帯雨林を含め、おそらく地球上のほかのどんな場所で遭遇する数よりも多いだろう。[17] 過去の研究でサンゴのコロニーひとつをとりだして生物数をかぞえたところ、二〇〇を超える種に属する八〇〇〇超の生きものがすみついていた。[18] 遺伝子配列解析を用いた別の研究では、見つかった種の数を甲殻類だけに絞ってかぞえた。[19] その結果、グレートバリアリーフの北端で採取したバスケットボール大のサンゴのかたまりでは二〇〇を超える種——ほとんどはカニとエビ（シュリンプ）——が、南端で採取した同じ大きさのかたまりでは二三〇種近くが特定された。[20] 世界全体で見ると、サンゴ礁は一〇〇万種から九〇〇万種の生息場所になっていると推測されているが、甲殻類の研究を実施した科学者たちは、この推定の最大値でもおそらく少なすぎるだろうと結論づけている。その論文によれば、「サンゴ礁の多様性」は「実際よりも大幅に少なく見積もられている」可能性があるという。

この多様性は、周囲の環境に照らして見るといっそう驚きを増す。サンゴ礁が見られるのは、赤道沿いに広がるおおよそ北緯三〇度から南緯三〇度までの帯状の海域にかぎられる。この緯度の海では、海水の上層と下層があまり混ざらず、窒素やリンなどの重要な栄養素が不足しがちだ（熱帯の海の多くがみごとなまでに透明な理由は、そこで生きられるものがほとんどいないことにある)。サンゴ礁はいったいどのようにして、そうした厳しい環境であれほどの多様性を支えているのか。その謎は長らく科学者たちを悩ませ、やがて「ダーウィンのパラドックス」として知られるようになる。だれもが思いつく最適解は、サンゴ礁の居住者たちが究極のリサイクルシステムを発達させた、というものだろう。つまり、ある生物の出すごみが、別の生物の宝になるシステムだ。「サンゴの都市に廃棄物はない」。クストーに協力した海洋生物学者リチャード・C・マーフィーはそう書いている。「あらゆる生物の副産物が別の生物の資源になる[21]」

どれほど多くの生物がサンゴ礁に頼って生きているのか。それを知る者はだれもいない。したがって、サンゴ礁の崩壊により、どれだけの生物が絶滅の危機にさらされるのかも、だれにもわからない。だが、途方もない数にのぼることはまちがいない。海の生物の四分の一は、少なくとも一生の一時期をサンゴ礁で過ごすと推定されている。オーストラリア国立大学の生態学者ロジャー・ブラッドベリによれば、サンゴ礁が消滅すれば、海は甲殻類がまだ現れてもいなかった五億年以上前の先カンブリア時代のような姿になるという。「ヘドロのようになるだろう」とブラッドベリは述べている[22]。

新技術による介入

グレートバリアリーフは国立公園として、グレートバリアリーフ海洋公園局に管理されている。GBRMPA《ガブルンパ》といういうぎこちない略語でとおっている組織だ。わたしがオーストラリアを訪ねる数か月前、GBRMPAは五年ごとに出すよう義務づけられている「展望報告書」を公開した。その報告書では、それまで「悪い」とされていたグレートバリアリーフの長期展望が「きわめて悪い」に下方修正された。[23]

GBRMPAがその厳しい評価を発表したのと同じころ、オーストラリアのクイーンズランド州政府は、シーシムから南に数時間の場所で巨大な新炭鉱を開発する計画を承認した。[24] この炭鉱はしばしば「メガ炭鉱」と表現され、ここで採掘された石炭のほとんどは、グレートバリアリーフのすぐそばに位置するアボットポイント港を経由してインドへ送られる見通しだ。サンゴの保護と、石炭採掘の強化。多くの論者が指摘しているように、そのふたつの活動の折りあいをつけるのは難しい。「世界でもっとも常軌を逸したエネルギー計画」とは、『ローリングストーン』誌の評価だ。[25]

偶然にも、GBRMPAの本部はタウンズビルにあり、なかばからっぽになったショッピングモールに入っている。滞在二日目に、わたしはそのモールまで歩き、同局の主任科学者を務めるデイヴィッド・ワッケンフェルドと話をした。

「三〇年前に気候変動にしっかり取り組んでいたら、いま、こんな会話を交わしていなかっただろうと思います」とワッケンフェルドは言う。彼の着ているダークブルーのポロシャツには、オーストラリア連邦の国章が刺繍されている。カンガルーがエミューをじっと見つめる図柄だ。「海洋公園さえ守っていれば、サンゴ礁が自力でどうにかすると思いますよ、なんてことを言っていたでしょうね」

だが現実には、もっと介入的なアプローチが必要になるだろうとワッケンフェルドは話した。GBRMPAはさまざまな大学や研究機関と連携し、一億オーストラリアドル（およそ七〇〇〇万米ドル）以上を投じて、グレートバリアリーフのためになりそうな介入方法を検証する計画を練っている。たとえば、ダメージを受けたサンゴ礁にあらためてタネをまく海底ロボットの導入。サンゴ礁にあたる日光を遮るなんらかの極薄フィルムの開発。深層から表層へ海水をくみあげて水温を下げ、サンゴに避暑を提供する仕組み。そして、クラウド・ブライトニング。この最後の案では、塩水の小さな滴を空気中に噴霧し、一種の人工霧をつくる。そのしょっぱい霧により、少なくとも理論上は、白っぽい色をした雲が大きくなり、それが太陽光を宇宙へ跳ね返して地球温暖化の効果を和らげてくれる。

そうした新技術をいくつか並行して導入する必要があるだろうとワッケンフェルドは言う。たとえば、極薄フィルムや人工霧で日陰にしたサンゴ礁に、遺伝的手法により強くした幼生をロボットで届ける、という具合だ。「ありとあらゆる種類の、驚くばかりの想像力豊かな革新的アイデアがあるんです」とワッケンフェルドは話した。

絡まりあう生命

その晩、わたしは車でシーシムを再訪した。駐車場の近くで、野良ブタの一家が餌を探して地面を掘り返していた。一家そろってつやつやと太ったそのシナントロープたちは、じつに楽しい時間を過ごしているように見えた。少しずつ、学生や研究者が寮からふらりと集まってきた。偽物の太陽が偽物の海に沈むと、あたりは赤い光で活気づいた。まるでホタルのように、光が薄暗がりをジグザグに動いている。

前夜に見かけた全員が戻ってきていた。ファン・オッペンと研究しているチームのほかに、破局に備えた保険としてサンゴの配偶子を冷凍する計画を立てているグループと、サンゴの胚の遺伝子組換えに関心をもつ別のグループの姿も見えた。新顔も何人かいた。シドニーから飛んできた映画制作チームだ（わたしたちがサンゴを狙うのぞき魔なら、映画制作チームはさしずめポルノ制作者か、という考えが頭をよぎった）。

シーシムを運営する組織の長であるポール・ハーディスティも、このショーを見にきていた。カナダ出身のハーディスティは長身で手足が長く、どこかカウボーイを思わせる。サンゴ礁の未来を彼に尋ねてみた。ハーディスティは悲観的だが、同時に熱意にも満ちていた。

「わたしたちが話しているのは、ここのサンゴの園のことではありません」とハーディスティは言った。「もっと大きな、産業規模、つまりサンゴ礁全体にわたる規模での介入です。ですから、道のりは非常に険しい。それでも、世界最高の頭脳が一致団結すれば、不可能ではない――それがわたしたちの出した結論です」。その研究の取り組みを後押しするために、シーシムも拡大される予定だ。数年後にまたここに来たら、二倍の大きさになっているはずですよ、とハーディスティは言った。

「ひとつだけで効く特効薬はないでしょうね」とハーディスティは続けた。「いくつかの組みあわせ、たとえばクラウド・ブライトニングと進化アシストの組みあわせのようになると思います。工学技術が必要になるでしょう。なにしろ、すぐに広く展開して効果を出すことをめざしていますから。大手製薬会社の技術を借りる必要もありそうです。大量送達メカニズムを見つけ出さないといけませんからね。もしかしたら、まだわかりませんが、小さなペレットを使うことになるかもしれません」

わたしたちのまわりでは、ルビー色の光が急降下し、上下に揺れている。「ほかのものが何もなくても人類は生き延びられるという考えかたは、ひどく不遜で傲慢です」とハーディスティは言う。「わたしたちはこの惑星で生まれたんですから。ともあれ、わたしはちょっと哲学的になっているみたいです。うちに帰って、ホッケーの試合でも見るほうがよさそうですね」

サンゴがその気になるのを待っているあいだは、たいしてすることがない。闇のなかでぼんやり立っているうちに、気づけばわたしも「ちょっと哲学的になって」いた。ハーディスティは正しい。それは言うまでもない。グレートバリアリーフを崩壊に追いやっておきながら、どんな報いも受けずにすむ。そんなふうに想像するのは、たしかに不遜だ。しかし、「サンゴ礁全体にわたる規模での介入」を想像するのも、また別の種類の不遜さではないのか？

「人為」選択と「自然」選択を並置したときのダーウィンの頭のなかでは、どちらのほうが強力かという点で疑問の余地はなかった。愛鳩家は驚くべきことを成し遂げ、多くの人がまったく違う鳥だと思うほど個性の際立った数々の品種を育種した（ファンテールからポーターまでの多様な品種はどれも、ただひとつの種、カワラバト［*Columba livia*］の子孫であることをダーウィンは知っていた）。同じように、イヌの育種家もグレイハウンド、コーギー、ブルドッグ、スパニエルをつくりだした。そのリストは延々と続く。納屋にいるヒツジ、果樹園のナシ、穀物庫のトウモロコシ――それらはどれも、数世代にわたる丹念な育種の産物だ。

だが、万物のおおいなる計画のなかで見れば、人為選択は端のほうであれこれいじっているだけにすぎない。生命の驚異的な多様性を生み出したのは自然選択――無差別だが果てしなく忍耐づよい力――だ。たびたび引用される『種の起源』の最後の段落で、ダーウィンは「さまざまな種類の植物に覆われ、灌木《かんぼく》では小鳥が囀《さえず》り、さまざまな虫が飛び回り、湿った土中ではミミズが這い回っているような土手」を思い描いている。[26]「互いにこれほどまでに異なり、互いに複雑なかたちで依存し合っている精妙な生きものたち」のすべては、なにものにも頓着しない、人ならぬものの同じ力によって生み出されたのだ。

「この生命観には荘厳さがある」とダーウィンは書き、四九〇ページを経てもなお疑いを捨てきれずにいるであろう読者の不信をとりはらおうとしている。原始の混濁のなかをぎこちなく動きまわっていた単純きわまりない生物から、「きわめて美しくきわめてすばらしい生物種が際限なく発展し、なおも発展しつつあるのだ」。

グレートバリアリーフは絡まりあう「土手」の極致と言えるかもしれない。数千万年にわたる進化により創造され、その結果、拳サイズのかけらにさえ、はかりしれないほどの生命が寄り集まり、生物学者がその関係をけっして完全には解き明かせないであろうほど「互いに複雑なかたちで依存し合っている」生物がひしめくようになった。そして――少なくとも現時点では――まだそれが続いている。

わたしがオーストラリアで取材した人は例外なく、グレートバリアリーフの壮大さを丸ごと保存するのは現実的に――非現実的にと言うべきか――期待できる範疇にないと認識していた。一〇分の一で手を打った場合でさえ、スイスと同じ面積に日陰をつくり、ロボットでタネをまかなければいけない。ここで論点になっているのは、せいぜいが縮小版――いわばオーケーバリアリーフだ。

「このサンゴ礁の寿命を二〇年、三〇年延ばすことができれば、世界が一致団結して排出量削減に取り組むだけの時間をどうにか稼げるかもしれない。そしてそれが、何もない状態と、まがりなりにも機能するサンゴ礁がある状態とのわかれ目になるかもしれません」とハーディスティは話した。

「本当に、こんな話をしなければいけないのは悲しいんですが。でも、それがわたしたちの置かれている現状なんです」

自然にまかせない交配

シーシムで過ごした二度目の晩も無駄足に終わった。いくつかのコロニーがセッティングしたものの、研究者のひとりに言わせれば「したたり」程度のものを放出しただけだった。そんなわけで、その次の晩、わたしはみたびシーシムに出向いた。

そのころにはもう、何を予期すべきかわかっていた。日が沈むと、研究者たちがヘッドライトを身につけ、水槽から水槽へと巡回する。サンゴのコロニーがセッティングしているのに気づいたら、それを共同水槽から取り出し、専用のバケツに移す。その晩は、あまりにも大量のウスエダミドリイシがセッティングしたせいで、動きまわるのが難しいほどだった。ずらりと並ぶバケツが床を埋めつくしている。グレートバリアリーフ南端のザ・ケッペルズ（ケッペル諸島）と呼ばれるエリア出身のコロニーもあれば、数百キロ北のデイビスリーフというサンゴ礁から来たものもある。自然のなりゆきにまかせれば、そうした遠く離れたコロニーが交配するチャンスはない。だが、この実験の核心は、なりゆきを自然にまかせないことにある。

サンゴのカップリングと、ほとんどが学部生のボランティアからなるチームをとりしきっているのは、ケイト・クイグリーという名のポスドクだ。光る魔除けよろしく赤いライトを首にかけたクイグリーは、何十個ものプラスチック容器を並べていた。万事滞りなく進めば、その容器のなかで、サンゴ礁をまたぐ交配からできたサンゴが発生するはずだ。クイグリーの説明によれば、容器のなかで形成された胚は小さな水槽に移され、そこで熱ストレスにさらされるという。そうしてから、生き延びたサンゴにさまざまな共生藻類を植えつける。そのなかには、メルボルンでわたしが目にしたような、ラボで進化させた培養株もある。そしてまた、さらなるストレスにさらす。

「とにかく、サンゴを限界まで追いこみたいんです」とクイグリーは話した。「わたしたちが求めているのは、最高のなかでも最高のものですから」

ワン・ツリー島を訪ねたときに、わたしはサンゴが産卵しているさなかの真夜中の海でシュノーケリングをする幸運に恵まれた。その光景はアルプス山脈の吹雪に似ていた。もっとも、上下はさかさまだが。バケツのなかでさえ、サンゴの産卵は驚きに満ちている。まず、ごくわずかなポリプがバンドルを放出する。すると、まるで秘密の合図に促されたかのように、残りのポリプがそれに続く。バンドルは重力を無視し、水のなかを上昇していく。水面にたどりつくと、薔薇《ばら》色のなめらかな膜を形成する。

「これってまさに、自然の奇跡のひとつですよね」。遺伝子編集チームの科学者がそうつぶやくのが聞こえた。だれかに向けてというよりも、ひとりごとのようだった。

コロニーが次から次へと放出をはじめ、クイグリーがボランティアの学生たちを結集させた。ひ

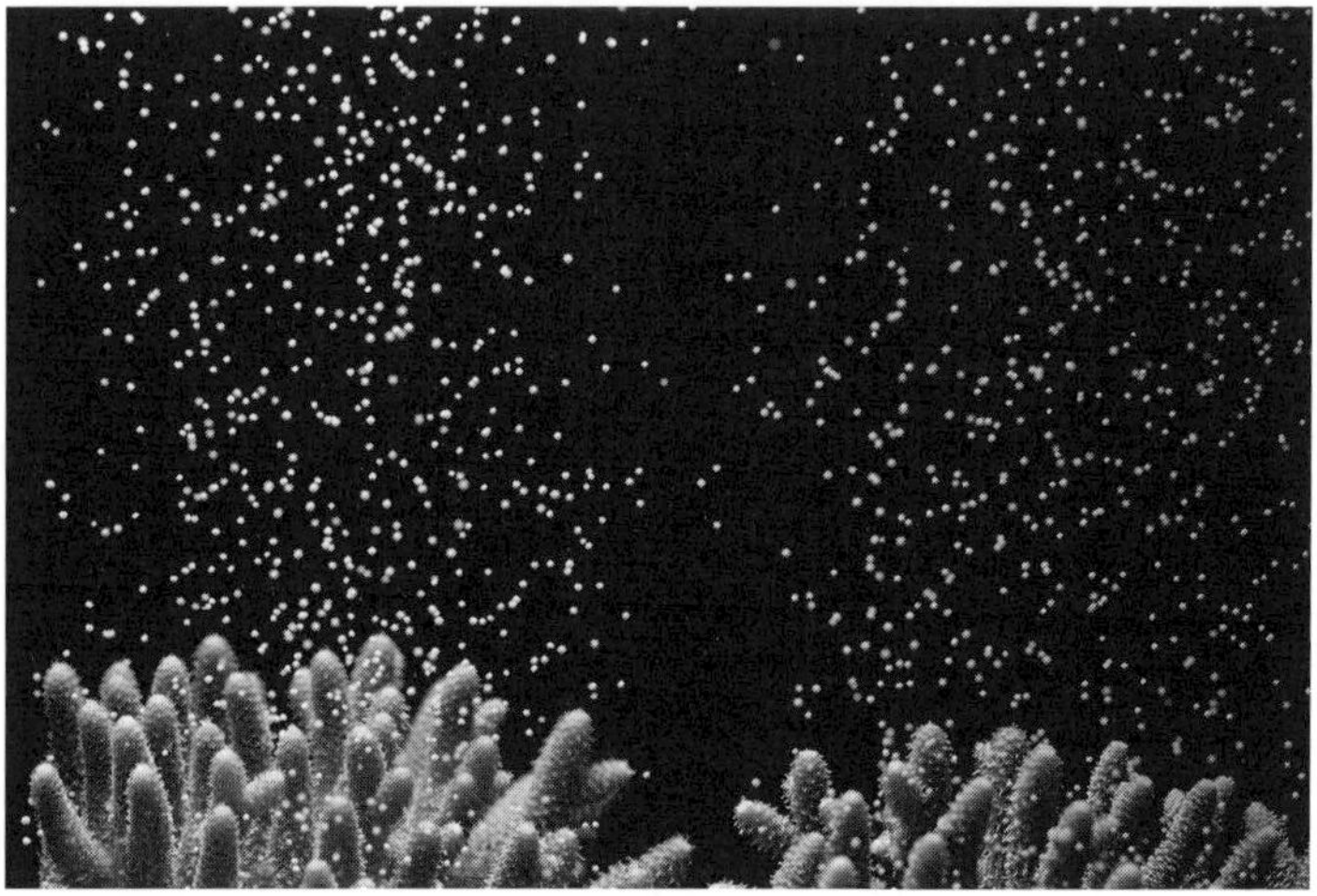

卵と精子の入ったビーズのようなバンドルを放出する産卵中のサンゴ。

とりひとりにボウルと目の細かいふるいを渡したあと、ピペットでバケツから配偶子のバンドルを抽出し、学生たちの持つふるいに分配する。外界のサンゴ礁では、バンドルは波に揺られてばらばらになる。ここシーシムでは、波のはたらきを人の手でおこなわなければならない。クイグリーの指示を受けた学生たちが、ふるいに入ったバンドルをさらさらと揺すった。やがて中身が出てきたら、精子はボウルのなかに落ちるが、それよりも大きい卵はふるいの目に捕らわれる。

学生たちはおごそかに、集中してふるいを揺すった。卵はピンクペッパーのつぶつぶのように見える。精子の入ったボウルは、まあ、だれもが予想するであろう見た目だ。

「もしよければ、あなたの精子をもらってもいいよ」と若い女性が呼びかけているのが聞こえた。

「そうだね、ぼくのボウルの精子をもらってよ」と若い男性が答えた。

「あんなことを言ってもだいじょうぶな場所は、ここくらいですよね」と別の学生が感想を述べた。

クイグリーのノートには、望ましい交配の組みあわせが書かれていた。彼女の監督のもと、学生たちがグレートバリアリーフのさまざまな海域出身の精子と卵を混ぜあわせていく。それは夜が更けて、独り身のサンゴが残らず相手を見つけるまで延々と続いた。

第5章　CRISPRは人を神に変えたのか？

北欧神話のオーディンはすこぶる強い力を持つ神で、同時にトリックスターでもある。目はひとつしかない。叡知を得るために、ひとつを犠牲にしたからだ。死者をよみがえらせる、嵐を静める、病を癒す、敵の視力を奪うなど、数々の能力を持つ。動物に変身することもめずらしくない。ヘビの姿になって詩の才能を手に入れたのに、それをうっかり人間に譲り渡してしまったりもする。

カリフォルニア州オークランドのオーディンは、遺伝子工学キットを売る会社だ。創業者のジョサイア・ザイナーは、もじゃもじゃの髪をブロンドに染め、いくつものピアスをつけ、**美しいものを創造しろ**と促すタトゥーを入れている。生物物理学の博士号を持ち、挑発的な人物として名を馳せる。自分の皮膚をいじって蛍光たんぱく質をつくる、DIY糞便移植なるもので友人の大便を摂取する、上腕二頭筋を大きくするために自分の一遺伝子の不活性化を試みるなど、数々の派手なふるまいで人目を引いてきた（最後のひとつは失敗だったと本人が認めている）。「遺伝子デザイナー」を自称するザイナーの目標は、本人によれば、世間の人々が余暇に生命を修正するために必要なリソースを提供することだという[1]。

オーディンの製品は多岐にわたる。たとえば、「地球をバイオハックせよ」と書かれた三ドルのショットグラス。一八四九ドルの「家庭用遺伝子工学実験キット」には、遠心分離器、ポリメラーゼ連鎖反応装置、電気泳動ゲルボックスが含まれる。わたしが選んだのはその中間のもの――「CRISPR細菌ゲノム編集&蛍光酵母コンボキット」。これは二〇九ドルだった。商品はオーディン社のロゴが入った段ボール箱で届いた。一本のねじれた木が二重螺旋の円で囲まれたロゴだ。木はおそらくユグドラシルを表しているのだろう。北欧神話では、ユグドラシルの幹は宇宙の中心を貫いているとされる。

箱のなかには、各種の実験器具――ピペットチップ、ペトリ皿、使い捨て手袋――とともに、何本かの小瓶《バイアル》がつめられていた。バイアルのなかには、大腸菌と、そのゲノムを並べ替えるために必要なもののすべてが入っている。大腸菌の行き先は、冷蔵庫のバターの隣。ほかのバイアルは、アイスクリームといっしょに冷凍庫のなかに収まった。

遺伝子工学は、いまや中年の域に差しかかっている。遺伝子組換えされた最初の細菌がつくられたのは一九七三年のことだ。一九七四年には遺伝子組換えマウスが、一九八三年には遺伝子組換えタバコがそれに続いた。一九九四年には、人間の食用としてはじめて、遺伝子組換え食品「フレーバー・セーバー」トマトが認可された。このトマトは期待外れに終わり、数年後には生産が中止された。同じころに、遺伝子組換えのトウモロコシとダイズの品種も開発された。そうした品種は、フレーバー・セーバーとは対照的に、米国では多かれ少なかれおなじみのものになっている。

過去一〇年ほどで、遺伝子工学自体も変革をくぐりぬけてきた。これはＣＲＩＳＰＲ（クリスパー）によるところが大きい。クリスパーは関連するいくつかのテクニック――ほとんどは細菌から拝借したもの――をひっくるめて表す略語で、その一連のテクニックのおかげで研究者やバイオハッカーによるＤＮＡ操作がそれまでよりもはるかに簡単になった（ＣＲＩＳＰＲは「Clustered Regularly Interspaced Short Palindromic Repeats［クラスター化され、規則的に間隔があいた短い回文構造の反復］」の頭字語）。クリスパー技術を使えば、ひとつながりのＤＮＡを切断し、その配列を無効にしたり、新しいものに置き換えたりすることができる。

この技術から生まれる可能性は、ほとんど無限にある。カリフォルニア大学バークレー校の教授で、クリスパーの開発者のひとりでもあるジェニファー・ダウドナに言わせれば、わたしたちはいまや「生命の分子そのものを思うままに書き換える手段」（『クリスパー　ＣＲＩＳＰＲ』櫻井祐子訳、文藝春秋）を手に入れたのだ。[2] 生物学者はクリスパーを使って、すでに数々の生物を創造している。たとえば、嗅覚のないアリ、[3] スーパーヒーローばりの筋肉を発達させるビーグル、豚熱に耐性のあるブタ、睡眠障害を患うマカクザル、[4] カフェインをまったく含まないコーヒー豆、卵を産まないサケ、太らないマウス。競走馬の動きを撮影したエドワード・マイブリッジの有名な連続写真をコード化した遺伝子を持つ細菌までつくられた。[5] 数年前には、中国の科学者、賀建奎《フー・ジェンクイ》が、世界ではじめてクリスパーにより遺伝子編集した人間――双子の女児――をつくったと発表した。双子の遺伝子を修正してＨＩＶに感染しないようにしたと賀は説明したが、実際にそうなっているかどうかはいまだ不明のままだ。この発表の直後、賀は深圳《しんせん》の自宅で軟禁状態になった。

わたしは遺伝学を学んだ経験をほとんど持たず、自分の手で実験をするのも高校以来だ。にもかかわらず、オーディンから届いた箱に入っていた説明書にしたがって、週末のうちに新奇な生物をつくりだすことができた。まず、ペトリ皿のひとつで大腸菌のコロニーを培養する。次に、冷凍庫に入れておいたさまざまなたんぱく質と遺伝子操作されたＤＮＡのかけらをコロニーにかける。このプロセスにより、大腸菌ゲノムの「文字」のひとつが置き換わり、Ａ（アデニン）がＣ（シトシン）になる。そんなふうに修正されたおかげで、わたしの新しい改良版大腸菌は事実上、強力な抗生物質ストレプトマイシンを鼻で笑うようになった。自宅キッチンで大腸菌の薬剤耐性株をつくることに少々ぞっとしたとはいえ、そこにはまぎれもない達成感もあった。実を言えば、キットの二番目のプロジェクトに駒を進めることにしたほどだった――クラゲの遺伝子を酵母に挿入し、酵母を光らせるプロジェクトだ。

遺伝子操作の懸念

ビクトリア州ジーロングにあるオーストラリア動物衛生研究所は、世界でも最先端の封じこめ設備のある研究所だ[6]。二組のゲートのうしろに位置し、二番目のゲートはトラックを使った自爆攻撃を阻止するためにある。コンクリート打ちっぱなしの壁は、飛行機が墜落しても耐えられる厚さだと聞かされた。この施設には五二〇の気密扉があり、四段階のセキュリティ対策が敷かれている。「ゾンビであふれる世界の終わりが来たときには、ここにいたいと思うでしょうね」とスタッフのひとりに言われた。最高のセキュリティレベル――バイオセーフティーレベル（ＢＳＬ）４――のエリアでは、エボラウイルスをはじめ、地球上でもとりわけ危険な動物由来病原体のバイアルが保管されている（この研究所は映画『コンテイジョン』で謝辞を受けた）。ＢＳＬ４ユニットではたらくスタッフは私服で実験室に入ることを禁じられ、家路につく前に少なくとも三分間シャワーを浴びなければいけない。そして、この施設にいる動物はといえば、そもそもここから出ることはできない。「外へ出られるのは焼却炉を経由するときだけ」とは、ある職員がわたしに説明するときに使った表現だ。

ジーロングはメルボルンから南西に一時間ほどのところに位置する。ファン・オッペンを訪ねる取材旅行にあわせて、わたしはＡＡＨＬ《オール》の略称でとおっているこの研究所にも足を運んだ。ここでおこなわれている遺伝子編集実験について耳にしたことがあり、興味をそそられていたからだ。例によって道を外れてしまった生物的防除《バイオコントロール》の結果、オーストラリアはいま、一般にはオオヒキガエルの名で知られる巨大なカエルに悩まされている。人新世の再帰的ロジックにしたがい、ＡＡＨＬの研究者たちも、さらなるバイオコントロールで目下の災難に対処できるのではないかと考えていた。その計画には、クリスパーを使ったヒキガエルのゲノム編集が絡んでいる。

プロジェクトの責任者を務めるマーク・ティザードという名の生化学者が案内を引き受けてくれた。ティザードはほっそりとした男性で、白髪まじりの髪に、きらきらした青い目をしている。わたしがオーストラリアで会った科学者の多くがそうであるように、ティザードもまた、ほかの土地の出身だった。彼の場合はロンドンだ。

両生類の世界に入る以前のティザードは、おもに家禽を研究していた。数年前には、ＡＡＨＬの何人かの同僚とともに、クラゲの遺伝子を雌鶏に挿入した。この遺伝子は、わたしがうちの酵母に挿入するつもりでいたものと同じように、蛍光たんぱく質をコードするものだ。それを持つニワトリは、当然の帰結として、紫外線があたると不気味な光を放つようになる。ティザードは次に、挿入した蛍光遺伝子がオスの子孫だけに受け継がれるようにする方法を突き止めた。そうしてできた雌鶏の雛《ひな》は、まだ卵の殻のなかにいるうちに性別を判定できる。

遺伝子操作された生物をおそれる人が多いことは、ティザードも承知している。そうした人たちにすれば、遺伝子操作された生物を食べるという発想は不快きわまりなく、自然界に放すなんてもってのほかだ。しかし、ティザードは挑発的ではないものの、ザイナーと同じように、そうした考えかたはまったくのまちがいだと信じている。

「ここには、緑色に光るニワトリがいます」とティザードは話した。「学校の子どもたちが見学に来て、緑のニワトリを目にすると、『わあ、すごい。ねえ、あのニワトリを食べたら、ぼくも緑色になる？』と聞く子がいるんです。それには、こんなふうに答えます。『きみはもうニワトリを食べているよね？　羽毛とくちばしは生えてきたかな？』って」

いずれにしても、ティザードに言わせれば、本来存在しないはずの遺伝子がどこそこにあることを心配しても、もう手遅れだ。「オーストラリア本来の自然環境を眺めたとき、あなたの目に映るのは、ユーカリの木とか、コアラとか、ワライカワセミでしょう。なんでもいいのですが」とティザードは話した。「科学者としてのわたしの目には、ユーカリゲノムのいくつものコピーとか、コアラゲノムのいくつものコピーとか、まあ、そんなようなものが映るわけです。そして、そうしたゲノムはおたがいに作用しあっている。そこに突然、ぽん、と別のゲノムが――オオヒキガエルのゲノムが加わる。以前は存在しなかったものです。それがほかのゲノムと作用しあうと、大変動が起きます。ほかのゲノムを完全に追い払ってしまうんです」

「世間の人たちに見えていないのは、これはもうすでに、遺伝的に変えられた環境だということです」とティザードは続けた。外来種は、本来そこにはなかったゲノムを丸ごと加えて環境を変える。それに対して、遺伝子工学者が変えるのは、DNAのどこかしらの一部だけだ。

「わたしたちのしていることにより、そもそもそこにあるべきではない二万のヒキガエル遺伝子に、一〇かそこらの遺伝子が加わるかもしれません。その一〇の遺伝子は、残りの遺伝子の活動を妨害し、システムから取り除き、ひいてはバランスを回復させてくれるんです」とティザードは言う。「分子生物学は昔からよく、こんなふうに言われます――神になったつもりか、と。いや、違います。わたしたちは生物学的プロセスの知識を利用して、傷を抱えるシステムを助けられるかどうか、それを探っているんです」

招かれたオオヒキガエル

オオヒキガエルは正式にはリネラ・マリナ（*Rhinella marina*）という学名で呼ばれ、ぶちのある茶色の体、太い肢、でこぼこの皮膚を特徴とする。当然のことながら、説明で強調されるのはそのサイズだ。「リネラ・マリナは巨大な、いぼのあるヒキガエル科のカエルである」と米国魚類野生生物局は述べている。(7)「道路にいる大きな個体は、巨礫《きょれき》〔径二五六ミリ以上の大きさの礫を指す〕とまちがえられやすい」とは、米国地質調査所の見解だ。(8) これまでに記録された最大のオオヒキガエルは体長およそ三八センチで、重さは三キロ近くに達した――ぽっちゃりしたチワワと同じくらいだ。一九八〇年代にブリスベンのクイーンズランド博物館にいたベティ・デイヴィスという名のヒキガエルは体長二四センチで、幅も体長とだいたい同じ――ディナー用の大皿みたいなサイズだった。(9)

オオヒキガエルは、その特大の口に収まるものならほとんどなんでも食べる。ネズミでも、ドッグフードでも、ほかのオオヒキガエルでも。

オオヒキガエルは南アメリカ、中央アメリカ、それにテキサス州の最南端を原産とする。一八〇〇年代なかばにカリブ海地域に移入された。[10] その狙いは、この地域の換金作物、サトウキビ（サトウキビもまた移入種で、ニューギニアが原産）を悩ませていた甲虫の幼虫との闘いにオオヒキガエルを引き入れることにあった。オオヒキガエルはカリブ海地域から船でハワイへ運ばれ、さらにそこからオーストラリアへと渡る。一九三五年、一〇二匹のオオヒキガエルがホノルルで蒸気船に積みこまれた。うち一〇一匹が旅を生き延び、オーストラリア北東沿岸のサトウキビ生産地にある研究所に行きつく。一年としないうちに、そのカエルたちは一五〇万個を超える卵を産んだ。[11] そこから生まれたオオヒキガエルの子は、周辺の河川や池に意図的に放された。

オオヒキガエルがサトウキビの大きな助けになったかどうかは疑わしい。サトウキビに害をもたらす甲虫は地面から離れた高いところにいるので、巨礫サイズの両生類には手が届かない。それでもオオヒキガエルはとくに困らなかった。ほかにたっぷり食べるものを見つけ、大量の子をつくった。そして、クイーンズランド沿岸の細長い一画から前進し、北はケープヨーク半島、南はニューサウスウェールズ州へと進出した。一九八〇年代のどこかの時点で、州境を突破してノーザンテリトリーに侵入。二〇〇五年には、ノーザンテリトリー西部のミドルポイントと呼ばれる場所へ到達した。州都ダーウィンの街からそう遠くないところだ。

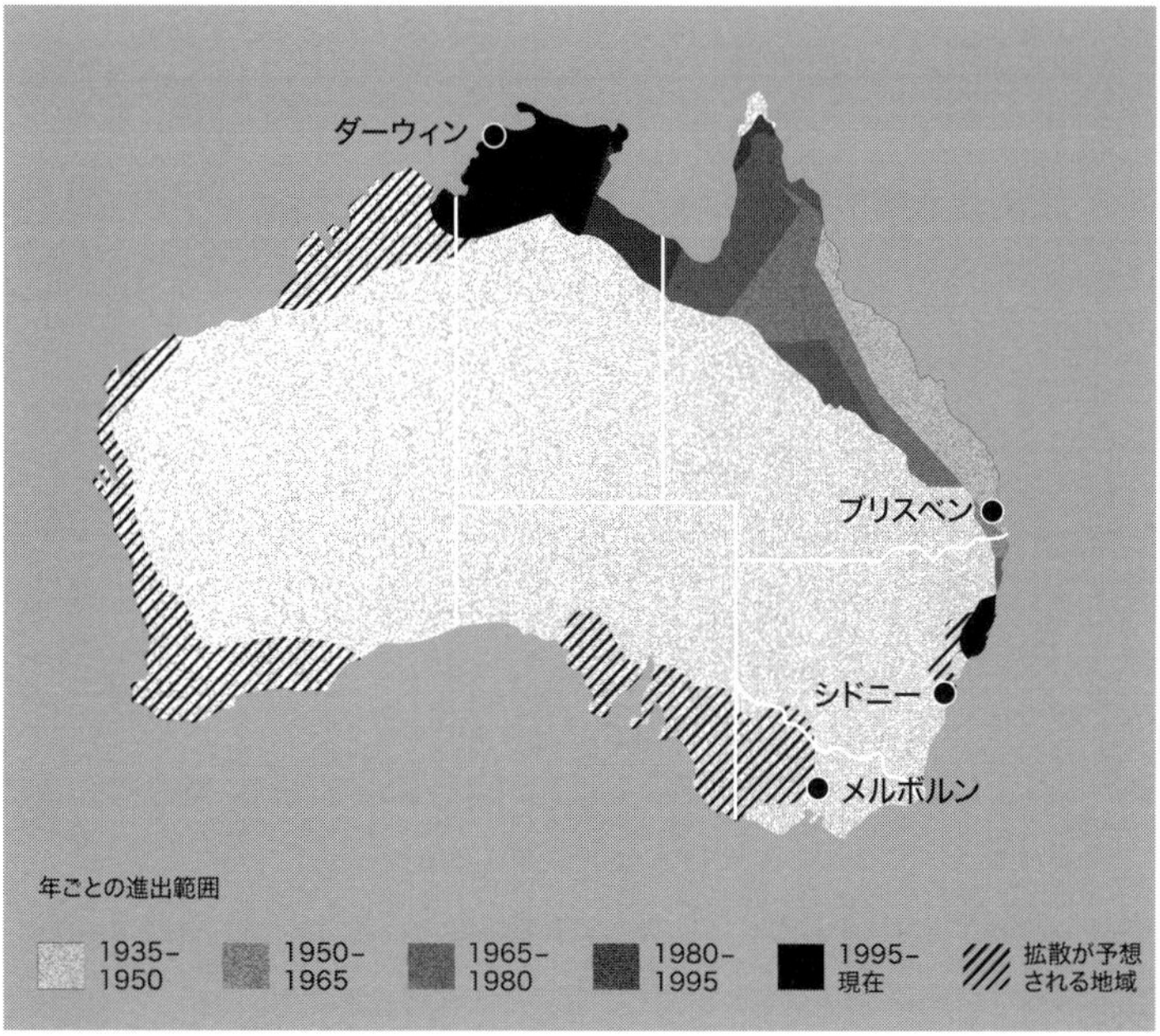

移入以来、オオヒキガエルはオーストラリア全域に広がった。今後も領土を拡大すると予想されている。

その途中で、奇妙なことが起きた。侵略の初期段階では、オオヒキガエルの前進ペースは年に一〇キロほどだった。数十年後には年に二〇キロほど進んでいた。ミドルポイントにたどりつくころまでに、そのペースは年におよそ四八キロまで加速していた。研究者が侵略の最前線にいるオオヒキガエルを測定したところ、その理由がわかった。最前線のオオヒキガエルの肢は、クイーンズランドのオオヒキガエルよりも大幅に長くなっていたのだ。[12]しかも、この形質は遺伝するものだった。『ノーザンテリトリー・ニュース』紙は「**スーパーヒキガエル**」の見出しとともに、この話を一面で伝えた。記事には、ケープをまとったオオヒキガエルの加工写真が添えられていた。「ノーザンテリトリーに侵入した嫌われ者のオオヒキガエルは、いまや進化しつつある」と同紙は嘆息した。[13] ダーウィンの見解に反して、どうやら進化はリアルタイムで観察できるようなのだ。

オオヒキガエルは不穏なほど大きいというだけではない。人間の観点からすれば醜く、ごつごつとした頭を持ち、顔つきはどこかいやらしい流し目を思わせる。だが、このカエルをまさに「嫌われ者」にしている性質は、毒を持っていることだ。成体のオオヒキガエルは、咬《か》みつかれたり脅かされたりすると、心臓を止める作用のある化合物の混ざった乳白色の粘液を分泌する。イヌはよく、オオヒキガエルの中毒になる。症状は多岐にわたり、口から泡を吹くこともあれば、心臓が止まることもある。人間でも、オオヒキガエルを食べるほどの愚か者なら、たいていは死に至る。

オーストラリアには在来の毒ヒキガエルはいない。それどころか、そもそもヒキガエルもいなかった。そのため、オーストラリアの在来動物相はヒキガエルを警戒するようには進化してこなかった。したがって、オオヒキガエルの物語は、アジアン・カープの物語と裏表の関係にあると言える。いや、上下さかさまと言うほうがいいかもしれない。アジアン・カープが米国で問題になっているのは、それを食べる動物が存在しないからだが、いっぽうのオオヒキガエルがオーストラリアで脅威になっているのは、ほぼすべての動物が捕食者になるからだ。オオヒキガエルを食べるせいで数が激減している種のリストは、長くてバラエティに富んでいる。(14) たとえば、オーストラリアでは「フレッシー」〔英名フレッシュウォーター・クロコダイルを縮めたもの〕と呼ばれるオーストラリアワニ。大きいもので体長一五〇センチにもなるトカゲの一種、ヒャクメオオトカゲ。同じくトカゲ科の一員であるキタアオジタトカゲ。小さな恐竜のように見えるウォータードラゴン。名前のデス（死）が示すとおり、毒を持つヘビのコモンデス・アダー。やはり毒ヘビのキングブラウン・スネーク。これまでのところ、犠牲者リストのいちばん上にいる動物は、かわいらしい見た目をした有袋類のヒメフクロネコだ。体長は三〇センチほどで、顔は細く尖り、斑《まだら》模様の茶色い毛皮をまとっている。ヒメフクロネコの子が母親の袋から卒業すると、母親は子を背中にのせて動きまわる。

オオヒキガエルの前進を遅らせるべく、オーストラリアの人たちは独創的なものからそれほど独創的ではないものまで、ありとあらゆる計画を考案してきた。たとえば、「トーディネーター」は小型スピーカーを備えた罠だ。聞く人によってダイヤル音ともモーターの振動音とも形容されるオオヒキガエルの鳴き声をスピーカーから流し、なかまをおびきよせる。クイーンズランド大学の研究チームは、オオヒキガエルのオタマジャクシを引きよせて破滅へと導く毒入りの餌を開発した。

人々はオオヒキガエルを空気銃で撃ち、ハンマーで叩き、ゴルフクラブで殴り、車でわざと轢《ひ》き、冷凍庫に突っこんでかちかちに凍らせ、「数秒でヒキガエルを麻痺させ」て一時間以内に始末できるという触れこみの〈ホップストップ〉なる化合物を噴きかける。「ヒキガエル駆除」自警団を組織した自治体もある。〈キンバリー・ヒキガエル《トード》・バスターズ〉という団体は、駆除したオオヒキガエル一匹ごとにオーストラリア政府が報奨金を出せばいいと提案してきた。(15) この団体はこんなモットーを掲げている。「みんながトード・バスターになれば、オオヒキガエルは滅びる《バステッド》！」

オーストラリアの少女とペットのオオヒキガエル、デイリー・クイーン。

ＣＲＩＳＰＲで解毒する

オオヒキガエルに関心を持った時点で、ティザードは実物を一匹も見たことがなかった。ジーロングはオオヒキガエルがまだ征服していない地域――ビクトリア州メルボルンの南西――に位置している。だがある日、とある会議の場でオオヒキガエルを研究する分子生物学者と隣りあわせになり、あらゆる駆除の取り組みにもかかわらずオオヒキガエルは広がりつづけていると聞かされた。「本当に残念だ、何か新しい攻撃手段があればいいのに、と言っていました」とティザードは振り返る。「そんなわけで、わたしも座ったまま頭を悩ませました」

「それで、こんなことを考えたんです。毒は代謝経路によりつくられる――」とティザードは続けた。「つまり、酵素です。そして、酵素ができるには、それをコードする遺伝子がなければいけない。そうだ、われわれには遺伝子を壊す手段がある。もしかしたら、毒を生む遺伝子を壊せるかもしれないぞ、と」

その仕組みを考えるにあたり、ティザードはケイトリン・クーパーという名のポスドクの力を借りた。クーパーは肩にかかる茶色の髪と伝染力のある笑い声の持ち主だ（やはりほかの土地の出身で、彼女の場合はマサチューセッツ州）。過去にオオヒキガエルの遺伝子編集を試みた人はいなかったので、その方法の考案はクーパーに託されることになった。まずわかったのは、オオヒキガエルの卵を洗浄したあとに、極細のピペットで慎重に穿孔《せんこう》しなければいけないことだ。しかも、細胞分裂をはじめる前に急いでやらなければいけない。「そのためのマイクロ・インジェクション技術の改良に、かなりの時間がかかりました」とクーパーは話した。

クーパーは肩ならしの練習として、オオヒキガエルの色を変える試みにとりかかった。ヒキガエル（その点で言えばヒトも）の重要な色素遺伝子は、メラニンの生成を制御するチロシナーゼという酵素をコードしている。この色素遺伝子がはたらかないようにすれば、本来の暗い色ではなく、薄い色をしたヒキガエルができるはずだとクーパーは考えた。ペトリ皿のなかでいくつかの卵と精子を混ぜあわせ、そうしてできた胚に、クリスパー関連のさまざまな化合物をマイクロ・インジェクション技術により注入し、じっと待った。そこから現れたのは、色の薄い部分が奇妙な斑模様を描く三匹のオタマジャクシだ。そのうちの一匹は死んだ。ほかの二匹——どちらもオス——は、斑模様の小さなカエルに育った。この二匹はスポットとブロンディと命名された。「あのときは、ひたすら歓喜しましたよ」とティザードは話す。

クーパーは次に、オオヒキガエルの毒性を「破る」ことに目を向けた。オオヒキガエルは肩のうしろにある腺に毒をたくわえている。そのままの形態だと、この毒は単に気分が悪くなるくらいの害しかない。だが、オオヒキガエルは攻撃を受けたときに、毒の効力を一〇〇倍に増幅する酵素——ブフォトキシンヒドロラーゼ——をつくる。(16) クーパーはクリスパーを使って第二の胚の一群を編集し、ブフォトキシンヒドロラーゼをコードする遺伝子断片を削除した。その結果、毒の威力を抜かれた一群のカエルの子ができた。

しばらく話をしたあと、クーパーはお手製のオオヒキガエルを見せようと申し出てくれた。そのためには、さらなる気密扉と何層ものセキュリティを通り抜け、ＡＡＨＬのさらに奥まで入る必要がある。全員が服の上に手術着をつけ、靴の上からオーバーシューズを履いた。クーパーは何かの洗浄液をわたしのテープレコーダーに振りかけた。「**検疫区域**」と掲示が告げていた。「**違反者は厳罰に処す**」。オーディン社とあまり安全とはいえないわたしの遺伝子編集実験には、言及しないほうがよさそうだ。

扉の先にあったのは、殺菌された農場のような場所だった。さまざまな大きさの囲いに入った動物たちがひしめいている。病院とふれあい動物園を混ぜたようなにおいがする。マウスのケージが置かれた区画の近くで、解毒された小さなオオヒキガエルたちがプラスチックの水槽を跳ねまわっていた。全部で一二匹のオオヒキガエルは成体になってから一〇週間ほどで、体長はそれぞれ八センチくらいだ。

「とても元気です、ご覧のとおり」とクーパーが言った。水槽には、人間が想像できるかぎりのヒキガエルの望みの品が備えつけられている――人造の植物、水の入ったたらい、太陽灯。わたしは『たのしい川べ』に出てくるヒキガエル屋敷を連想した。「近代的設備は、なにもかもととのっている」（『たのしい川べ』石井桃子訳、岩波書店）。一匹が舌を突き出し、コオロギをかっさらった。

「まさになんでも食べます」とティザードが話した。「共食いもするでしょうね。大きい個体が小さい個体と出会ったら、ランチになります」

解毒したオオヒキガエルの一団をオーストラリアの田園地帯に放しても、おそらく長くは踏みとどまれないだろう。一部はフレッシーかトカゲかデスアダーのランチになり、残りはすでにあたり一帯でとびはねている無数の毒ヒキガエルとの繁殖競争に負けてしまう。

ティザードの頭にあるのは、このヒキガエルたちを教育係に抜擢することだ。フクロネコの研究では、オオヒキガエルを食べないように訓練できる可能性が示唆されている。催吐薬《さいとやく》を混ぜたヒキガエルの「ソーセージ」をフクロネコに与えると、不快感とヒキガエルが結びつき、ヒキガエルを避けるようになるのだ。[17] ティザードによれば、解毒ヒキガエルはさらによい訓練手段になるという。

「これを食べたら、捕食者は気分が悪くなりますが、死ぬには至りません。そして『ヒキガエルなんて二度と食べないぞ』となるわけです」

解毒ヒキガエルをフクロネコの教育——もしくはほかのどんな目的でも——に利用するのなら、その前に政府から各種の許可を得る必要がある。わたしが訪問した時点で、クーパーとティザードはまだ申請の書類仕事にとりかかってはいなかったが、すでに別のかたちでの遺伝子操作を検討しはじめていた。たとえば、オオヒキガエルの卵を覆うゲル状物質をつくる遺伝子をいじり、卵を受精不能にできるのではないかとクーパーは考えている。

「彼女からそのアイデアを聞かされたとき、すばらしい！　と思いましたよ」とティザードは話す。

「生殖能力を取り除く措置がとれるのなら、こんなにいい話はありません」（オオヒキガエルのメス

一匹は、一度に最高三万個の卵を産む）

解毒ヒキガエルから数メートル離れたところに、スポットとブロンディが座っていた。二匹が独占する水槽はさらに手が込んでいて、正面に立てかけられた熱帯の風景画が二匹を楽しませている。まもなく一歳になる二匹は完全に育ちきっており、胴の中央部には相撲の力士さながらに分厚い肉が巻きついている。スポットはおおむね茶色で、片方のうしろ肢が黄色っぽい。ブロンディはそれよりも彩り豊かで、うしろ肢は白っぽく、前肢と胸に薄い色の斑点が不規則に散っている。クーパーは手袋をはめた手を水槽に入れ、わたしと話していたときに「美しい」と形容したブロンディを取り出した。ブロンディはたちまちクーパーに尿をひっかけた。邪悪な笑みを浮かべているように見えたが、もちろん、そんなわけがないことはわかっている。このカエルの顔は、遺伝子工学者にしか愛せない。そんな気がした。

ドライブをドライブする

子どもが学校で教わる標準的な遺伝学によれば、遺伝はサイコロを振るようなものだ。たとえば、ある人（あるヒキガエルでもいい）が母親からある遺伝子の一バージョン――これをＡと呼ぶ――をもらい、父親から同じ遺伝子の競合バージョン――Ａ１――を受け継ぐとしよう。その人が子をつくれば、その子はＡもしくはＡ１を五分五分の確率で受け継ぐ。その先も同様だ。新しい世代になるたびに、AとA1は確率の法則にしたがって受け継がれていく。

学校で教えられることは往々にしてそうだが、この説明は部分的にしか正しくない。ルールにしたがう遺伝子もあれば、そうするのを拒む無法者もいる。ルール破りの遺伝子は、ゲームが自分の有利になるように、まわりくどいさまざまな方法でいかさまを演じる。ライバルの遺伝子の複製を邪魔するものもあれば、自分の複製を余分につくって継承される確率を高めるものもある。[18] 卵と精子がつくられる減数分裂のプロセスを操作するものまである。そうした無法者の遺伝子のふるまいは「ドライブ」と呼ばれる。適応上の利益が何もなくても――それどころか、適応上の不利益が生じる場合でも――そうした遺伝子は五分五分を超える確率で受け継がれる。なかには、九〇％超の確率で継承されるおそろしく利己的な遺伝子もある。[19] この遺伝子ドライブという現象は、蚊、コクヌストモドキ、レミング（タビネズミ）をはじめ、数多くの生物に潜んでいることがわかっており、だれかが探す手間さえかければ、さらに多くの生物で発見できると考えられている[20]（ただし、もっともうまくドライブしている遺伝子は、ほかのバージョンの遺伝子を忘却の彼方へ追いやってしまうため、発見するのが難しいのもまた事実だ）。

一九六〇年代以降、生物学者は遺伝子ドライブの威力を活用すること――いわばドライブをドライブすることを夢見てきた。クリスパーのおかげで、その夢のみならず、それ以上のことがいまや現実のものになっている。

クリスパー技術のおおもとの特許権は、細菌にあると言えるかもしれない。その細菌では、クリスパーは免疫系として機能している。「クリスパー遺伝子座」を持つ細菌は、ウイルスのＤＮＡ断片をみずからのゲノムに組みこむことができる。その断片を顔写真《マグショット》のように使い、殺し屋になりそうな相手を認識する。さらに、クリスパーに関連する（CRISPR associatedを縮めてＣａｓ《キャス》と呼ばれる）酵素を送り出す。小さなハサミのように機能するこの酵素は、侵入者のＤＮＡを重要な場所で切断し、ひいてはそのはたらきを無効にする。

遺伝子工学者たちがこのクリスパー・キャス・システムを応用した結果、ほぼどんなＤＮＡ配列でも思いのままに切断できるようになった。また、壊れた配列をうまく誘導し、自分のものではないＤＮＡを組みこませる方法もわかった（わたしの例の大腸菌も、この方法でだまされてアデニンをシトシンに置き換えた）。クリスパー・キャス・システムは生物学的な構築物なので、このシステムもまた、ＤＮＡにコードされている。まさにそれが、遺伝子ドライブ創造の鍵を握っている。クリスパー・キャス遺伝子を生物に挿入すれば、遺伝子プログラム修正タスクを自動的に実行するようにその生物をプログラミングできるのだ。

二〇一五年、ハーバード大学の研究チームが、この自己再帰トリックを用いて酵母で人工的に遺伝子ドライブを発生させたと発表した[21]（実験開始時にはクリーム色と赤だった酵母が、数世代後にはすべて赤いコロニーになった）。その三か月後には、ほぼ同じ手法を使ってショウジョウバエで遺伝子ドライブを生じさせたとするカリフォルニア大学サンディエゴ校（ＵＣＳＤ）の発表が続いた[22]（ショウジョウバエは普通なら茶色だが、一種の色素欠乏症を起こす遺伝子のドライブにより、

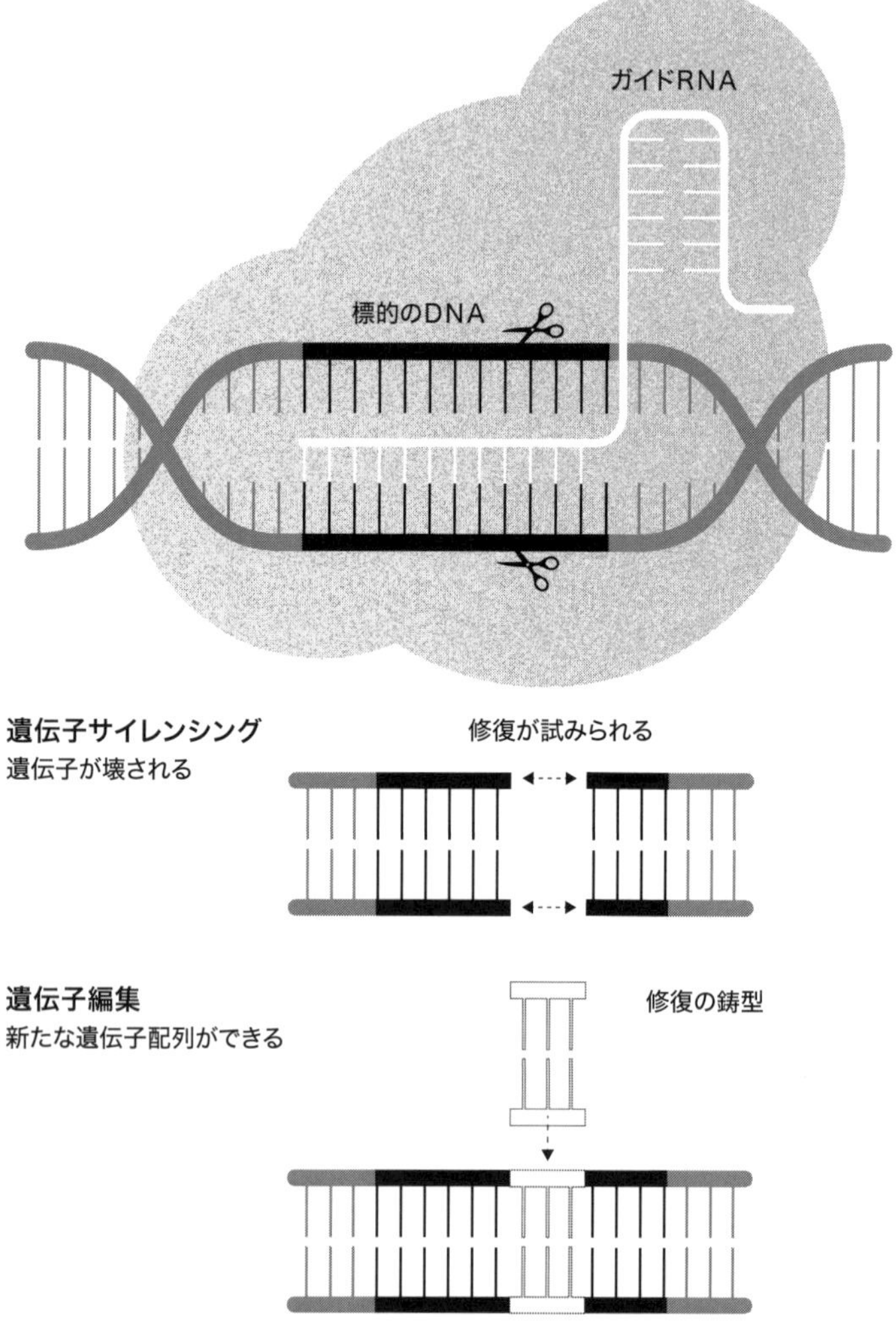

クリスパーでは、ガイドＲＮＡを使って、切断する一連のＤＮＡねらいをつける。細胞が損傷を修復しようとする際には、しばしばミスが生じ、遺伝子が無効化される。「修復の鋳型」を与えれば、新しい遺伝子配列を組みこめる。

黄色の子孫ができた）。さらに六か月後には、第三の研究チームが遺伝子ドライブを導入したハマダラカをつくったと発表した。

クリスパーが「生命の分子そのものを書き換える」力を与えるものだとしたら、人為的な遺伝子ドライブは、その力を指数関数的に増幅するものだ。ＵＣＳＤの研究チームが黄色いショウジョウバエを世に放ったとしよう。そのハエが大学キャンパスのごみ箱に群がり、交尾の相手を見つけたとしたら、生まれてくる子もやはり黄色になるだろう。さらにその子が生き延びて繁殖に成功したら、そのまた子どもも黄色になる。この形質はサンディエゴのセコイアの森からメキシコ湾岸へと否応なく広がりつづけ、やがては黄色が優勢になるだろう[23]。

そして、ショウジョウバエの色だけが特別というわけではない。ほぼどんな動植物のどんな遺伝子でも——少なくとも原理上は——その遺伝子に有利にはたらく遺伝サイコロを搭載するようにプログラミングできる。そもそも組換えによりつくられた遺伝子や、別の種から拝借した遺伝子も例外ではない。たとえば、壊れた毒素遺伝子をオオヒキガエルのあいだで広める遺伝子ドライブも生み出せるはずだ。いつの日か、高温に耐えられる遺伝子を後押しするサンゴの遺伝子ドライブをつくりだすことだってできるかもしれない。

人為遺伝子ドライブの世界では、人間と自然、実験室と野生の境界線がすでにひどくあいまいになり、ほとんど消えかけている。この世界では、人間が進化の起きる条件を決められるだけでなく、人間が——繰り返すが原理上は——その結果を決めることもできるのだ。

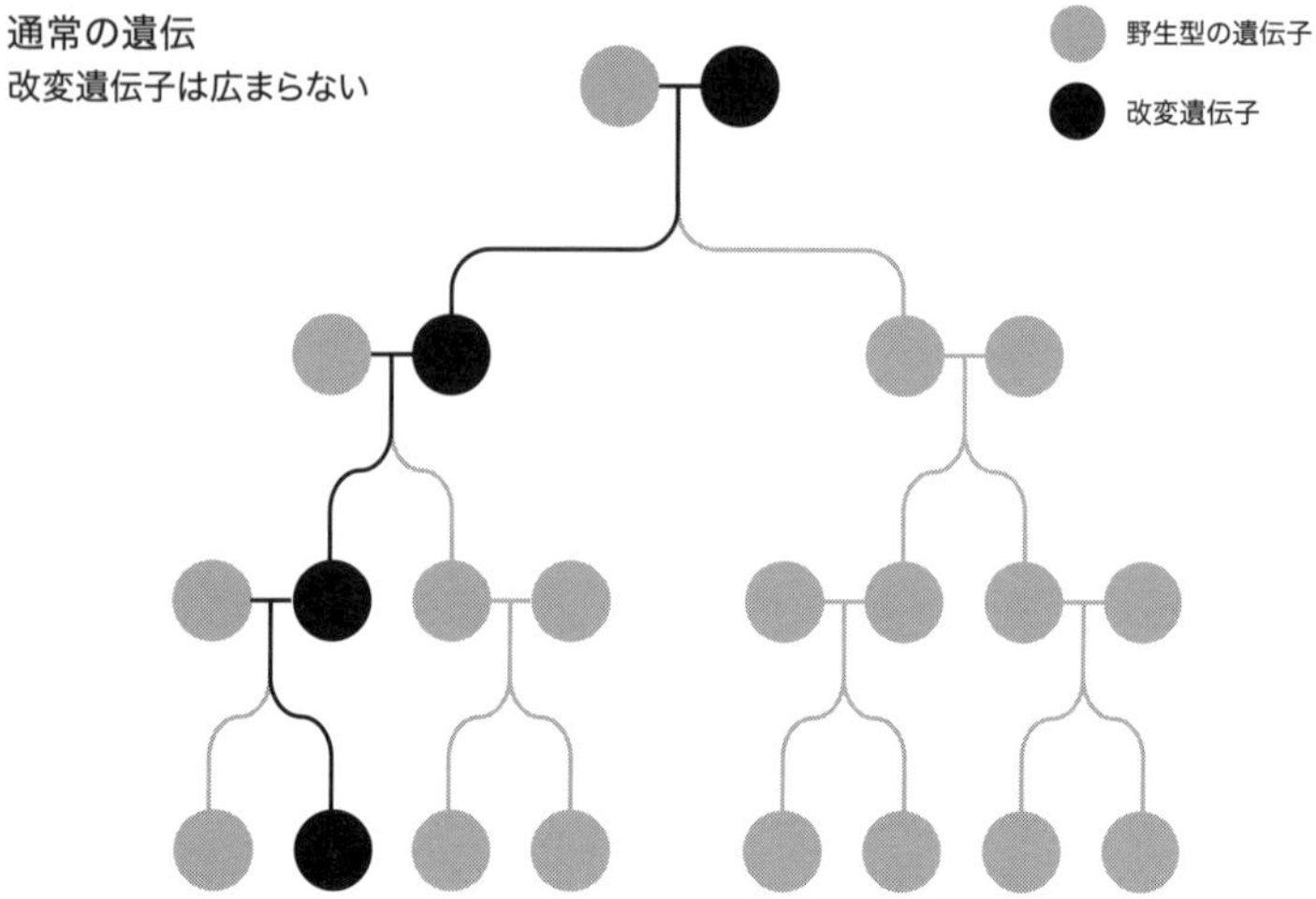

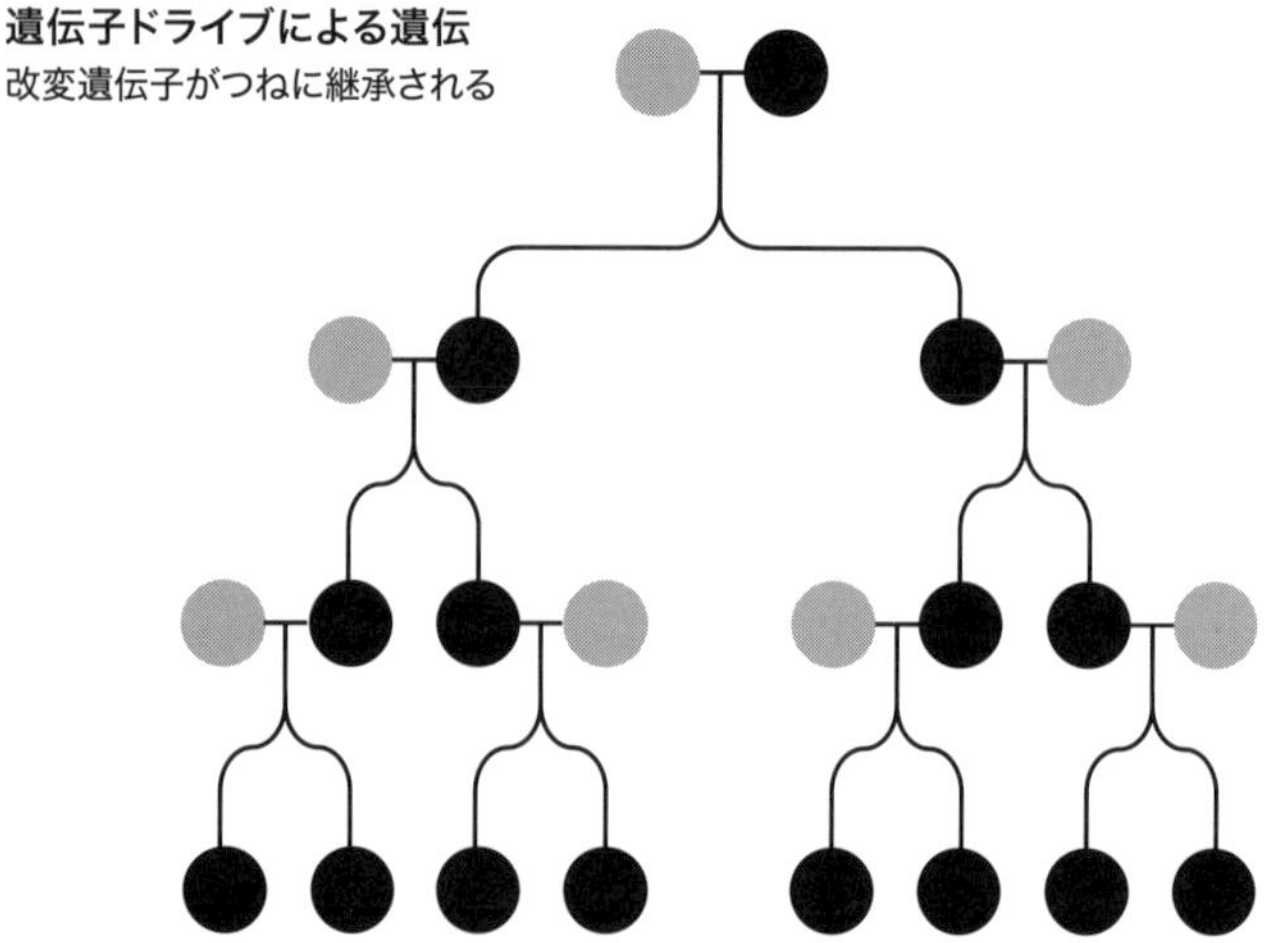

人工遺伝子ドライブでは、通常の遺伝のルールが無視され、改変された遺伝子がまたたくまに広がる。

自然選択を打ち負かす

クリスパー・キャスによる遺伝子ドライブを組みこまれる最初の哺乳類は、ほぼまちがいなくマウスだろう。マウスは「モデル生物」と呼ばれる生きもののひとつで、繁殖スピードが速く、飼育が簡単で、ゲノムがすでに徹底的に研究されている。

ポール・トーマスはマウス研究の草分け的存在だ。彼の研究室は、アデレードの南オーストラリア州衛生医療研究所のなかにある。鋭く尖った金属板で覆われた、波のような形をしたビルだ（アデレード市民はこのビルを「チーズおろし器《グレーター》」と呼んでいる。実際に行ってみると、わたしにはむしろアンキロサウルスに見えた）。クリスパーにかんする画期的な論文が二〇一二年に発表されるや、トーマスはそれが大変革をもたらす技術だと気づいた。「すぐに飛びつきました」と本人は言う。一年としないうちに、トーマスの研究室はクリスパーを利用して、てんかんを患うマウスをつくりだしていた。

人為遺伝子ドライブにかんする最初の論文が世に出ると、トーマスはまたもやそこに飛びこんだ。「クリスパーとマウスの遺伝に関心がある者として、この技術の開発を試みるチャンスには逆らえませんでした」。最初の目標は、ともかくこの技術をうまく使えるかどうかをたしかめることだった。「あまり資金がありませんでしたからね」とトーマスは言う。「かつかつで仕事をしていました。

この手の実験には、すごくお金がかかるんです」

トーマスがまだ、本人に言わせれば「ほんの生かじり」だったころに、ＧＢＩＲｄ《ジーバード》と名のる団体から連絡が来た。ＧＢＩＲｄはGenetic Biocontrol of Invasive Rodents（外来齧歯類の遺伝学的生物的防除）の頭字語だ。この団体の気風は、モロー博士〔ウェルズの小説『モロー博士の島』に出てくる天才科学者。動物を人間に変える実験をおこなう〕と〈地球の友〉〔環境保護に取り組む国際的なＮＧＯ〕を足したようなものと表現できるかもしれない。

「みなさんと同じように、わたしたちも未来の世代のために世界を守りたいと考えています」とジーバードのウェブサイトには書かれている。「希望はあります」。サイトには、愛くるしいまなざしで母親を見つめるアホウドリの雛の写真も掲げられている。(24)

ジーバードはトーマスの力を借りて、ごく特殊な種類のマウス遺伝子ドライブ――個体数を抑制するいわゆる「抑制ドライブ」を設計したいと考えていた。抑制ドライブは、自然選択を完全に打ち負かすように設計された遺伝子ドライブだ。その目的は、集団を一掃しうるほど有害な形質を広めることにある。すでに、マラリアを媒介するガンビエハマダラカの抑制ドライブをイギリスの研究チームが開発している。この研究チームの最終的な目標は、そうした蚊をアフリカに放すことにある。

トーマスが話してくれたところによれば、「自己抑制マウス」の設計にはさまざまな方法があり、その大部分は生殖に関係するものだという。トーマスがとりわけ力を入れているアイデアが「Ｘ

シュレッダー」マウスだ。

ほかの哺乳類と同じく、マウスも二種類の染色体の組みあわせで性別を決めている――メスはXX、オスはXYだ。マウスの精子はXかYいずれかひとつの染色体を運ぶ。Xシュレッダーマウスは、X染色体を運ぶ精子がすべて欠陥を持つように遺伝子編集されたマウスだ。

「要するに、精子の半分が精子プールからこぼれ落ちるわけです」とトーマスは説明する。「そうした精子は、もう発達できません。そうなると、Yを持つ精子だけが残ります。つまり、その子孫はすべてオスになるというわけです」。Xをシュレッダーにかける指示をY染色体に書きこんでおけば、そのYからつくられたマウスもオスの子孫しか残せなくなる。その先の子孫も同じだ。世代を経るごとに、性別の偏りが大きくなり、やがては繁殖可能なメスがいなくなる。

トーマスの説明によれば、遺伝子ドライブマウスの研究は、期待していたほどのペースでは進んでいないという。それでも、二〇二〇年代末までにはだれかが開発するだろうとトーマスは考えている。それはXシュレッダーマウスかもしれないし、まだだれも思いついていない設計にもとづくマウスかもしれない。数理モデルでは、効果的な抑制ドライブはめざましいはたらきをすることが示唆されている。どこかの島に遺伝子ドライブマウスを一〇〇匹放せば、五万匹からなる普通のマウスの集団を数年でゼロにできるほどだ[25]。

「目をみはる威力です」とトーマスは言う。「めざすだけの価値はあります」

遺伝子ドライブマウスがもたらすもの

人新世のもっともわかりやすい地質学的マーカーを放射性粒子の急増とするなら、もっともわかりやすい生物学的マーカーは齧歯類の急増かもしれない。マウス（ハツカネズミなどの小型のネズミ）とラット（クマネズミ属の大型のネズミ）は、この惑星で人間が定住したあらゆる場所に――さらには訪れただけのいくつかの場所にさえ――つきしたがい、しばしばひどい結果を招いてきた。ナンヨウネズミ（*Rattus exulans*）は、かつては東南アジアにしかいなかった。だが三〇〇〇年ほど前から、海を渡るポリネシア人が太平洋のほぼすべての島にそのネズミを運んだ。ナンヨウネズミの到来は次から次へと破壊の波を巻き起こし、島々に生息していた少なくとも一〇〇〇種の鳥を滅ぼした。[26] のちには、ヨーロッパからの入植者が同じ島々に――ほかの多くの島々にも――クマネズミ（*Rattus rattus*）を運び、さらなる絶滅の波を引き起こした。それはいまだに続いている。ニュージーランドのビッグサウスケープ島の場合、クマネズミが到来したのは一九六〇年代になってからのことで、そのころまでには生物学者がなりゆきを記録する態勢が整っていた。徹底した保護の取り組みにもかかわらず、この島固有の三種――コウモリ一種と鳥類二種――が姿を消した。[27]

ハツカネズミ（*Mus musculus*）はインド亜大陸原産だが、いまや熱帯から極地のごく近くまでの地域で見つかる。『マウス遺伝学（*Mouse Genetics*）』の著者リー・シルヴァーによれば、「それに匹敵する適応力を持つのはヒトだけである（ヒトもおよばないとの意見もあるだろう）」[28]。条件さえよければ、マウスはラットに劣らず獰猛になり、まったく同様の害をもたらす。アフリカと南アメリカのほぼ中間にあるゴフ島には、世界に残る最後のゴウワタリアホウドリのつがい二〇〇〇組が生息している。この島に設置したビデオカメラには、ハツカネズミの集団がアホウドリの雛を襲い、生きたまま食べるようすがとらえられていた。「ゴフ島での活動は、鳥類版の外傷センターではたらいているようなものだ」とイギリスの保全生物学者アレックス・ボンドは書いている[29]。

過去数十年のあいだ、外来齧歯類に対して好んで用いられてきた武器は、内出血を誘発する抗凝血剤ブロジファクムだった。ブロジファクムを餌に混ぜ、給餌器に入れておいたり、手作業でまいたり、空から投下したりする（まず、船で生物種を世界中に広げる。お次は、ヘリコプターで毒を盛る！）。この方法で、何百もの無人島からマウスやラットが駆逐されてきた。また、そうした作戦は、キャンベルアイランド・ティール（ニュージーランドのキャンベル島に生息する飛べない小型のカモ）やアンティグアン・レーサー（トカゲを食べる灰色のヘビ）をはじめ、多くの種を絶滅の縁から引き戻すのに役立った。

ブロジファクムの欠点は、ネズミの観点から言えば明々白々だ。内出血による死は時間がかかるし、苦痛も大きい。生態学者の観点から見た欠点もある。標的ではない動物がたびたび毒餌を食べたり、毒餌を食べたネズミを捕食したりしてしまうのだ。そうすると、毒が食物連鎖の上にも下にも広まってしまう。さらに、妊娠中のネズミが一匹でも毒餌の散布を生き延びれば、そのネズミがまた島全体に集団を広げる可能性もある。

遺伝子ドライブマウスなら、そうした問題を回避できる。標的を絞れるし、死ぬまで血を流すこともない。そして、おそらく最大の長所は、空からの抗凝血剤散布が眉をひそめられる（無理もない話だが）有人の島でも、遺伝子ドライブマウスなら放てることだろう。

だがご多分に漏れず、ひとそろいの問題を解決すると、そこから新たなひとそろいの問題が生まれる。このケースでは、それは大きな問題だ。途方もなく大きい。遺伝子ドライブ技術は、カート・ヴォネガットの小説『猫のゆりかご』に登場する「アイス・ナイン」――ひとかけらで世界の水を残らず凍らせることのできる物質になぞらえられてきた[30]。一匹のXシュレッダーマウスを世に放てば、同じような背筋も凍る作用が生じるのではないかと懸念されている――言ってみれば、マウス・ナインだ。

ヴォネガット的破滅を防ぐために、障害発生時のさまざまな安全策が提案されており、「キラーレスキュー」[31]、「複数遺伝子座のつめあわせ《マルチローカス・アソートメント》」、「デイジーチェーン」などの名で呼ばれている。いずれの方法も、その根底には楽観的な前提がある――効果的であると同時に効果的すぎない遺伝子ドライブを開発できる、という前提だ。数世代で自然に効果が切れるようなドライブを設計できるかもしれないし、ひとつの島のひとつの集団にしかない遺伝子バリアントと結びつけてもいい。遺伝子ドライブがまんまと野放図になりおおせたら、それを追跡するいわゆる「ＣＡＴＣＨＡ」配列[32]〔Cas9-Triggered Chain Ablation（キャス9により引き起こされるチェーンアブレーション）の頭字語。遺伝子ドライブのブレーキにあたる」を使った別の遺伝子ドライブを世に送り出せばいいとも言われている。まずいことなんて、起きるはずがないだろう？

人間は神になれるのか

オーストラリアにいるあいだに、研究室を出て、いなかのほうへ足をのばしてみたかった。ヒメフクロネコを見られたら楽しいだろうと思っていたのだ。インターネット上の写真で見たヒメフクロネコはおそろしくキュートで、どことなくミニチュアのアナグマのようだった。ところが、ほうぼうで訊いてまわったところ、フクロネコ観察には、わたしの手持ちではとうていおよばないほどの専門知識と時間を要するらしいことがわかった。フクロネコを殺す両生類を見つけるほうがずっと簡単そうだ。そんなわけで、ある晩、わたしはリン・シュワルツコフという名の生物学者とともに、ヒキガエル狩りに出かけた。

偶然にも、シュワルツコフはヒキガエル用の罠「トーディネーター」の発明者のひとりだった。わたしたちはその装置を見るために、ジェームズクック大学にある彼女のオフィスに立ち寄った。罠はオーブントースターほどの大きさのケージで、プラスチック製のフラップ扉がついている。罠に備えつけられた小さなスピーカーのスイッチを入れると、何かをこつこつと叩く音に似たヒキガエルの鳴き声がオフィスに響きわたった。

「ヒキガエルのオスは、ほんのちょっとでもヒキガエルに似た音を出すものなら、なんにでも引き寄せられます」とシュワルツコフは話した。「発電機の音が聞こえたら、近づいていくでしょうね」

ジェームズクック大学はクイーンズランド北部の沿岸に位置している。オオヒキガエルが最初に移入された地域だ。シュワルツコフによれば、オオヒキガエルなら大学の敷地内でも何匹か見つけられるはずだという。わたしたちはヘッドライトをつけ、探索に出た。時刻は午後九時。わたしたちふたりとあたりを跳ねまわるワラビーの家族を除き、キャンパスはひっそりとしている。しばらくうろうろと歩きながら、邪悪な目のきらめきを探した。わたしがやる気をなくしはじめたちょうどそのとき、シュワルツコフが落ち葉のなかにいる一匹のヒキガエルを見つけた。それをひょいと持ち上げて、すぐにメスだと見極めた。

「本当にひどい目にあわせないかぎり、こちらに害をおよぼすことはありませんよ」と言いながら、シュワルツコフはヒキガエルの毒腺を指し示した。ふたつの膨らんだ小袋のような外見だ。「これがあるから、ゴルフクラブで殴ったりしてはいけないんです。この腺を叩くと、毒がとびちることがありますから。目に入ったら、何日か目が見えなくなります」

わたしたちはさらにあたりを歩きまわった。ひどい乾燥つづきだったので、オオヒキガエルはおそらく水分不足になっているだろうとシュワルツコフは話した。「エアコンの室外機を好みます――なんでもいいんですが、水が滴《したた》っているものを」。古い温室の近く、だれかがホースで水をまいたばかりの場所で、さらに二匹を見つけた。大きさも形も棺と同じくらいの腐りかけた木枠を引っくり返したシュワルツコフは、「源泉を発見！」と高らかに告げた。深さ五ミリほどの泡立った水のなかに、数えきれないほどのオオヒキガエルがいた。なかには、別のカエルの上に座っているものもいる。逃げようとするのではないかと思ったが、カエルたちは動じるようすもなく、その場にとどまっていた。

オオヒキガエルやハツカネズミやクマネズミの遺伝子編集を支持するもっとも強力な根拠は、もっともシンプルな根拠でもある――ほかにどんな手段がある？　そうした技術を不自然だと却下しても、自然はもとには戻らない。ここでの選択肢は、「過去か現在か」ではなく、「現在か未来か」だ。そして、あまりにも多くの場合、未来には何もない。それがデビルズホール・パプフィッシュの、ショショニ・パプフィッシュの、パランプ・プールフィッシュの、ヒメフクロネコの、キャンベルアイランド・ティールの、ゴウワタリアホウドリの置かれている状況だ。自然の厳密な解釈にこだわれば、そうした種――とほかの無数の種――はもはや助からないだろう。現段階での争点は、わたしたちが自然を改変するか否かではなく、どんな結末をめざすのか、ということなのだ。

「われわれは神のようなものなのだから、うまくやるほうがいい」。『ホール・アース・カタログ』誌の編集者スチュアート・ブランドが一九六八年の創刊号にそう書いたことはよく知られている。最近では、現在進行中の全地球《ホール・アース》の変化を受けて、ブランドの主張はもっと尖ったものになっている。「われわれは神のようなものなのだから、うまく**やらなければならない**」。ブランドが共同創設者として興した団体〈リバイブ・アンド・リストア〉は、「新技術による遺伝的救済をつうじて生物多様性を高める」ことを使命に掲げている。[33] この団体が支援している数々の途方もないプロジェクトのひとつに、リョコウバト復活の取り組みがある。現生種としてはリョコウバトにもっとも近いオビオバトの遺伝子改変により、歴史を逆戻りさせようというプロジェクトだ。

それよりもずっと実現に近づいているのが、アメリカグリの復活に向けた取り組みだ。かつて米国東部のどこにでも見られたこの木は、クリ胴枯病《どうがれびょう》によって絶滅寸前に陥った（二〇世紀はじめに持ちこまれた病原性の真菌が引き起こすこの胴枯病は、北米に生えるほぼすべてのクリの木——推定四〇億本——を一掃した）。ニューヨーク州シラキュースにあるニューヨーク州立大学環境科学森林学部の研究チームは、胴枯病にかからないように遺伝子操作したアメリカグリをつくった。その耐性の鍵となったのは、小麦から導入した遺伝子だった。よそから拝借したそのひとつの遺伝子があるために、このアメリカグリは遺伝子組換え作物と見なされ、連邦政府の認可の対象となる。そんなわけで、いまのところ、胴枯病耐性を持つ若木は温室やフェンスに囲まれた区画に閉じこめられている。

ティザードが指摘しているように、わたしたち人間は絶えず、たいていはゲノム全体というかたちをとって、世界中で遺伝子を動かしている。そもそも、クリ胴枯病もそうやって北米に到来した。日本から輸入されたアジア産のクリの木についてきたのだ。あともうひとつだけ遺伝子を動かせば過去に犯した悲劇的な過ちを正せるというのなら、アメリカグリのためにそうする義務があるのでは？「生命の分子そのものを書き換える」力を持つわたしたちは、それゆえの義務も負っているのだ。そう主張することもできなくはない。

もちろん、そうした介入に反対する主張にも説得力はある。「遺伝的救済」の裏にある理屈は、世界を変えつつある数々のしくじりの原因とも言える（アジアン・カープやオオヒキガエルを見るといい）。過去の生物学的介入を正すための生物学的介入の歴史は、ドクター・スースの絵本『ぼうしをかぶったネコ、ふたたび（*The Cat in the Hat Comes Back*）』を思わせる。この絵本に出てくるネコは、バスタブのなかでケーキを食べたあと、そのバスタブをきれいに掃除してほしいと頼まれる。

どうやったか、知ってる？
お母さんの白いドレス！
おふろはすっかりきれいになったけど、
ドレスはめちゃくちゃ！[34]

一九五〇年代には、その二〇年前に庭園の飾りとして移入されたアフリカマイマイの駆除に乗り出したハワイ州農務局が、共食いカタツムリ《カニバル・スネイル》とも呼ばれるヤマヒタチオビを導入した。ヤマヒタチオビはアフリカマイマイにはほとんど手を出さなかった。そのかわりに、ハワイ固有の小型陸生カタツムリを何十種も食いあさり、E・O・ウィルソンが「絶滅のなだれ」と呼んだものを引き起こした。[35]

ウィルソンはブランドへの返答として、こう述べた。「われわれは神のようなものではない。何をするにしても、まだそれほど鋭敏でも知的でもない[36]」

イギリスのライターで活動家のポール・キングスノースは、それをこう表現した。「われわれは神のようなものだが、うまくやれていない……われわれは、おもしろ半分に美しいものを殺すロキだ。わが子を食らうサトゥルヌスだ[37]」

キングスノースはこうも言っている。「ときには、何もしないほうが何かをするよりもましなことがある。ときには、その逆もある」

第 **3** 部 *Up in the Air*

空の上で

第6章　二酸化炭素を石に変える

　何年か前、自分が地球の破壊に加担していることを憂慮する人たちに新サービスを提供している企業から、宣伝のEメールが届いた。クライムワークスというその会社は、お金さえ払えば、契約者の排出する二酸化炭素を空気から取り除いてくれるという。その後、地下八〇〇メートルに注入すれば、二酸化炭素がそこで固定されて岩石になるらしい。

「二酸化炭素を石にしませんか？」とそのメールは誘っていた。なにしろ、人類はすでにあまりにも大量の二酸化炭素を排出してしまっており、「地球温暖化を安全なレベルにとどめるためには、大気から物理的に取り除かなければいけない」からだ。わたしはすぐに登録し、同社の言うところの「パイオニア」のひとりになった。毎月、クレジットカードから料金が引き落とされる前に、また別のメールが送られてくる――「あなたの契約はまもなく更新されます。今後も引き続き、排出した二酸化炭素を石に変えられます」。そんな一年が過ぎたあと、そろそろ自分の排出した二酸化炭素を訪ねてみようと決心した。それが排出量をさらに膨らませる見境のない行動であることは承知のうえだ。

クライムワークスはスイスを拠点としているが、同社の「空気を岩石にする」事業はアイスランド南部で展開されている。レイキャビクについてから車を借り、この国をぐるりと一周する環状道路、国道1号線を走って東へ向かった。一〇分ほどで街から出た。さらに二〇分ほど走ったあとは郊外からも離れ、大昔の溶岩原を突っ切って進んだ。

アイスランドは基本的には全体が溶岩原だ。大西洋中央海嶺の真上に位置しているため、大西洋が広がるのにあわせて、相対する方向に引っぱられている。この国を斜めに走る大地の裂け目には、活火山がずらりと並ぶ。わたしの向かう先は、その裂け目に近い場所――ヘトリスヘイジ発電所と呼ばれる三〇〇メガワット規模の地熱発電所だ。あたりの風景は、まるで巨人が道を敷いたあとに放棄したかのようだった。高木も藪もなく、あるのは草とコケのかたまりだけ。角ばった黒い巨礫が乱雑に積み重なっている。

発電所のゲートに到着すると、その場所全体が湯気をたてているかに見えた。空気には硫黄の悪臭が混ざっている。ほどなくして、あざやかなオレンジ色に塗られたかわいらしい小さな車が走ってきた。車から降り立ったのは、発電所を所有するレイキャビク・エナジー社のマネージング・ディレクター、エッダ・アラドッティルだ。丸い顔に眼鏡をかけたアラドッティルは、ブロンドの長い髪をピンでうしろに留めている。わたしにヘルメットを手渡すと、自分もひとつをかぶった。

地熱発電所は、発電所としては「クリーン」だ。化石燃料を燃やすかわりに、地下から取り出した蒸気や高温の熱水に頼っている。火山活動が活発な地域につくられる傾向にあるのは、それが理由だ。とはいえ、アラドッティルが説明してくれたように、地熱発電所もやはり二酸化炭素を排出する。熱水は必然的に、硫化水素（悪臭の原因）や二酸化炭素などの不要なガスをともなう。実際、人新世以前には、大気中の二酸化炭素の最大の供給源は火山だった。

一〇年ほど前、レイキャビク・エナジーは自社のクリーンエネルギーをさらにクリーンにする計画を思いついた。二酸化炭素をそのまま大気中へ逃がすのではなく、ヘトリスヘイジ発電所でそのガスを回収し、水に溶かしたらどうだろう。そうしてから、その混合物——要は高圧の炭酸水——をまた地下に注入すればいい。アラドッティルらの計算では、地下深くに注入された二酸化炭素が火山岩と反応し、鉱物化することが示された。

「火山岩のことはよくわかっています。火山岩は二酸化炭素を貯留します」とアラドッティルは話した。「実を言えば、地球上で最大級の二酸化炭素の貯留所なんです。このプロセスを模倣して加速させ、地球の気候変動に対抗しようというわけです」

アラドッティルがゲートを開け、わたしたちは小さなオレンジ色の車で発電所の裏手へ向かった。その日は晩春のそよ風が心地よい一日で、パイプや冷却塔から立ちのぼる蒸気は、どの方向へ流れるべきか、心を決めかねているようだった。ロケット発射装置のような構造物とつながった金属外壁の大きな建物のところで、わたしたちは車を停めた。その建物に掲げられた看板にはアイスランド語で「steinrunnið gróðurhúsaloft」と書かれている。翻訳すると「温室効果ガスの石化」だ。アラドッティルによれば、ロケット発射装置のようなところで発電所の二酸化炭素をほかの地熱ガスから分離し、注入の前処理をしているという。車を少し先へ進めると、船舶輸送用コンテナの上に特大のエアコン室外機をくっつけたようなものの前についた。コンテナの看板には「úr lausu lofti」、翻訳すると「虚空から」と書かれている。

これが、わたしの排出した二酸化炭素──正確には、わたしの排出した二酸化炭素のほんの一部──を大気から取り除いているクライムワークスのマシンだとアラドッティルが教えてくれた。正式には直接空気回収（DAC）装置と呼ばれるそのマシンが、だしぬけにぶんぶんとうなりはじめた。「ああ、ちょうどサイクルがはじまりましたね」とアラドッティルが言った。「ラッキーです！」「サイクルの最初に、この装置が空気を吸いこみます」とアラドッティルが続けた。「すると、回収装置のなかにある特殊な化学物質に二酸化炭素がくっつきます。その化学物質を加熱すると、二酸化炭素が放出されます」。その後、注入場所へ向かう発電所の炭酸水混合物に、この二酸化炭素──クライムワークスの二酸化炭素──が合流する。

人間が排出した二酸化炭素のほとんどは、なんの助けがなくても、化学的風化と呼ばれる自然のプロセスをつうじて、最終的には石になる。だが、ここで言う「最終的」は数十万年を意味する。自然の営みをそこまで待てる人なんて、いるだろうか？　ヘトリスヘイジ発電所では、アラドッ

炭酸カルシウムのつまった穴が散る玄武岩のコア。

ティルが同僚たちとともに、その化学反応を数桁単位で加速させている。通常なら何千年もかかるはずのプロセスを、ほんの数か月に圧縮しているのだ。

アラドッティルが一本のコア〔岩石や氷床から採取する円柱状の試料〕を持ってきて、最終的な成果物を見せてくれた。だいたい長さ六〇センチ、直径五センチほどのその岩石コアは、溶岩原と同じ黒っぽい色をしていた。ただし、この黒い岩石――玄武岩――には、ぽつぽつと小さな穴が開いていて、穴にはチョークのような白い化合物――炭酸カルシウム――がつまっている。その白い沈着物が、わたし自身ではないにしても、少なくともだれかの排出した二酸化炭素を体現している。

二酸化炭素除去が秘める可能性

人間が大気を変えはじめた正確な時期については、いまも論争が続いている。一説によれば、そのプロセスは有史時代の幕開けよりもさらに前の八〇〇〇年ないし九〇〇〇年前、中東で小麦が、アジアで稲が栽培化されたときにはじまったという。初期の農耕民が耕作のために土地を切り拓くようになり、森林の木を切り倒して焼き払う過程で二酸化炭素が放出された。その量は比較的少ないが、「早期人新世仮説」と呼ばれるこの説の提唱者によれば、そこから偶発的な影響が生じたという。自然のサイクルにまかせていれば、この時期の二酸化炭素濃度は低下傾向にあったはずだ。人間の介入により、それがおおむね一定に保たれた。

「自然による気候の支配から人間による支配への移行は、数千年前にはじまった」。バージニア大学の名誉教授で、「早期人新世」のもっとも著名な提唱者でもあるウィリアム・ラディマンはそう書いている[1]。

それよりも広く支持されている第二の見解によれば、そうした移行が本格的にはじまったのは一八世紀後半、スコットランドの技術者ジェームズ・ワットが新しいタイプの蒸気機関を設計したあとだとされている。ワットの蒸気機関は、時代錯誤な表現を使えば、産業革命を「キックスタート」させたと言われることが多い。水力が蒸気動力に道を譲るのにともない、二酸化炭素排出量が最初はゆっくりと、やがて目もくらむほどのペースで増えはじめる。ワットがその発明品を売り出した最初の年にあたる一七七六年には、人類の排出する二酸化炭素は一五〇〇万トン前後だった[2]。一八〇〇年までに、その数字は三〇〇〇万トンに増加。一八五〇年までに二億トン、一九〇〇年までにほぼ二〇億トンに達した。現在では、その数字は年間四〇〇億トンに近づいている。大気は大きく変わり、現在の空気中を漂う二酸化炭素分子の三つにひとつが人間由来のものになっているほどだ。

この人間による介入の結果、地球の平均気温はワットの時代から一・一℃上昇した。そこから生まれるさまざまな影響はひどさを増すいっぽうだ。旱魃《かんばつ》が悪化し、[3] 嵐は強烈に、[4] 熱波は過酷になっている。森林火災のシーズンが長くなり、炎の勢いも増しつつある。[5] 海面上昇のペースも加速している。『ネイチャー』誌で発表された最近の研究によれば、一九九〇年代以降、南極の氷が解ける速度は三倍になったという。[6] 別の最近の研究では、環礁のほとんどは、あと数十年で人が住めなくなると予想されている。[7] なかには、モルディブやマーシャル諸島のように、国全体がそうなるケースもある。マルクスの言葉をもじったJ・R・マクニールの言葉をさらにもじれば、「人間はみずからの気候を創造するが、自分たちが満足いくようにはつくらない」のだ。

世界がどこまで暑くなったら、正真正銘の大惨事――たとえば、バングラデシュなどの人口の多い国の冠水や、サンゴ礁などの重要な生態系の崩壊――が不可避になるのか。その正確なところはだれにもわからない。国際社会の公式見解では、破滅がはじまるのは、世界の平均気温が産業革命以前に比べて二℃上昇したときとされている。二〇一〇年にメキシコの都市カンクンで開催された気候変動会議では、ほぼすべての国がこの数字に合意した。

二〇一五年にパリに集まった世界の指導者たちは、その数字を考え直した。二℃という閾値は高すぎると判断したのだ。パリ協定の署名国は、「世界の平均気温上昇を（産業革命以前に比べて）

二℃よりもじゅうぶん低く保つとともに、一・五℃に抑える努力を追求する」ことを誓った。[8]

どちらにしても、計算上は厳しい。二℃を超えないようにするためには、世界の温室効果ガス排出量を数十年以内にほぼゼロにまで減らす必要がある。一・五℃の上昇を防ぐなら、ゼロまでの道のりのほとんどを一〇年以内に踏破しなければならない。[9] そのためには、手はじめとして、農業システムの見直し、製造業の変革、ガソリンと軽油を燃料とする車両の廃棄、世界の発電所の大部分の転換が求められる。

二酸化炭素除去は、その計算を変えるひとつの手段になる。大気からの二酸化炭素の大量抽出と「ネガティブ・エミッション」〔大気中の温室効果ガスを回収・除去する技術の総称〕は、ひょっとしたら、正《ポジティブ》のほうの排出量《エミッション》を相殺できるかもしれない。それどころか、破滅の閾値を踏み越えても、大気からじゅうぶんな量の二酸化炭素を吸い出せば、惨禍を食い止められるのではないか。気温上昇目標を一時的に超過するそうしたシナリオは「オーバーシュート」と呼ばれるようになっている。

ネガティブ・エミッション

「ネガティブ・エミッション」の発明者と呼べる人がいるとするなら、それはドイツ生まれの物理学者クラウス・ラックナーだろう。現在は六十代後半になっているラックナーは、黒い目と出っぱった額を持つ細身の男性だ。わたしはある日、テンピにあるアリゾナ州立大学ではたらくラックナーに、大学内の彼のオフィスで面会した。オフィスはほとんど飾り気がなく、オタク気質を題材にした『ニューヨーカー』誌の漫画が何枚か貼られているだけだ。ラックナー本人の話によれば、妻が彼のために切り抜いてくれたのだという。そのうちの一枚では、方程式がびっしり書かれた巨大なホワイトボードの前にふたりの科学者が立っている。「計算は正しい」と一方の科学者が言っている。「センスが悪いだけだな」

ラックナーは成人してからの人生のほとんどを米国で過ごしてきた。一九七〇年代後半にカリフォルニア州パサデナに移り住み、クォークの発見者のひとりであるジョージ・ツワイクのもとで学んだ。数年後、核融合の研究をするためにロスアラモス国立研究所に移った。「機密扱いの研究もあれば――」とラックナーは話した。「そうでないものもありました」

核融合は恒星を動かしているエネルギー源で、もう少し身近なところでは、熱核爆弾を動かすものでもある。ラックナーがロスアラモスにいた当時は、未来のエネルギー源ともてはやされていた。水素の同位体からカーボンフリーの電力をほぼ無限に生成できる。遅くとも数十年後には核融合炉ができるはずだ。ラックナーはそう確信するようになった。それから数十年が経ったいま、実用的な核融合炉はまだ数十年先にあるというのは、おおかたの意見の一致するところだ。

「わたしはたぶん、たいていの人よりも早く、化石燃料の終焉という主張はひどく誇張されたものだと気づきました」とラックナーは言う。

一九九〇年代はじめのある晩、ラックナーは友人でやはり物理学者のクリストファー・ウェントとビールを飲んでいた。ふたりはそのとき、ラックナーの言葉を借りれば「ものすごくいかれた、どでかいことを、もうだれもやろうとしない」のはどうしてなのかと語りあっていた。それはさらなる疑問、さらなる会話（そしておそらくさらなるビール）につながった。

ふたりは独自の「いかれた、どでかい」アイデアを思いついたが、そのアイデアは実のところ、それほどいかれていないのではないかと考えるようになった。発端になった会話から数年後、ふたりは方程式だらけの論文を書き上げ、ある種の自己複製マシンをつくれば、世界のエネルギー需要を満たし、それとだいたい並行して、人類が化石燃料の燃焼により生み出した混乱を片づけられると主張した。そのマシンは、「育つ」を意味するギリシャ語「アウクサノ」にちなみ、「オークソン」と名づけられた。太陽光《ソーラー》パネルを動力とするオークソンは、自己複製しながらさらなるソーラーパネルをつくる。パネルの構築には、ごく普通の土から抽出したケイ素やアルミニウムなどの元素が使われる。パネルの集合体が広がっていけば、生み出される電力はさらに増え、その増加ペースも指数関数的に上昇する。一〇〇万平方キロメートル弱――ナイジェリアと同じくらいの広さだが、ラックナーとウェントいわく「多くの砂漠よりも狭い」――を覆うアレイ〔太陽光パネルを並べて設置したもの〕ひとつで、世界の総電力需要の何倍もの電力をつくれるという。[10]

その同じアレイを炭素除去にも利用できる。ラックナーらの試算によれば、ナイジェリアサイズのソーラーファームひとつで、論文執筆時点までに人類が排出したすべての二酸化炭素をじゅうぶんに除去できるという。その二酸化炭素を岩石に変換すれば理想的だ。アイスランドでわたしの排出した二酸化炭素を変換している方法とだいたい同じだが、こちらのケースでは、小さな穴を埋める程度の炭酸カルシウムのかわりに、世界全体の排出量に相当する炭酸カルシウム——深さおよそ四五センチの層でベネズエラを覆い尽くせるほどの量——ができる（その岩石の行き先については、ラックナーらは明示していない）。

それからさらに年月が過ぎた。ラックナーはオークソンのアイデアをほったらかしにしていたものの、いつしかネガティブ・エミッションにますます熱を入れるようになっていた。

「ときには、こういう極端なところからじっくり考えてみると、たくさんのことを学べるんです」とラックナーは言う。このテーマで演壇に立ち、論文を書くようになったラックナーは、人類は大気から炭素を取り除く方法を見つける必要に迫られるだろうと訴えた。科学者なかまのなかには、彼を変わり者と決めつける人もいれば、先見の明のある思索家だと考える人もいた。「クラウスは、実際のところ、天才ですよ」。米国エネルギー省化石エネルギー局の元首席副次官補で、現在はコロンビア大学に勤めるフリオ・フリードマンはそう評した。

二〇〇〇年代なかば、ラックナーは二酸化炭素回収技術の開発計画をランズエンド〔米国大手のカジュアルウェアの通販会社〕の創業者ゲイリー・カマーに売りこんだ。カマーがミーティングに連れてきた投資アドバイザーは、ラックナーの求めているものはベンチャー・キャピタルというよりも「アドベンチャー・キャピタル」だと皮肉った。(11) それでも、カマーは五〇〇万ドルを出資した。

ラックナーの会社は小さな試作品をつくるところまでこぎつけたが、新たな出資者を探していた矢先、二〇〇八年の金融危機に見舞われた。

「狙いすましたようなタイミングでした」とラックナーは話した。資金を調達できなくなり、会社を畳まざるをえなかった。そのいっぽうで、化石燃料の消費量は増えつづけ、それとともに二酸化炭素濃度も上昇していった。人類は意図せずして、すでにみずからの命運を二酸化炭素除去に託してしまったのだ。ラックナーはそう信じるようになった。

「非常に厄介な状況に陥っていると思います」とラックナーは言う。「環境から二酸化炭素を取り除く技術がつまずいたら、わたしたちは深刻な問題に直面するでしょうね」

考えかたの転換

二〇一四年、ラックナーはアリゾナ州立大学にネガティブ・カーボン・エミッション・センターを設立した。彼の思い描く装置のほとんどは、オフィスから数ブロック先の作業場で一堂に会している。しばらく話をしたあと、わたしたちはそこまで歩いた。

作業場では、ひとりの技術者が折りたたみ式ソファベッドの中身のようなものをいじっていた。リビングルームにあるソファベッドならマットレスがあるはずの場所に、こちらのソファベッドもどきでは、帯状のプラスチックが精巧な配置でずらりと並んでいる。ひとつひとつの帯には、膨大な数の小さな琥珀色のビーズからつくられたパウダーが埋めこまれている。ラックナーの説明によれば、このビーズは本来なら水処理に使用する樹脂でできており、トラック単位で大量に購入できるという。このパウダーは、乾燥すると二酸化炭素を吸収する。湿ると、それが放出される。ソファベッド風の配置にしたのは、アリゾナの乾いた空気に帯をさらしたあと、装置を折りたたんで密封コンテナのようにして、水で満たして帯を湿らせるためだ。乾燥フェーズに回収された二酸化炭素は、湿潤フェーズに放出される。その二酸化炭素をパイプでコンテナから出したら、プロセス全体がまた始動する。こうして、ソファベッドの開閉が延々と繰り返されるという仕組みだ。

ラックナーの計算では、セミトレーラー大の装置ひとつで一日あたり一トン、年にして三六五トンの二酸化炭素を除去できるという。現在、世界の排出量は年間四〇〇億トン前後で推移していることから、「トレーラーサイズの装置を一億台つくれば」だいたい追いつくはずだとラックナーは言う。一億台が気の遠くなるような数字であることはラックナーも認めている。とはいえ、アイフォンが世に出まわったのは二〇〇七年以降にすぎないのに、いまやほぼ一〇億台が使われているとラックナーは指摘する。「このゲームは、まだごく初期の段階なんです」とラックナーは話した。

ラックナーに言わせれば、「深刻な問題」を避けるための鍵は、考えかたを変えることにある。「パラダイムシフトが必要です」とラックナーは言う。いわく、二酸化炭素を下水と同じようにとらえるべきだという。人間が下水の排出をやめるとは期待されていない。「トイレに行く回数を減らした人に報酬を与えるなんて、ばかげているでしょう」とラックナーは指摘する。[12] それと同時に、世間では歩道で排泄することは許されていない。わたしたちが二酸化炭素問題への対応にこれほど苦労しているのは、ひとつにはこの問題が倫理的な意味あいを帯びてしまったからだとラックナーは主張する。二酸化炭素排出を悪と見なしているかぎり、排出する人は罪悪感を抱く。「そうした倫理的な見かたをすると、ほぼ全員が罪人となり、気候変動を懸念しつつ現代的な生活の恩恵を享受している人の多くが偽善者になる」とラックナーは書いている。[13] 彼の考えによれば、パラダイムを変えれば、議論も変わるはずだという。たしかに、人間は大気を根本から変えてきた。そしてたしかに、それがありとあらゆるひどい結果につながる可能性は高い。だが、人間には発明

ラックナーの開発した二酸化炭素除去装置

の才がある。いかれた、どでかいアイデアを思いつき、ときにそれが実際にうまくいくこともある。

ネガティブ・エミッション頼みになる世界

二〇二〇年の最初の数か月間に、監督者のいない巨大な実験がおこなわれた。新型コロナウイルスが猛威を振るい、数十億の人々が自宅にとどまるよう命じられたのだ。ロックダウンのピーク時にあたる四月には、世界の二酸化炭素排出量が前年の同じ時期と比べて推定一七%減少した(14)。この減少――観測史上最大の幅――の直後に、とある最高記録が更新された。大気中の二酸化炭素濃度が、二〇二〇年五月に観測史上最高となる四一七・一ppmを叩き出したのだ。

排出量の減少と大気中濃度の上昇は、二酸化炭素をめぐる頑固な事実をあらわにしている――ひとたび空気中に放出されたら、そこにずっととどまるのだ。正確には、どれくらい長くとどまるのか(15)。その疑問に答えるのは難しい。だが、排出された二酸化炭素に累積的な性質があることは、どの点から見てもまちがいない。これはよくバスタブになぞらえられる。蛇口から水が出ているかぎり、栓をしたバスタブには水がたまりつづける。蛇口の勢いを弱めても、スピードが遅くなるだけで、バスタブに水がたまるのは変わらない。

この比喩をさらに発展させると、二℃のバスタブは満杯に近づいており、一・五℃のバスタブはほとんどあふれかけていると言える。二酸化炭素の計算がひどく厄介な理由は、そこにある。排出

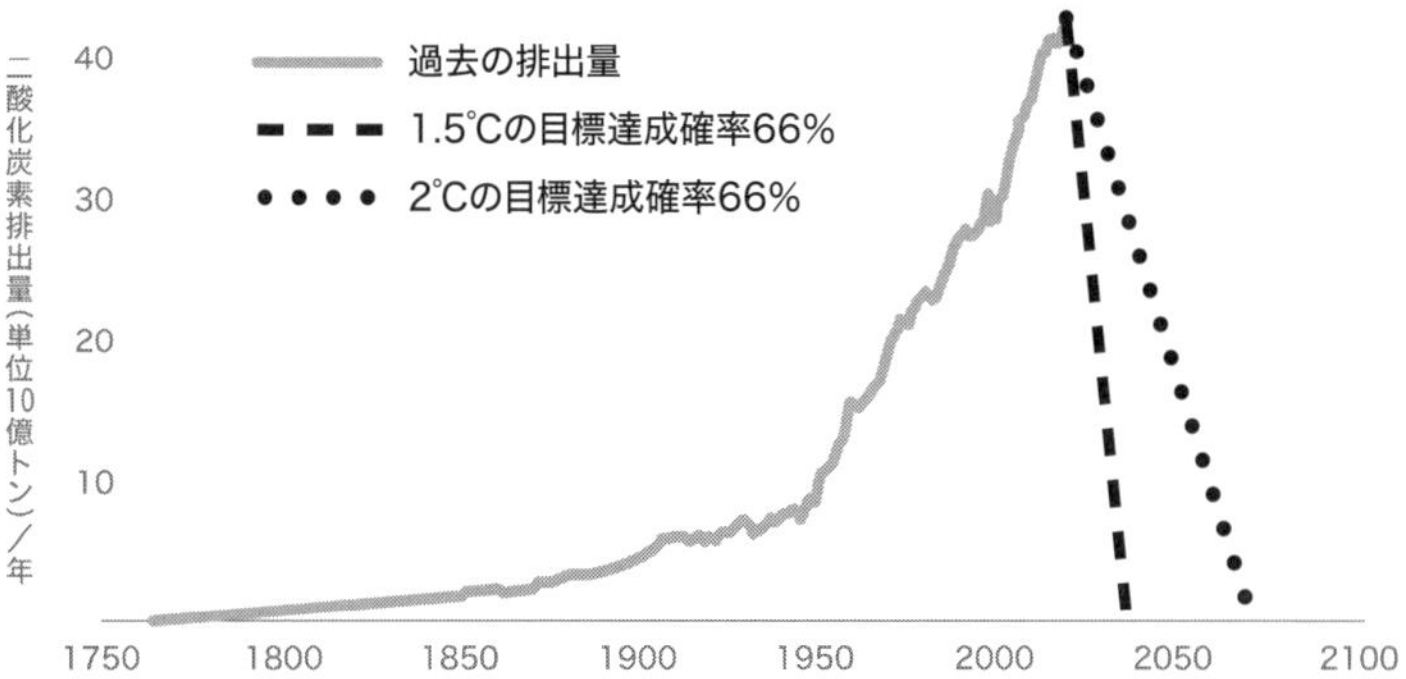

二酸化炭素回収をおこなわずに、世界が66％の確率で気温上昇を2℃未満にとどめるためには、二酸化炭素排出量を今後数十年でゼロにまで減らさなければならない。1.5℃未満にとどめるためには、もっと早くゼロにする必要がある。

量の削減は、絶対必要であると同時に、それだけでは不十分でもある。排出量を半分に減らしたとしても――そのためには世界のインフラの大部分を再構築する必要がある――二酸化炭素濃度は下がらないだろう。上昇スピードがゆるやかになるだけだ。

さらに、公平さの問題もある。二酸化炭素が累積的であることを考えれば、気候変動の責任がもっとも重いのは、歴史をつうじてもっとも多くを排出してきた国と言える。米国は人口こそ世界全体の四％にすぎないが、総累積排出量のほぼ三〇％に責任がある。[16] 世界人口の七％を占める欧州連合の加盟国は、総累積量の二二％ほどを排出してきた。世界人口のおよそ一八％が暮らす中国は一三％。まもなく中国を抜いて世界でもっとも人口の多い国になると予想されるインドの責任は三％ほど。アフリカと南米のすべての国に帰する排出量は、合計しても六％に満たない。

排出量をゼロにするためには、全員が排出をやめなければならない——米国人や欧州人や中国人だけでなく、インドやアフリカや南米の人たちも例外ではない。だが、この問題にかんしてほとんど責任がない国に、ほかの国がすでにとんでもなく排出しすぎてしまったからといって脱炭素を求めるのは、はなはだしく不公平だ。地政学的にも受け入れられる話ではない。そうした理由から、気候にかんする国際協定はつねに「共通だが差異ある責任」を前提としてきた。パリ協定では、先進国が「経済全体にわたる排出の絶対量の削減目標を定めて先頭に立つ」とされているのに対し、開発途上国には、もう少し漠然とした「緩和努力」の強化が求められている。

そうしたもろもろの状況が、ネガティブ・エミッションを——少なくともひとつのアイデアとしては——抗いがたいものにしている。人類がすでにどれだけネガティブ・エミッション頼みになっているのか、その依存のほどが、パリ協定に先立って発表された気候変動に関する政府間パネル（IPCC）の最新報告書で示されている。IPCCが未来を予測する際には、世界の経済システムとエネルギーシステムを複雑な方程式で表すコンピューターモデルが使われる。その後、モデルの出力データを数字に変換し、それを使って気候科学者が温度上昇幅を予測する。IPCCがこの報告書のために検討したシナリオは一〇〇〇通りを超える。その大多数は二℃の公式目標を超える温度上昇に至り、なかには五℃を超える温暖化に至るものもあった。温度上昇を二℃未満に保てるシナリオは一一六通りしかなく、そのうちの一〇一通りにネガティブ・エミッションが絡んでいた。[17]パリ協定後、IPCCは一・五℃の目標にもとづく別の報告書を作成した。目標を達成できるすべ

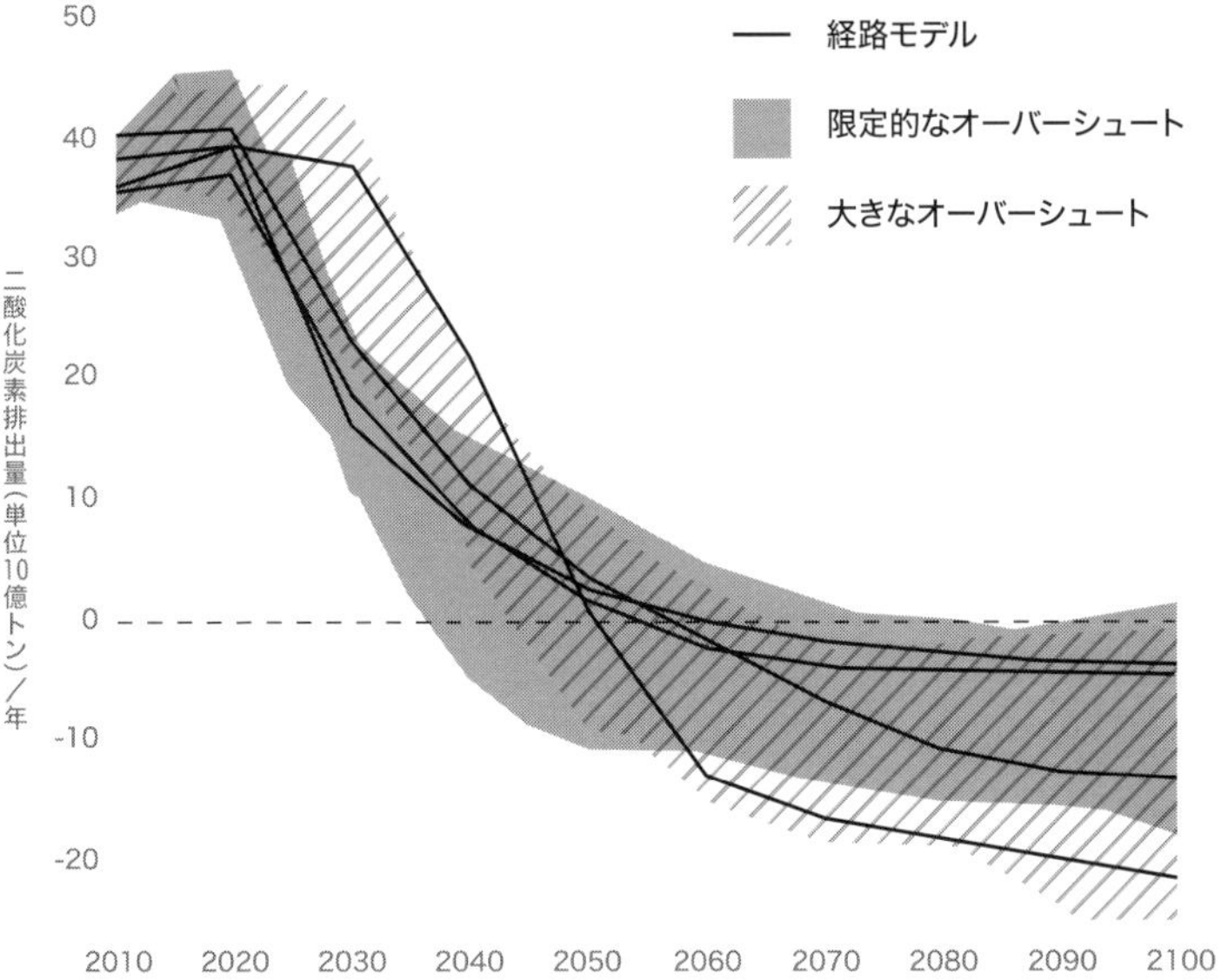

IPCCの4つの「1.5℃目標達成経路」モデル。すべての経路がネガティブ・エミッションを必要とし、いずれも「オーバーシュート」が生じる結果になる。

てのシナリオが、ネガティブ・エミッションに頼っていた[18]。

「IPCCは実質的に、こう言っているのだと思います。『われわれは大量のシナリオを検討したが――』」とクラウス・ラックナーは話した。「『安全な範囲にとどまれるシナリオのほぼすべてで、ネガティブ・エミッションの魔法の力が必要とされていた。それを使わなければ、壁にぶつかってしまうだろう』」

二酸化炭素回収の課題

クライムワークス――わたしがお金を払って、自分の排出した二酸化炭素をアイスランドに埋めてもらっている会社――は、大学の友人どうしだったクリストフ・ゲバルドとヤン・ヴルツバッハーが創業した。「入学初日に出会いました」とヴルツバッハーは振り返る。「最初の週に、いろいろと質問しあっていた気がします。『きみは何をやりたいんだ？』とか。わたしは『そうだな、自分の会社を興したい』と言っていました」。やがて、一枠の大学院生向け奨学金をふたりで分けあうことになった。それぞれが時間の半分を自分の博士号取得にあて、会社を軌道にのせるためにもう半分を費やした。

ラックナーと同じく、ふたりも当初はかなりの懐疑論にぶつかった。あなたたちのしようとしていることは妨害行為だ、とも言われた。二酸化炭素を大気から回収する方法があると知ったら、みんながいっそう多くの二酸化炭素を排出するようになる、というのだ。「さんざん反対されました。『きみたち、そんなことをするべきではないよ』って」とヴルツバッハーは話した。「でも、わたしたちは昔から頑固でした」

いまや三十代なかばになっているヴルツバッハーは葦《あし》を思わせる痩身で、モップみたいにぼさぼさした少年のようなダークヘアの持ち主だ。わたしはチューリッヒにあるクライムワークスの本社で彼と顔をあわせた。本社のなかには、同社のオフィスと金属加工場の両方が入っている。そこには、いくばくかのテック系スタートアップ企業の雰囲気と、いくばくかのバイク店の雰囲気が漂っていた。

「二酸化炭素を空気の流れから取り出す。それは何も、ロケットをつくるみたいな難しい話ではありません」とヴルツバッハーは言う。「それに、新しいことでもない。人間は五〇年前から、二酸化炭素を空気の流れから選択的に取り出してきました。単に応用のしかたが違うだけです」。たとえば潜水艦では、乗組員の吐き出す二酸化炭素を空気から回収しなければならない。そうしないと、危険な濃度にまで蓄積してしまうからだ。

とはいえ、二酸化炭素を空気から取り除けるからといって、同じことを大規模でできるとはかぎらない。それはまったく別の話だ。化石燃料を燃やすと、エネルギーが生まれる。大気から二酸化炭素を回収するためには、エネルギーが必要になる。そのエネルギーを化石燃料の燃焼でまかなうかぎり、回収しなければならない二酸化炭素が増えることになる。

第二の大きな課題は処分方法だ。回収した二酸化炭素はどこかへ運ばなければならないし、その場所の安全が保たれなければならない。「玄武岩のいいところは、すごく説明しやすいことです」とヴルツバッハーは話した。「だれかに『でも、本当に安全なの？』と訊かれても、答えはすこぶるシンプルです。地下一キロの場所で、二年以内に石になる。以上」。地下貯留地に適した場所はめずらしくないが、ありふれているわけでもない。つまり、大規模な回収プラントを建設するのなら、地質条件のふさわしい場所につくるか、二酸化炭素を長距離輸送するか、ふたつにひとつということだ。

最後に、コストの問題がある。大気からの二酸化炭素回収には費用がかかる。現時点では、多額の費用だ。クライムワークスはサービス登録者の二酸化炭素を石に変える費用として、一トンあたり一〇〇〇ドルを請求している。わたしは割り当てられていた一二〇〇ポンド（約五四〇キロ）の枠をレイキャビクまでの片道のフライトで使い果たしたので、わたしが排出する残りの二酸化炭素は、復路とスイスまでのフライトのぶんも含めて、すべて空気中を自由に漂うことになる。[19]稼働する回収装置が増えれば、価格は下がるはずだとヴルツバッハーは請けあった。あと一〇年かそれくらいで、一トンあたり一〇〇ドル前後にまで下がるとヴルツバッハーは予測する。二酸化炭素排出に課される税が同等のペースで増えれば、計算上は丸く収まるはずだという。要するに、大気から一トンを除去すれば、一トンぶんの税金を逃れられるということだ。だが、まだ二酸化炭素を大気中に無料で捨てられるときに、それだけのお金を払おうという気になる人がいるだろうか？　一トンあたり一〇〇ドルだとしても、一〇億トンの二酸化炭素——世界の年間排出量からすればごく一部——を埋めれば、その費用は一〇〇〇億ドルになる。*

「わたしたちは早すぎたのかもしれませんね」。直接空気回収にお金を払う心づもりが世界にあるのだろうかと問うと、ヴルツバッハーはそう言ってじっと考えこんだ。「ちょうどよいときだったのかもしれない。遅すぎたのかもしれない。だれにもわかりません」

アイデアは無数にあるが……

二酸化炭素を大気に追加する方法が無数にあるように、それを取り除く方法も——可能性としては——無数にある。

「風化促進」と呼ばれるテクニックは、わたしがヘトリスヘイジ発電所で見学したプロジェクトの

＊　二酸化炭素量の測定にはふたつの方法がある。二酸化炭素全体の重量を測る方法か、炭素の重量だけを測る方法だ。この章では、クライムワークスにならって、おおむね前者の測定方法を採っているが、科学文献では多くの場合、後者が用いられている。二酸化炭素全体の重量を意味する場合は「二酸化炭素のトン数」と表現し、そうでない場合は「炭素のトン数」と表現して区別するようにしている。二酸化炭素一トンは、おおよそ炭素〇・二五トンに相当する。したがって、世界の年間排出量は、二酸化炭素ならおよそ四〇〇億トン、炭素ならおよそ一〇〇億トンになる。

上下逆バージョンと言える。要は、二酸化炭素を岩石層の奥深くに注入するかわりに、岩石を地表に持ち出して大気中の二酸化炭素にさらすというアイデアだ。玄武岩を掘り出して粉砕したあと、高温で湿度の高い地域の耕作地に散布する。その粉砕された岩石が二酸化炭素と反応し、空気から抽出してくれる。別の方法としては、火山岩によく含まれる緑色の鉱物、橄欖石《かんらんせき》を粉にして海に溶かすことも提案されている。そうすれば海の吸収する二酸化炭素が増えるうえに、おまけの利点として、海洋酸性化にも効果があるという。

それとはまた別のタイプのネガティブ・エミッション技術（ＮＥＴ）は、生物学にヒントを得ている。植物は成長中に二酸化炭素を吸収する。その後、腐敗するときに、その二酸化炭素を大気中へ戻す。新しい森林を育てれば、成熟状態に達するまでは炭素量を引き下げてくれるはずだ。スイスの研究チームによる最近の研究では、一兆本の樹木を植えれば、今後数十年で二〇〇〇億トンの炭素を大気から除去できると見積もられている。[20] 別の研究チームの主張によれば、その数字は一〇倍、もしくはそれ以上に誇張されているという。[21] とはいえ、新たな森林の炭素隔離能力は「それでもかなりのものである」とも述べられている。[22]

腐敗の問題への対策としては、ありとあらゆる保存手法が提案されてきた。たとえばある案では、成熟した樹木を切り倒し、地面に掘った溝に埋めるとされている。[23] 酸素がない状態にすれば、樹木の腐敗――ひいては二酸化炭素の放出――が食い止められるというわけだ。それとは別に、トウモロコシの茎などの作物残渣《ざんさ》を回収し、深海に廃棄する策もある。[24] 深海の真っ暗で冷たい環境では、廃棄された物質の腐敗はきわめてゆっくり進み、もしかしたらまったく腐敗しない可能性もある。突拍子もない話に聞こえるかもしれないが、こうしたアイデアもまた、自然界から着想を得ている。石炭紀には、膨大な量の植物が水に沈み、地中に埋もれた。そうして最終的にできあがった石炭は、地中に埋もれたままでいたのなら、ほぼ永遠に炭素をつかんで放さなかったはずだ。

森林再生と地下注入の組みあわせから生まれたのが、「バイオエネルギーと炭素回収・貯留（Bio-Energy with Carbon Capture and Storage）」、略してＢＥＣＣＳ《ベックス》として知られるようになったテクニックだ。ＩＰＣＣの採用したモデルでは、ＢＥＣＣＳがことのほか好まれている。ネガティブ・エミッションと電力を同時に提供できるＢＥＣＣＳはいわば一挙両得のとりあわせで、気候の数学という点では、これに敵うものはそうそうない。

ＢＥＣＣＳの考えかたはこうだ。まず、樹木（もしくはほかの作物）を植えて大気から二酸化炭素を吸収する。その木を燃やして発電し、そこから生じた二酸化炭素を煙突から回収し、地下に押しこむ（世界最初のＢＥＣＣＳ試験プロジェクトは、二〇一九年にイングランド北部の発電所ではじまった。この発電所は木質ペレットを燃料とする）。

そうしたもろもろの代替策でも、課題は直接空気回収とほぼ同じ――規模の問題だ。メリーランド大学教授のニン・ジェンは、「木材収穫・貯留」コンセプトの立案者でもある。ジェンの計算によれば、年間五〇億トンの炭素を隔離するためには、一年につき一〇〇〇万か所の樹木埋めたて用の溝（ひとつがオリンピックサイズのスイミングプールほどの大きさ）が必要になるという。「ひとつの溝を掘るのに、一〇人の作業員からなる一クルー（と重機）で一週間かかると仮定すると——」とジェンは書いている。「二〇万クルー（作業員二〇〇万人）と一連の機械が必要になる」[25]

ドイツの研究チームがおこなった最近の研究によれば、「風化促進」により二酸化炭素一〇億トンを除去するためには、およそ三〇億トンの玄武岩を採掘、粉砕、輸送する必要があるという。[26] 採掘、粉砕、輸送する岩石の量としては「きわめて大量」だが、年間八〇億トン前後にのぼる世界の石炭生産量に比べれば少ないと研究チームは指摘している。

一兆本の植樹プロジェクトには、九〇〇〇万平方キロメートル前後の新たな森林が必要となる。これはおおよそ、アラスカも含めた米国と同じ広さの森林に相当する。それほどの広さの耕作可能な土地を食料生産ではない目的に転用したら、膨大な数の人が飢えに追いやられるおそれがある。ジョージタウン大学教授のオルフェミ・O・タイウォが少し前に指摘したように、「ギガトン級の歩幅で一歩前進するたびに、公平という点で二歩後退する」危険がある。[27] だが、耕作されていない土地の使用が耕作地の転用よりも害がないかといえば、その点は明らかになっていない。樹木は色が黒っぽいため、たとえばツンドラを森林に変えたら、地表の吸収するエネルギー量が増え、ひいては地球温暖化に加担し、そもそもの目的がだいなしになってしまう。この問題を回避する方法のひとつは、クリスパーによる遺伝子操作で色の薄い木をつくることかもしれない。わたしの知るかぎり、まだそれを提案した人はいないが、おそらく時間の問題にすぎないだろう。

ビジネスになりうるのか

アイスランドで「パイオニア」プログラムを開始する二年ほど前に、クライムワークスはスイスのごみ焼却炉の上で自社初の直接空気回収事業を始動させた。「クライムワークスは歴史をつくっています」と同社は謳っている。

チューリッヒ滞在中のある午後、クライムワークスの広報マネージャーを務めるルイーズ・チャールズとともに、わたしはその「歴史をつくっている」事業の現場を訪ねた。わたしたちは列車に、次いでバスに乗り、チューリッヒの南東三〇キロほどに位置するヒンビールの町に到着した。焼却炉は巨大な箱のような建物で、キャンディ・ストライプ柄の煙突が生えている。焼却炉へつながる道路を歩いていると、ごみを満載したトラックが通り過ぎていった。エントランスホールに入ったわたしたちは、足をとめて一連の芸術作品を鑑賞した。これらもまた、ごみでできている。ビデオモニターの前に数人の男性が座っていて、そのモニターにもさらなるごみが映し出されている。来訪者記録簿に署名してから、わたしたちは業務用エレベーターに乗って最上階へ向かった。

焼却炉の屋上には、ヘトリスヘイジ発電所にあったものとそっくりな回収装置が一八台並んでいた。おもちゃのブロックのように、六台一列で横並びになった装置が三段重ねになっている。見学に来る学校の生徒たちに向けた金属の掲示板では、クライムワークスの業務が絵で説明されていた。

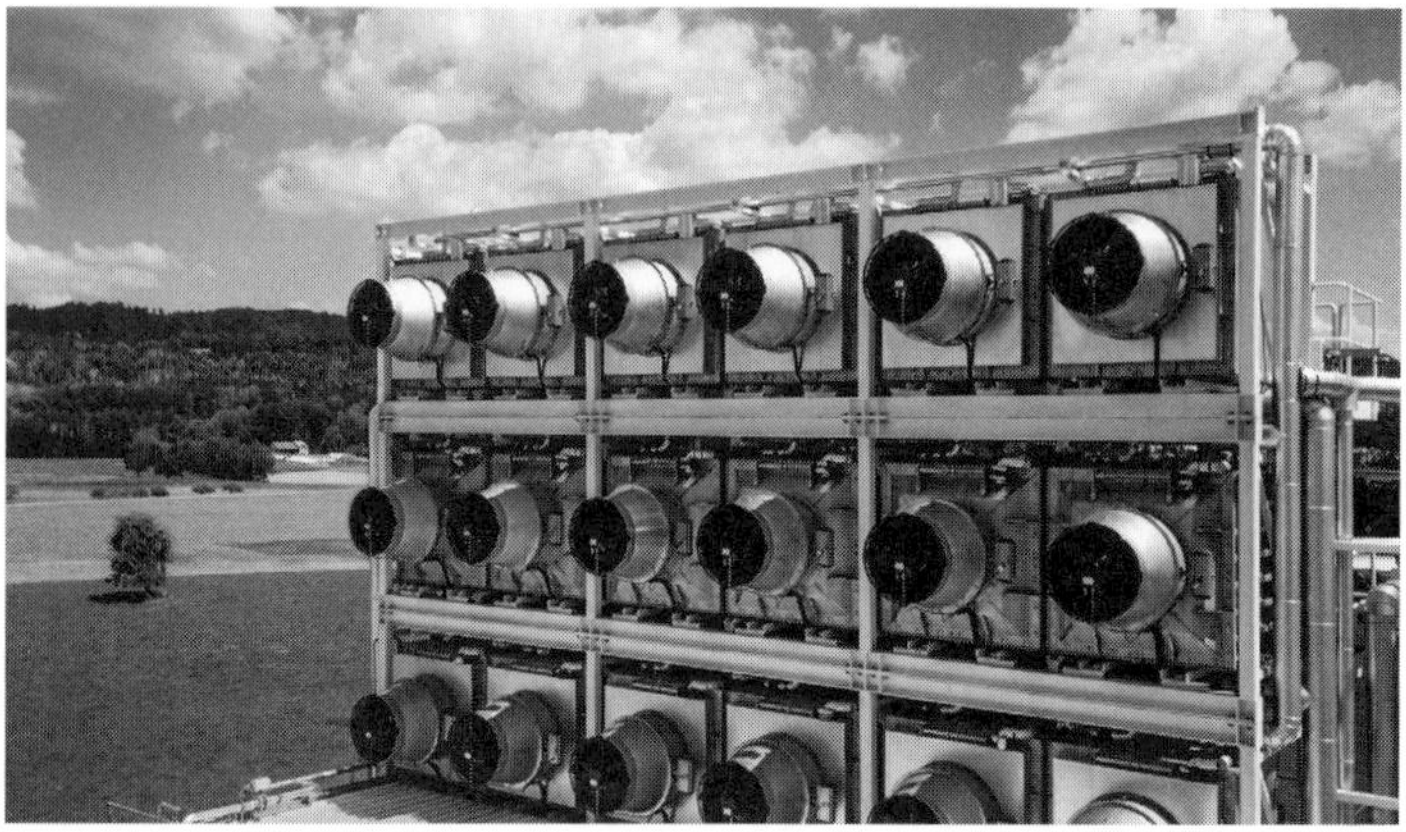

ヒンビールにあるクライムワークス社の直接空気回収（DAC）装置

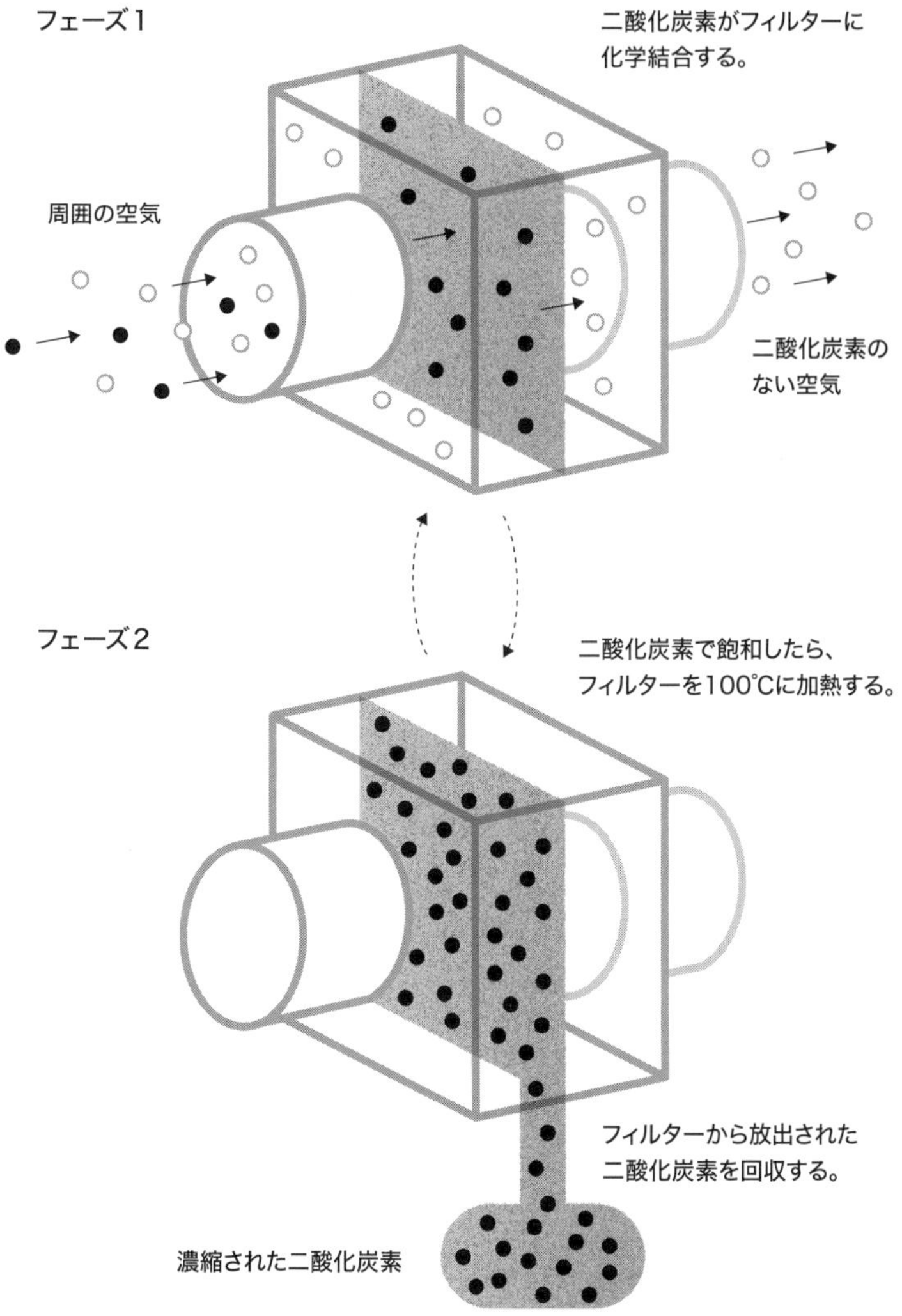
フェーズ1
二酸化炭素がフィルターに
化学結合する。
周囲の空気
二酸化炭素の
ない空気
フェーズ2
二酸化炭素で飽和したら、
フィルターを100℃に加熱する。
フィルターから放出された
二酸化炭素を回収する。
濃縮された二酸化炭素

クライムワークスの二酸化炭素除去システムでは、二段階プロセスが用いられている。

一台のごみ収集車が焼却炉へ向かい、その焼却炉のなかには小さな炎が描かれている。「**廃熱**」と書かれた一本のパイプが炎からのび、積み重なった回収装置へと続いている（焼却炉の廃熱を利用すれば、「二酸化炭素を回収するために二酸化炭素を排出する」落とし穴を回避できる）。「**濃縮された二酸化炭素**」と書かれた第二のパイプが回収装置から温室へとつながり、その温室の空間を埋めつくさんばかりに野菜がいっぱいに描かれている。

屋上から、二酸化炭素が向かう温室の実物が遠くに見えた。チャールズは温室の見学も手配してくれていたが、膝の手術を受けたばかりで痛そうに足を引きずっていたので、わたしひとりで温室まで歩いていった。温室の入口で、この複合施設の管理者パウル・ルーザーに出迎えられた。通訳してくれるチャールズがいなかったので、わたしたちはごちゃまぜの英語とドイツ語でどうにかしなければならなかった。

ルーザーの話した――少なくとも、彼が話したとわたしが思った――ところによれば、温室の面積はあわせて四万五〇〇〇平方メートルほどだという。農場《ファーム》は全体がガラスに覆われている。温室の外はセーターのいる日和だが、なかは夏だ。箱に入れて運びこまれたマルハナバチが羽音をたてながらふらふら飛びまわっている。小さなレンガ状にかためられた園芸用の土からのびているのは、高さ三・五メートルほどのキュウリのつるだ。キュウリの実――スイス人が「スナック・グルケン」と呼ぶミニチュア品種――は収穫されたばかりで、容器のなかにどっさり積み上げられていた。床を走る黒いプラスチックのチューブをルーザーが指さした。彼の説明によれば、それがクライムワークスの回収装置から二酸化炭素を運んでいるという。

「植物はみんな、二酸化炭素を必要としています」とルーザーは話した。「そして、二酸化炭素の供給量を増やせば、植物は強くなります」。なかでもナスは、二酸化炭素が多いとよく茂るという。ナスのためを思えば、二酸化炭素濃度を一〇〇〇ppmにまで上げてもいいかもしれない――外の世界の二倍を超える濃度だ。とはいえ、慎重にならなければいけない。ルーザーは供給される二酸化炭素の代金をクライムワークスに払っている。そのため、分子ひとつに至るまで有効活用しなければならない。「利益を出せる濃度を見極めないといけません」

二酸化炭素除去は必要不可欠なのかもしれない。IPCCの計算にはすでに組みこまれている。だが現状では、経済的に実現不可能でもある。いったいどうすれば、だれも買いたがらない商品で一〇〇〇億ドル規模の産業をつくれるというのか？　ナスとスナック・グルケンは、たしかに急ごしらえの解決策にはなる。クライムワークスは温室に二酸化炭素を売ることで、回収装置の出費を支える収入源を確保している。だが、捕捉した二酸化炭素を一時的にしか捕捉しておけないという落とし穴もある。だれであれ、スナック・グルケンを食べる人が、その生産につぎこまれた二酸化炭素を放出することになるからだ。

別の小さなレンガ状の土から、チェリートマトのつるが螺旋を描きながら天井へとのびていた。摘みごろから一日か二日経ったトマトは、この温室トマトなりに完璧だった。ルーザーが実をふたつ摘み、わたしにくれた。燃えるごみ、広大な面積のガラス、何箱ぶんものマルハナバチ、化学物質と回収された二酸化炭素で育つ野菜——そのすべては、まったくもってすばらしいのか？　それとも、まったくもっておかしいのか？　わたしは一瞬だけ動きを止めてから、トマトを口に放りこんだ。

第7章　ソーラー・ジオエンジニアリング

一九八〇年代につくられた火山爆発指数（ＶＥＩ）は、地震の規模を示すリヒタースケール（マグニチュード）の親戚のようなものだ。０から８までの数字で表され、０は弱いげっぷのような噴火を、８は時代を変えるほどの「最大級の途方もない」大噴火を意味する。知名度の高い親戚と同じく、ＶＥＩも対数で表されるので、たとえば噴出物の体積が一億立方メートルを超えればＶＥＩ４の噴火、一〇億立方メートルを超えればＶＥＩ５の噴火ということになる。有史以来、ＶＥＩ７（噴出物一〇〇〇億立方メートル）の噴火はほんの一握りしかなく、ＶＥＩ８の噴火は起きていない。７の噴火のうち、もっとも最近――したがって、もっとも詳しく記録されている――ものが、インドネシア・スンバワ島にあるタンボラ山の噴火だ。

タンボラ山が最初の「警告射撃」を発したのは、一八一五年四月五日の夜のことだった。周辺地

巨大なクレーターを残したタンボラ山の噴火。

域の人たちの話によれば、どかん、という大きな音が何度か聞こえたが、大砲の音だと思ったという。五日後、山は煙と溶岩を噴き出し、噴煙は高さ四〇キロメートルに達した。[1] 一万人が噴火のほぼ直後に死亡した——もうもうと斜面を駆け下りる溶けた岩と灼熱の蒸気のかたまりに焼かれて灰になったのだ。[2] ある生存者は「液状の火のかたまりが、ひとりでに四方八方に広がっていく」のを目にしたと語った。[3] 膨大な量の粉塵が大気中に放りこまれ、昼が夜になるほどだったと伝えられている。タンボラ山から北へ四〇〇キロほどのところに投錨《とうびょう》していたイギリスの船長によれば、「目のすぐ前に掲げた自分の手も見えなかった」という。[4] スンバワ島と隣のロンボク島の作物は灰に埋もれ、さらに数万人が飢えで命を落とすことになった。

その死者たちははじまりにすぎなかった。タンボラ山が灰とともに放出した一億トンを超えるガスと微粒子は、何年ものあいだ大気中にとどまり、成層圏の風にのって世界中を漂った。[5] そうしたもやのようなものは目に見えない。

だが、そこから生まれる結果はまったく逆だった。ヨーロッパの夕陽は青と赤の不気味な光を放つようになった。その現象は個人の日記に、そしてカスパー・ダーヴィト・フリードリヒやＪ・Ｍ・Ｗ・ターナーなどの画家の作品に記録されている。
ヨーロッパの天候は灰色に変わり、寒くなった。一八一六年六月、レマン湖畔の別荘を借りたバイロン卿は、おそらく世界一有名な夏合宿《サマーシェア》でパーシー・シェリー、メアリー・シェリーと生活をともにした。この年のやまない雨のせいで室内に閉じこめられていた一同は怪談を書こうと決め、それが『フランケンシュタイン』の誕生につながった。同じ夏にバイロンが書いた詩「闇」には、こんな一節がある。

朝が来たりてまた去り――来たれども日は訪れず、
人々はこの荒涼たる恐怖のなかで情熱を忘れ、
あらゆる心が凍えながら
ただひたすらに光を乞うた。

この陰鬱な天気は、アイルランドからイタリアまでの各地で不作を引き起こした。ドイツのライン川沿岸地域を旅した軍事学者のカール・フォン・クラウゼヴィッツは、「ほとんど人間のようには見えない、やつれ果てた人影が畑をふらふらとさまよい」、「なかば腐ったジャガイモ」のなかに食べられるものはないかと探しまわっているのを目にしたという。[6] スイスでは、飢えた群集がベーカリーを破壊した。イングランドでは、「**パンか血か**」の旗印を掲げて行進していたデモ隊が警察と衝突した。[7]

どれだけの人が餓死したかはさだかではない。数百万人にのぼるとする推定もある。[8] 飢えに駆りたてられたヨーロッパ人が大挙して米国へ渡ったが、たどりついてみれば、大西洋の反対側でも状況はたいしてよくなかった。ニューイングランドでは、一八一六年は「夏のない年」や「凍死の年」と呼ばれるようになる。六月中旬になってもひどい寒さで、バーモント州中央部では長さ三〇センチのつららが軒《のき》からぶらさがっているほどだった。「まさに自然の顔そのものが――」と『バーモント・ミラー』紙は述べている。「屍衣《しい》の暗い影に覆われているようだ」[9]。七月八日には、はるか南のバージニア州リッチモンドでも霜がおりた。[10] マサチューセッツ州ウィリアムズタウン（偶然にもわたしの住んでいる街だ）にあるウィリアムズ大学のチェスター・デューイ教授は、八月二二日の寒波により、収穫前のキュウリがだめになったと書き残している。[11] 八月二九日のさらに厳しい寒波では、トウモロコシがほぼ壊滅した。

火山を模倣する

「火山が何をしているかと言えば、要は成層圏に二酸化硫黄を送りこんでいるんです」とフランク・クエイチュは話した。「そして、それが数週間のタイムスケールで酸化され、硫酸になります」「硫酸は――」とクエイチュは続ける。「とてもくっつきやすい分子です。ですから、粒子状物質――濃縮された硫酸の滴――をつくりはじめます。たいていは一ミクロン未満です。このエアロゾルは数年のタイムスケールで成層圏にとどまります。そして、太陽光を散乱させて、宇宙に跳ね返します」。その結果が気温の低下、異様な日没、そして場合によっては飢饉《ききん》というわけだ。

クエイチュはがっしりとした男性で、こしのない黒髪と快活なドイツ語のアクセントの持ち主だ（ドイツのシュトゥットガルト近郊で育った）。心地よい晩冬のある日、わたしはマサチューセッツ州ケンブリッジにある彼のオフィスを訪ねた。オフィスには彼の子どもたちの写真と、子どもたちの描いた絵が飾られている。化学者として経験を積んだクエイチュは、ビル・ゲイツも出資するハーバード大学のソーラー・ジオエンジニアリング研究プログラムを率いる科学者のひとりだ。

ソーラー・ジオエンジニアリング（太陽気候工学）――もう少し穏当に「太陽放射管理」と呼ばれることもある――の裏にあるのは、火山が世界を冷やせるのなら人間にもできるはず、という考えかただ。途方もない量の反射性粒子を成層圏に投げこめば、地球に届く太陽光が少なくなる。ひいては気温の上昇が止まり――少なくともそれほど上がらなくなり――大惨事を回避できると見込まれている。

川に電気を流し、齧歯類をつくりかえる時代にあってもなお、ソーラー・ジオエンジニアリングは過激だ。「信じられないほど危険[12]」、「地獄へと続く多車線高速道路[13]」、「想像を絶する劇薬[14]」と形容されてきたいっぽうで、「不可避」と言われることもある。[15]

「完全にいかれた、ひどく不安をかきたてる発想だと思っていました」とクエイチュは言う。その意見を変えさせたのは、危惧だった。

「何を心配しているのかというと——一〇年か一五年もすれば、人々が街路に出て、『いますぐ行動を起こせ』と政策決定者に要求するようになるかもしれません」とクエイチュは話した。「わたしたちの抱える二酸化炭素の問題は、いろいろな要素が絡まりあっているので、何をするにしても、すぐにはできません。つまり、迅速に何かしろ、という世間の圧力が生じたときに、成層圏ジオエンジニアリングのほかに使える手段がない、という状況になるのではないかと心配しているんです。そして、その時点で研究をはじめても、遅すぎるかもしれない。なにしろ、成層圏でジオエンジニアリングをするとなれば、きわめて複雑なシステムに干渉するわけですから。この意見に同意しない人が多いことも、つけくわえておきますが」

「研究をはじめた当初は、おかしな話ですが、それほど心配していなかった気がします」と数分後にクエイチュは続けた。「ジオエンジニアリングが現実のものになるという想像が、すごく遠くにあるように思えたからです。でも長年、気候問題にかんしてちっとも行動が起きないのを見ているうちに、ときどきひどく不安に思うようになったんです。現実のものになるかもしれない、と。そのプレッシャーをひしひしと感じています」

成層圏に降るダイヤモンド

成層圏は、地球の二段目のバルコニーと考えてもいいかもしれない。雲が膨らみ、貿易風が吹き、ハリケーンが荒れくるう対流圏の上、隕石が蒸発する中間圏の下に位置する。成層圏の高度は季節と場所によって変わる。ごくおおざっぱに言うと、赤道では成層圏の最下層は地表からおよそ一八キロ上空、極地域ではそれよりもずっと低い、地表から一〇キロほど上空にあたる。気候工学《ジオエンジニアリング》の観点からすると、成層圏の重要な点は、安定していて――対流圏よりもはるかに安定している――ほどほどに近づきやすくもあることだ。民間ジェット機は乱気流を避けるためにしばしば下部成層圏を飛ぶし、偵察機は地対空ミサイルを避けるために中部成層圏まで上昇する。熱帯上空で成層圏に投入された物質は、傾向からすると、極地域に向かって漂ってから、数年後に落下して地表に戻ることになる。

ソーラー・ジオエンジニアリングのポイントは、地球に到達する太陽からのエネルギー量を減らすことにある。したがって、少なくとも原理上は、どんな種類の反射性粒子でもかまわない。「考えられる最善の物質は、おそらくダイヤモンドでしょう」とクエイチュは話す。「ダイヤモンドは実際、エネルギーをいっさい吸収しません。ですから、成層圏の力学に生じる変化を最小限に抑えられるはずです。それに、ダイヤモンドそのものも、反応性がきわめて低い。高価だという点は

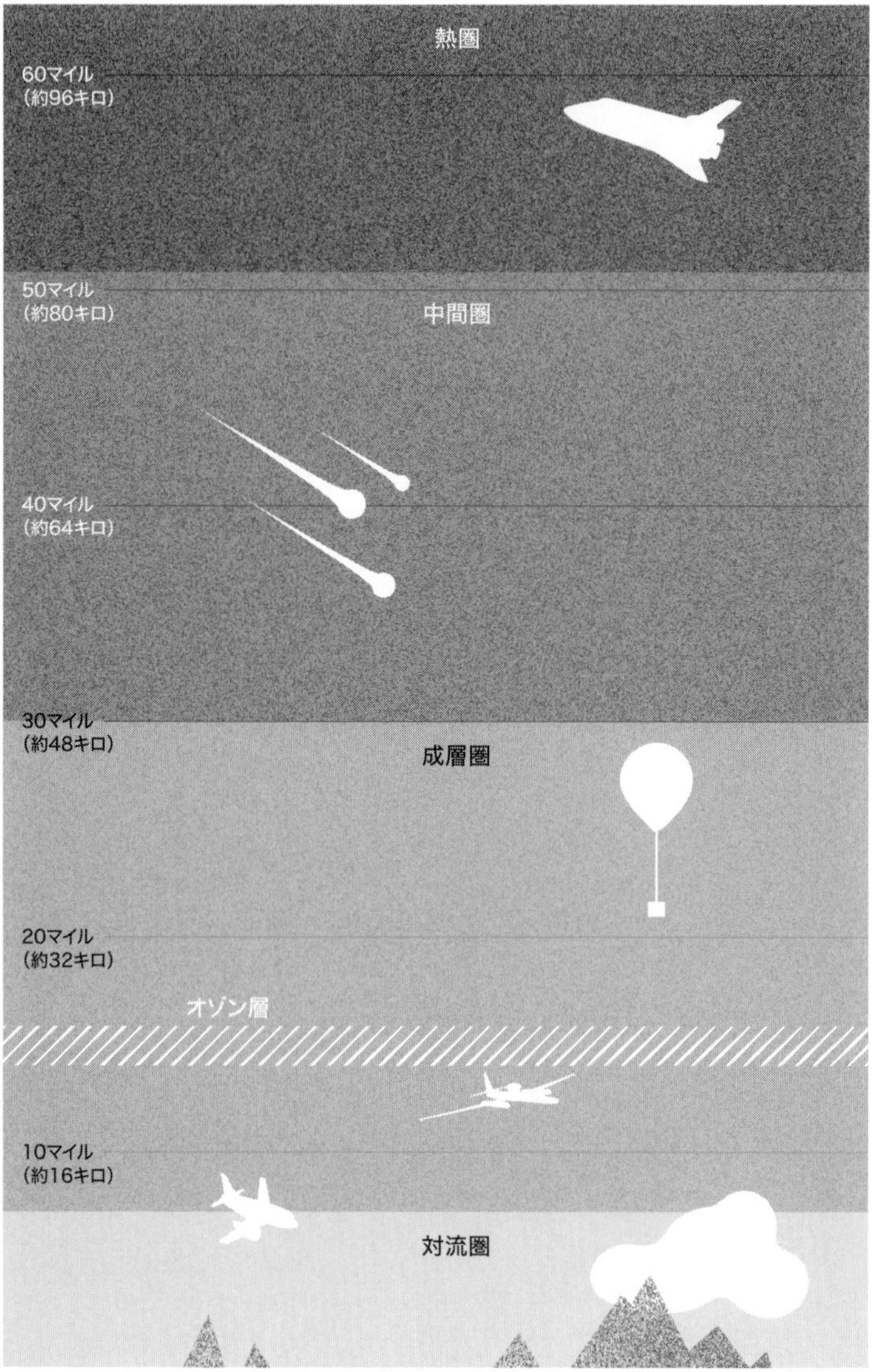
熱圏
60マイル
（約96キロ）
50マイル
（約80キロ）
中間圏
40マイル
（約64キロ）
30マイル
（約48キロ）
成層圏
20マイル
（約32キロ）
オゾン層
10マイル
（約16キロ）
対流圏

――わたしにはどうでもいいことです。それが大きな問題の解決策になる、だから大規模なエンジニアリングが必要だというのなら、その方法を見つけ出すまでです」。小さなダイヤモンドを成層圏に放つ。それはどこか魔法を思わせた。世界に妖精の粉を振りかけるような。

「ただ、考えなければならない点のひとつは、その物質が全部、また落ちてくることです」とクエイチュは続けた。「つまり、その小さなダイヤモンド粒子を人間が吸いこんでしまうかもしれません。ごくごく微量なので、問題にはならないでしょう。とはいえ、実を言えばわたしも、このアイデアはあまり気に入りません」

別の選択肢は、火山を徹底的にまねて、二酸化硫黄をまくことだ。これにもやはり、いくつかのマイナス面がある。成層圏に二酸化硫黄を注入すると、酸性雨の原因になる。さらに深刻な問題として、オゾン層を破壊するおそれもある。一九九一年のフィリピン・ピナツボ火山の噴火後には、地球の気温が一時的に〇・六℃ほど下がった(16)。熱帯域では、下部成層圏のオゾン濃度が最大三分の一の幅で低下した(17)。

「こういう言いかたはよくないかもしれませんが、その悪魔のことなら、わたしたちはもう知っています」とクエイチュは言う。

使える可能性のあるあらゆる物質のうち、クエイチュがもっとも熱を入れているものが炭酸カルシウムだ。炭酸カルシウムはさまざまな形をとり、いたるところに姿を現す――サンゴ礁に、玄武岩の穴のなかに、海底の軟泥に。世界にとりわけ多く存在する堆積岩、石灰岩の主成分でもある。

「わたしたちが暮らす対流圏には、大量の石灰岩の塵が風に舞っています」とクエイチュは指摘した。「その点で、魅力的な選択肢です」

「光学特性も理想に近い」とクエイチュは続けた。「酸にも溶ける。ですから、二酸化硫黄のようなオゾン層破壊の影響はないと、確信をもって言えます」

数理モデルでも炭酸カルシウムの利点が裏づけられているとクエイチュは言う。だが、だれかが実際に炭酸カルシウムを成層圏に放りこんでみるまでは、そのモデルがどこまで信用できるかを判断するのは難しい。「これにかんしては、とにかく進んでみるしかないんです」とクエイチュは話した。

気候工学の歴史

一九六五年、地球温暖化にかんする米連邦政府の最初の報告書――当時、その現象はまだ「地球温暖化」とは呼ばれていなかったが――がリンドン・ジョンソン大統領のもとに届けられた。「人類は意図せずして、巨大な地球物理学実験を進めている」と断じたその報告書では、化石燃料燃焼の結果として、ほぼまちがいなく「気温が大幅に変化」し、それがほかの変化につながるだろうと述べられていた。[18]

「南極の氷冠が融解したら、海面は一二〇メートル上昇するだろう」とも指摘された。そのプロセスの完遂に要する時間を一〇〇〇年と仮定しても、海面は「一〇年ごとにおよそ一・二メートル」、もしくは「一世紀あたり一二メートル」上昇することになる。[19]

一九六〇年代には、二酸化炭素排出量が毎年およそ五％のペースで急速に増加していた。にもかかわらず、報告書はその増加にかんして、反転はおろか、減速の試みにさえ言及していなかった。そのかわりに、「それを相殺する気候変化を意図的に起こす可能性を……徹底して調査する」よう提言していた。そうした可能性のひとつが、「ごく小さな反射性粒子を広範囲の海域に散布する」ことだ。

「おおまかな試算では、おそらく一〇〇ドルほどあれば、一平方マイル〔約二・六平方キロメートル〕を覆う粒子を製造できることが示唆されている」と報告書は述べている。「したがって、太陽光反射を一％変化させるための費用は、年間五億ドルほどになると見込まれる」——現在の価値に換算すると年間四〇億ドル程度だ。「経済と人間活動における気候の並外れた重要性」に鑑みれば、「この規模の費用が法外とは思えない」と報告書は結論づけている。[20]

この報告書の著者は全員が故人となっているため、なぜ委員会が数億ドル規模の反射性粒子の投入にとびついたのか、その理由を知ることはできない。もしかしたら、単に時代精神のなせるわざだったのかもしれない。一九六〇年代には、気候と気象をコントロールする計画が米国でもソビエト連邦でも大流行《はや》りだった。米海軍と気象局が協力して進めていたのが、ハリケーンを標的とする「ストームフューリー計画」だ。この計画では、ハリケーンに航空機を送りこみ、嵐の目を取り囲む雲にヨウ化銀の粒子をばらまけば、ハリケーンの勢力を弱められるとされていた[21]。ベトナム戦争中に米空軍が実施した極秘の気象操作作戦「ポパイ作戦」でも、やはりヨウ化銀を雲に散布することにより、ホーチミン・ルート上の降雨量を増やせるとされていた。延べ二六〇〇機という驚くべき数の散布機が第五四気象偵察隊から出動したが、やがて『ワシントン・ポスト』紙にすっぱ抜かれ、作戦は打ち切られた[22]（これと関連する計画――「コマンド・ラバ作戦」――では、同ルート上への化学物質の混合物の投下により、土壌の不安定化が試みられた）。そのほか、政府予算を投じて進行していた気候改変計画には、落雷の減少や雹《ひょう》の抑制を目的とするものもあった[23]。

ソ連の計画は、見かたによってはさらに先見的とも、さらに突飛とも言えるものだった。『人類は気候を変えられるか？（*Can Man Change the Climate?*）』と題された本では、ピョートル・ボリソフという名の工学者が、ベーリング海峡にダムをつくって北極の氷冠を融解させる案を提唱している。ダムができたら、数百ないし数千立方キロメートルぶんの冷水をなんらかの手段で北極海からベーリング海へ送りこむ。それにより北大西洋から比較的あたたかい海水が引きこまれ、ボリソフの計算どおりなら、極地だけでなく中緯度地域でも冬が穏やかになるという。

「人類に必要なものは、『冷戦《コールドウォー》』よりも寒さ《コールド》との戦い《ウォー》だ」とボリソフは主張した[24]。

やはりソ連の科学者であるミハイル・ゴロツキーは、カリウム粒子でできたワッシャーのような形状の帯を地球のまわりにつくることを提唱した。要は土星の環のようなものだ。その帯を、夏のあいだ太陽光を反射できる場所に配置する。ゴロツキーの見解によれば、そうすれば極北地域では

Берингов пролив
АЛЯСКА
Охотское море
КАМЧАТКА
Берингово море
8
Ребята услышали голос диктора: „А вот плотина через Берингов пролив. По ней – видите? – мчатся атомные поезда. Плотина преградила путь холодному течению из Ледовитого океана, и климат Дальнего Востока улучшился.

ベーリング海峡ダム建設案のイラスト。

冬が大幅に暖かくなるはずだという。[25] また、世界の永久凍土の融解にもつながるとされており、その帰結をゴロツキーは歓迎すべきものと見なしていた。こうしたソ連発の提案をまとめ、モスクワを拠点とするピース・パブリッシャーズという組織が英訳した『人類対気候（*Man Versus Climate*）』は、次のような宣言で締めくくられている。

毎年、自然を変容させる新プロジェクトが次々に提案されるだろう。それはますます壮大に、ますます刺激的になっていくだろう。人間の想像力は、人間の知識と同じく、とどまるところを知らないのだから。[26]

一九七〇年代になると、気候工学は人気を失う。これもまた、正確な理由を突き止めるのは難しい。環境をめぐる世間の懸念が関係しているのかもしれないし、人工降雨は無意味だとする科学的コンセンサスが固まってきたからかもしれない。[27] そのいっぽうで、人類はすでに気候を改変しつつあり、しかも途方もない規模でそれが起きていると警告する報告書が英語でもロシア語でも続々と世に出はじめていた。

一九七四年、レニングラード中央地球物理観象台の著名科学者ミハイル・ブディコが『気候の変化』と題した本を刊行した。ブディコは二酸化炭素濃度の上昇がもたらす危険を指摘したが、上昇の継続は不可避だとも主張した。なぜなら、排出量を抑制する唯一の手段は化石燃料の使用削減だが、どの国であれ、それを実行する見込みは小さいからだ。

その論理の果てにブディコがたどりついたのが、「人工火山」のアイデアだった。航空機か「ロケットや各種のミサイル」を使えば、二酸化硫黄を成層圏に投入できるかもしれない[28]。ブディコが意図していたのは、ストームフューリー計画やベーリング海峡ダムのような自然の改良ではない。むしろ、彼の考えかたは失地回復路線に近く、ジュゼッペ・トマージ・ディ・ランペドゥーサの『山猫』に出てくる金言を思わせるものだった――「すべてをそのままにしておきたければ、すべてが変わらなければならない」

「近い将来、現在の気候条件を維持するための気候改変が必要になるだろう」とブディコは書いている[29]。

人類は自然に介入するべきなのか

ハーバード大学の応用物理学教授デイヴィッド・キースは、「ジオエンジニアリングのおそらくもっとも重要な支持者」と形容されてきた[30]。本人はその分類に腹を立てている。「わたしは現実の支持者である[31]」。二〇一五年には、『ニューヨーク・タイムズ』紙の編集者に宛ててそう書いている。二〇一七年にハーバード大学のソーラー・ジオエンジニアリング研究プログラムを創設したキースは、ヘイトメールをしょっちゅう受けとる。警察に通報するほど不穏な殺害予告を受けたことも二度ある。キースのオフィスはリンクと呼ばれる建物のなか、クエイチュのオフィスから廊下を少し進んだ先にある。

「ソーラー・ジオエンジニアリングは、理論のうえだけで研究できるものではありません」。クエイチュを訪ねた数日後に話を聞きにいったわたしに、キースはそう語った。「それをどう使うかは、人間の選択に委ねられている。だから、ソーラー・ジオエンジニアリングは膨大な数の人を危険にさらすとか、あるいは世界を救うとか、なんでもいいんですが、そういうことをだれかが言っているときには、つねに『どんなソーラー・ジオエンジニアリングか？　どんな方法でやるんだ？』と問うべきなんです」

キースは長身で骨ばっていて、エイブラハム・リンカーン風のあごひげを生やしている。熱心な登山家でもあり、「修理屋」(32)や「ハイテクマニア」や「はみだし者の環境保護論者」を自称する。カナダで育ち、一〇年ほどカルガリー大学で教鞭をとっていたころに、カーボン・エンジニアリングという会社を興した。直接空気回収でクライムワークスと競合する会社だ（カーボン・エンジニアリングの試験《パイロット》プラントはブリティッシュコロンビア州にあり、わたしもいちど訪ねたことがある。二七〇〇メートルの高さにそびえる休火山、ガリバルディ山を望むすばらしい景色だった）。最近では、マサチューセッツ州ケンブリッジとカナディアン・ロッキーにあるキャンモアという町を行ったり来たりして過ごしている。

世界はいずれ、ゼロまでではないにしても、それに近いところまで二酸化炭素排出量を削減するはずだとキースは信じている。また、炭素除去技術をスケールアップし、残りをどうにかできるようになるとも信じている。だが——おそらく——それだけではたりないだろう。「オーバーシュート」の期間には、膨大な数の人が苦難に見舞われ、グレートバリアリーフの消滅のような、どうあがいても取り返しのつかない変化が起きるおそれがある。

前進するための最善の道は、あらゆる手を打つことだとキースは主張する。排出量の削減、炭素除去の取り組み。それに加えて、いまよりもはるかに真剣にソーラー・ジオエンジニアリングを検討する必要もある。キースがコンピューターモデルをもとに提唱している案によれば、もっとも安全な選択肢は、温暖化を完全に相殺するのではなく、半分ほどに抑制できる程度のエアロゾルを投入することだという——「セミエンジニアリング」と呼んでもいいかもしれない。

「気温を産業革命前の水準に戻そうとしなくても、あらゆる、まさにあらゆる気候モデルで、人類の知る深刻な気候関連ハザード——豪雨、極端な気温、水不足、海面上昇——のほとんどが軽減されると示されているんです」とキースは話した。これは「ほぼすべての場所」にあてはまるとキースは言う。「明らかに悪化する地域がない、という意味ではね。その結果は、まさに驚くべきものだと思いますよ」

ときに「モラル・ハザード」とも呼ばれる問題について、キースの意見を尋ねてみた。ジオエンジニアリングで気候変動の最悪の影響を回避できるとみんなが思ったら、排出量削減のモチベーションが低下するのでは？　その懸念にはキースも同意した。だが、逆もまたありうると彼は言う。

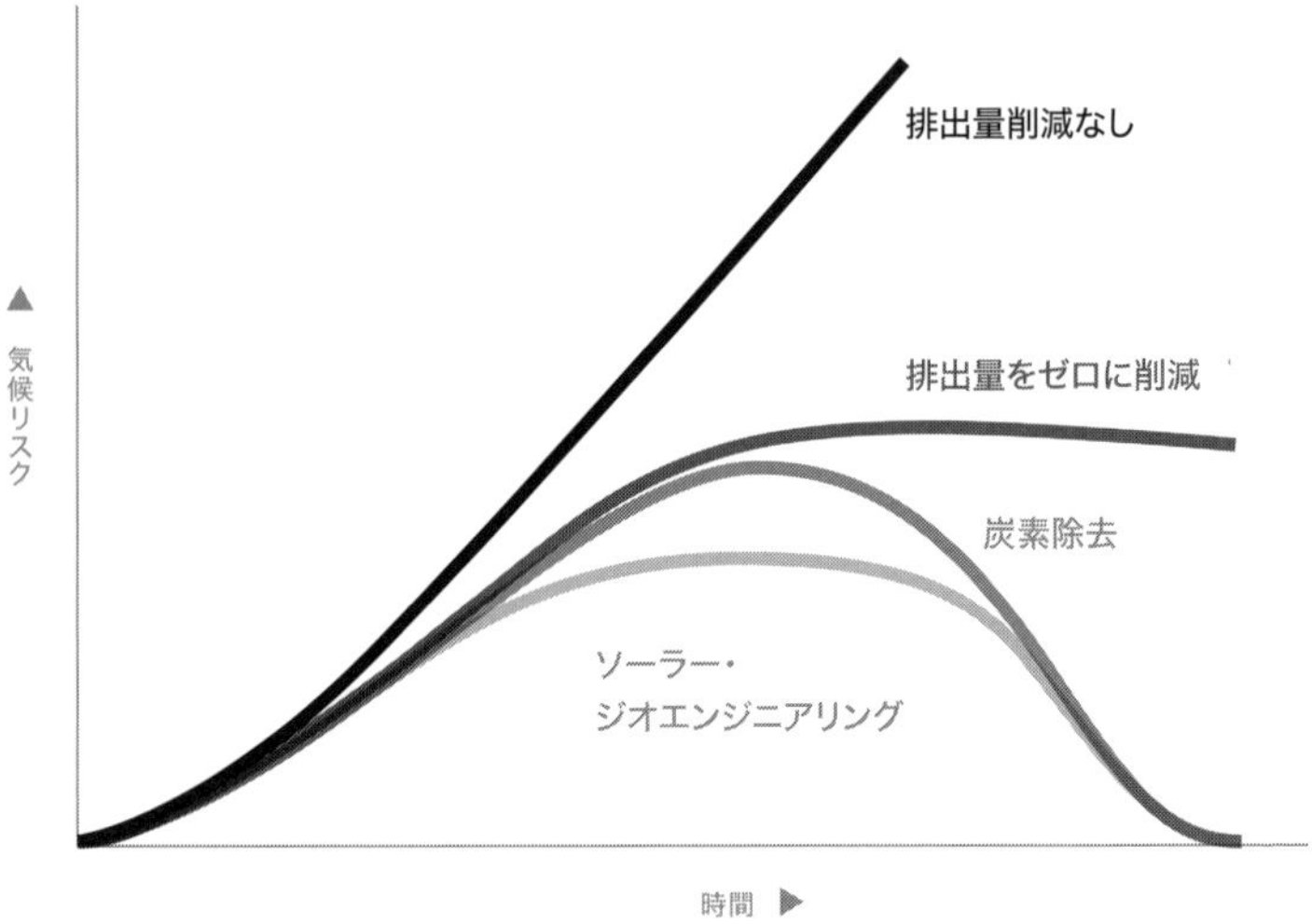

ソーラー・ジオエンジニアリングにより、気候変動のリスクの「天井を下げ」られる可能性がある。

「幅広い選択肢が開ける」ことで、より大きな行動が触発される可能性があるというのだ。
「『わたしたちにできることは排出量削減しかない』とか、それよりもさらに狭い『再生可能エネルギーしかない』みたいな、凝り固まった考えかたから脱却すれば、現在よりも幅広い政治的合意を実現し、この問題に対処できる可能性があると思います。ダメージを最小限に抑えるだけでなく、世界を実際によりよいものにするプロジェクトの一環として、もっと積極的に、排出量削減に多額の資金を出すようになるかもしれません」

　ことキースが研究しているたぐいの介入にかんしては、人類はあまりよい実績をあげてきたとは言えない。わたしはその点を指摘し、有毒両生類の導入と太陽光の遮蔽とではほとんど比較にならないのは承知のうえで、オオヒキガエルの例を引きあいに出した。

　キースによれば、そもそもその言いぶんに、わたし自身の偏見が表れているという。「人類の技術的解決策のほとんどがうまくいっていないと主張する人には、『じゃあ、農業もうまくいっていないんですか？』と返します。農業がありとあらゆる予期せぬ結果をもたらしたことは、まごうことなき事実です」
「環境改変の悪い例ばかりを考える人は――」とキースは続けた。「多かれ少なかれうまくいっているものをまるっきり無視しています。たとえば、エジプト原産のタマリスクという低木。米国南西部の乾燥地帯全域に広がって、ひどい害をもたらしていました。一連の実験のあと、そのタマリスクを食べる虫が導入されました。これはそれなりにうまくいっているようです」

「はっきりさせておきますが、改変がたいていうまくいく、と言っているわけではありません。改変にはさまざまなものがあり、明確に定義されているわけではない、と言っているんです」

青空が白くなる

ジオエンジニアリングは、メールで注文したキットを使って自宅キッチンでできるようなものではない。とはいえ、世界を変えるプロジェクトにしては、驚くほど簡単という印象を受ける。エアロゾルを送りこむ最善の方法は、おそらく航空機を使うやりかただろう。その場合、高度およそ一八キロメートルに到達でき、二〇トンほどの荷を運べる飛行機が必要になる。「成層圏エアロゾル注入ロフター（ＳＡＩＬ）」と呼ばれるそうした飛行機の構造を検証した研究者らは、開発費用はおよそ二五億ドルになると結論づけている。[33] 大金に思えるかもしれないが、一〇年あまりで生産終了となった「スーパージャンボ」ことＡ３８０の開発にエアバス社が投じた額の一〇分の一程度にすぎない。ＳＡＩＬの編隊を配備するとなれば、一〇年につきさらに二〇〇億ドル前後の費用がかかる。これもやはり鼻で笑える額ではないが、世界は目下、毎年その三〇〇〇倍超の資金を化石燃料関連の助成金として費やしている。[34]

「そうしたプログラムを開始するだけの専門技術と資金の両方を有する国は、数十か国にのぼるだろう」と前述の試算をした研究者――イェール大学講師のウェイク・スミスとニューヨーク大学教

授のゲルノット・ワグナー――は述べている。(35)

ソーラー・ジオエンジニアリングは比較的安いというだけでなく、スピーディでもある。SAILの編隊が稼働しはじめたら、ほとんど即座に冷えはじめるはずだ（タンボラ山の噴火では、一年半後にニューイングランドのキュウリが凍った）。クエイチュが言ったように、気候変動にかんして「迅速に何かする」のなら、この方法しかない。

だが、SAILの編隊が手っとりばやい割安な解決策に見えるとしたら、その理由はおもに、そもそも解決策ではないことにある。この技術で対処できるのは温暖化の症状であって、原因ではない。そうしたことから、ジオエンジニアリングはメサドン〔ヘロインと同じオピオイド系の薬物〕によるヘロイン依存症治療になぞらえられてきたが、おそらくさらにしっくりくる比喩は、アンフェタミン〔鎮静作用のあるオピオイド系麻薬とは異なる、興奮作用のある覚醒剤〕によるヘロイン依存症治療だろう。行きつく先は、ひとつの依存症にかわる、ふたつの依存症だ。

炭酸カルシウムにしても硫酸塩（もしくはダイヤモンド）にしても、成層圏に投入した粒子は二年ほどしたら地表に落下するため、絶えず補充する必要がある。SAILを数十年にわたって飛ばしつづけたあと、なんらかの理由――戦争、パンデミック、成果に対する不満――で中止したら、地球サイズのオーブンの扉を開けるような効果が生じるだろう。覆い隠されていた温暖化が、急速かつ猛烈に駆けのぼる気温とともに、突如として姿を現すのだ。この現象は「終了《ターミネーション》ショック」と呼ばれている。

そのいっぽうで、温暖化のペースに追いつくためには、ＳＡＩＬで運ぶ荷物量をひたすら増やしていかなければならない（「人工火山」と考えるなら、ますます激しい噴火をお膳立てするようなものだ）。スミスとワグナーによるコスト試算は、キースの提唱しているような、将来の温暖化のペースを半分に抑制する計画案にもとづいている。その推計によれば、計画の最初の年には硫黄一〇万トン前後を投入する必要があるという。一〇年目までに、その数字は一〇〇万トン超に増加する。その期間中、飛行回数も相応に増加し、一年あたり四〇〇〇回だったフライト数は四万回に達するという[36]（なんとも厄介な話だが、フライトのたびに生み出される何トンもの二酸化炭素がさらなる温暖化を引き起こし、その結果、さらなるフライトが必要になる）。

　成層圏に投入する粒子が増えれば増えるほど、不気味な副作用が生じる可能性は高くなる。ソーラー・ジオエンジニアリングで五六〇ｐｐｍの二酸化炭素濃度――今世紀中にやすやすと到達できそうな濃度――を相殺するケースを検証した研究チームは、空の見た目が変わるだろうと結論づけた[37]。白が新たな空色になるというのだ。ソーラー・ジオエンジニアリングの影響により、「かつて手つかずの自然が残る地域の上に広がっていた空は、都市部の空に似た姿になるだろう」と研究チームは述べている。そしてもうひとつ、当然と言えば当然の結果として、「大規模噴火のあとに見られるような」あざやかな夕焼けも生じるという。

　ラトガース大学の気候科学者で、気候工学モデル相互比較プロジェクト（ＧｅｏＭＩＰ《ジオミップ》）のリーダーのひとりでもあるアラン・ロボックは、ジオエンジニアリングをめぐる懸念のリストをまとめている。最新版には三〇近い項目が並ぶ[38]。ナンバー1は、降雨パターンを乱して「アフリカとアジアで旱魃」を引き起こす可能性。ナンバー9は「太陽光発電量の減少」、ナンバー17は「空が白くなる」。ナンバー24は「国家間の衝突」。そしてナンバー28は――「人類にこれをする権利があるのか？」

気候介入で極地を再凍結する

キースとクエイチュは数年前から、「成層圏制御摂動実験（Stratospheric Controlled Perturbation Experiment、SCoPEx《スコープエックス》）」と呼ばれるプロジェクトを共同で進めてきた。この実験は、米国南西部のような樹木のない場所の高度およそ一九キロメートルで実施される予定になっている。使われるものは、〇・五〜一キログラムほどの反射性粒子と、科学分析機器を載せたゴンドラのついたゼロプレッシャー気球だ。

わたしがケンブリッジを訪ねたときにはゴンドラの製作が進行中で、その構造を見せようとキースが申し出てくれた。わたしたちは迷路のような廊下をたどり、パイプ、ガスボンベ、梱包用の木箱、回路基板、それにホームセンター一軒ぶんの工具でごったがえす研究室に入った。「これが飛行用フレームです」と言いながら、キースは鉄骨でできた納屋サイズの骨組みを指さした。「こっちは飛行用プロペラ」

キースの説明によれば、実験はいくつかの段階を踏んで進められるという。まず、無人気球を成層圏へ飛ばし、ゴンドラから粒子を順次投下する。次に、気球の進む方向を反転させて粒子の雲のなかを通過させ、粒子の挙動をモニタリングする。

この実験の狙いは、ソーラー・ジオエンジニアリングそのものを検証することではない——炭酸カルシウムにしろ二酸化硫黄にしろ、一キロ程度の粒子では気候に観測可能な変化をもたらすにはほど遠い。そうはいっても、スコープエックスはソーラー・ジオエンジニアリングのコンセプトを厳密に検証する最初の実地試験——お好みなら実空試験と言ってもいいかもしれない——となるはずで、この計画を離陸させまいとする多くの抵抗にあってきた。

「とるにたらない量だとしても——」とクエイチュは話した。「成層圏へ気球を飛ばして粒子をまくという行為に、きわめて象徴的な意味があるんです」

「わたしから見ても筋が通っていると思える理由から、この実験をするべきではないと考える人たちもいます」とキースは言う。わたしたちの視線の先では、大学院生のひとりがスコープエックスのゴンドラの着陸装置にエポキシ樹脂を塗っている。「でも、誤解のないように言っておきますが、実際の物理的リスクは、何かがばらばらになって、だれかの頭の上に落ちることくらいです」

これまでのところ、ハーバード大学のジオエンジニアリング研究プログラムは世界でもっとも資金に恵まれており、二〇〇〇万ドル近くを調達している。とはいえ、米国と欧州では、ほかにも複数の研究グループが別のかたちでの「気候介入」を検証している。

英国のトニー・ブレア、ゴードン・ブラウン両首相の主席科学顧問を務め、気候変動にかんする英国政府特別代表でもあったデイヴィッド・キングは最近、研究プロジェクトとしてケンブリッジ大学の気候修復センターを立ち上げた。

「わたしたちはいま、産業革命前の水準と比べて一・一℃か一・二℃ほど高いところにいます」。キングはある日、電話ごしにわたしにそう話した。「それでもすでに高すぎるという結論が出ています。たとえば、北極の海氷は予測よりもはるかに速く融解しています。グリーンランドの氷床も、予測より早く解けはじめている。これにどう対処すればいいのでしょうか？」

キングによれば、気候修復センターを設立したのは、抜本的な排出量削減――「それなしでは、はっきり言って、われわれは茹で上がってしまいます」――に加えて、二酸化炭素除去や極地の「再凍結」技術の研究を促進するためだという。彼が言及したアイデアのひとつが、北極版のクラウド・ブライトニングだ。その計画では、船団を北極海へ派遣し、ごく小さな塩水の滴を空に向かって噴射する。理論のうえでは、塩の結晶が雲の反射率を高め、ひいては氷に届く太陽光が減るはずだという。

「うまくいけば、極地で冬のあいだに形成される海氷の層を保護できます」とキングは話した。「それを毎年続ければ、一層ずつ、氷が再建されていくはずです」

ジオエンジニアリングの是非

ダニエル・シュラグはハーバード大学環境センターの責任者で、マッカーサー財団の「天才」助成金の獲得者でもある。ハーバードのジオエンジニアリング研究プログラムの設立に協力し、同プログラムの査問委員会にも名を連ねている。

「地球全体の気候をエンジニアリングするという展望に困惑を示す者もいる」とシュラグは書いている。「皮肉な話だが、そうしたエンジニアリングの取り組みは、地球に存在するほとんどの自然生態系にとって、生き残るための最大のチャンスになるかもしれない——たとえ、そうしたエンジニアリング・システムが使われているのなら、もはやそれを自然と呼ぶべきではないのだとしても[39]」

シュラグのオフィスは、キースとクエイチュのオフィスから一ブロックほどのところにある。ケンブリッジにいるあいだに、わたしはそこでシュラグと会う約束をした。彼の愛犬、人懐っこいチヌーク犬のミッキーがとびついてわたしを出迎えた。

「ライターのあなたが、こういうプレッシャーを感じたことがあるかどうかはわかりませんが」とシュラグは話した。「でもわたしは、ハッピーエンドを求めるなかまたちからの大きなプレッシャーを感じています。人は希望を欲するものです。だから、わたしはこう言うんです。『あのですね、わたしは科学者なんです。わたしの仕事は、よいニュースを伝えることではない。できるかぎり正確に世界を描写することなんです』と」
「わたしは地質学者なので、タイムスケールでものごとを考えます」とシュラグは続けた。「気候システムのタイムスケールは、数世紀から数万年です。わたしたちが明日、二酸化炭素の排出をやめたとしても——もちろん不可能ですが——少なくとも数世紀は温暖化が続くでしょう。海が平衡状態に達していませんからね。単なる初歩的な物理学です。温暖化がどこまで拡大するかはわかりませんが、いま直面している温暖化のさらに七割増しになる可能性もじゅうぶんにある。その意味では、われわれはもう、二℃の上限に達してしまっているんです。四℃で止まればラッキーでしょうね。これは楽観的でも悲観的でもない。客観的な現実だと思います」（四℃という地球の気温上昇は、破滅に至る公式閾値をはるかに超えるばかりか、極力穏当な言いかたをしても「想像を絶する」であろう領域に足を踏み入れている）
「ソーラー・ジオエンジニアリングの研究が、なんらかのかたちでパンドラの箱を開いてしまう。そんなふうに考えるのは、わたしに言わせれば、ありえないほど世間知らずです」とシュラグは言う。「米軍や中国軍がまだそれを検討していないと、本気で信じているんですか？　まさか！　軍は人工降雨実験をもうやっているんですよ。これは新しいアイデアではないし、秘密でもなんでもない」
「ソーラー・ジオエンジニアリングをしたいかどうかとか、するべきだと思うかどうかとか、そうした考えかたから脱却する必要があります。わたしたちが決めることではないのだと、理解しないといけません。米国が決めることでもない。あなたが世界のリーダーで、痛みや苦しみを、あるいはその一部を取り除ける技術があるのなら、まちがいなく、猛烈な誘惑に駆られますよね。明日、すぐに実行すると言っているわけではありません。おそらく、まだ三〇年くらいはあるでしょう。科学者の最優先事項は、うまくいかないありとあらゆる可能性を洗い出すことなんです」

話をしている最中に、シュラグの友人がオフィスに顔を見せた。シュラグは彼女をアリソン・マクファーレンと紹介した。ジョージ・ワシントン大学の教授で、米国原子力規制委員会の委員長も務めた人物だ。ソーラー・ジオエンジニアリングについて議論しているところだとシュラグが話すと、マクファーレンは両手の親指を下に向けるジェスチャーをした。

「問題は、意図せぬ結果が生じるってこと」とマクファーレンは言った。「自分は正しいことをしていると、あなたは思っている。自分の持つ自然界の知識からすれば、うまくいくはずだ、と。ところがいざやってみると、完全に裏目に出て、何か別のことが起きる」

「現実の世界の気候変動。われわれはいま、それに対峙しているんだよ」とシュラグが応じた。「ジオエンジニアリングは軽い気持ちでするようなものじゃない。それをいま検討しているのは、現実の世界がわれわれにろくでもない札を配ったからだ」

「配ったのは、わたしたち自身でしょう」マクファーレンはそう返した。

第8章　過去に例のない世界の、過去に例のない気候

米海軍がストームフューリー計画に着手したのと同じころ、米陸軍は「アイスワーム」として知られる——極秘中の極秘だったため、ごく一部の者しか知らなかったが——プロジェクトに乗り出していた。冷戦に勝つことを目的としたプロジェクト・アイスワームは、とびきり冷たい計画だった。陸軍はグリーンランドの氷床に、延べ数百キロメートルのトンネルを掘ろうともくろんでいた。そのトンネルに鉄道を敷き、氷の下に隠れた線路沿いに核ミサイルを移動させることで、ソ連を煙に巻こうというのだ。「ゆえに、アイスワームは機動性と分散性、隠匿性、堅固さを兼ね備えている」と機密報告書は豪語していた(1)。

この計画にしたがって、一九五九年夏、基地建設のために陸軍工兵隊が派遣された。北緯七七度、バフィン湾から東におよそ二四〇〇キロに位置する軍事基地「キャンプ・センチュリー」は、過去に

キャンプ・センチュリーの入口のひとつ。

氷床の上――なかと言うべきか――につくられた建造物としては群を抜く大きさだった。基本的には巨大な除雪機と変わらない機械を使って、工兵隊は地下通路のネットワークを掘った。地下通路は宿舎、食堂、礼拝堂、映画館、理容室をつなぎ、故郷へ送るための香水を売る氷の下の薬局まであった（どの木のうしろにも女の子がひとりいる、というのが基地で人気のジョークだった）。電力は移動式の小型原子炉が供給していた。

キャンプ・センチュリーは、プロジェクト・アイスワームのうち、陸軍がおおやけにしていた唯一の部分だ。この基地は極地研究のために建てられたと謳われていた。さらに、陸軍は工兵隊の超人的な努力を記録した宣伝映画も制作した。沿岸から建設資材を運びこむためには、時速三キロほどのスピードで氷をかきわけて進む特殊な牽引車からなる輸送隊が必要だった。「キャンプ・センチュリーは、環境

トンネルを維持するために、チェーンソーで整える工兵隊員たち。

を征服せんとする人類の飽くなき苦闘の象徴である」[2]。映画のナレーターは厳かにそう語る。見学ツアーでは記者たちがトンネル内を見てまわり、ボーイスカウト二名――ひとりは米国人、もうひとりはデンマーク人――が極北に招かれて滞在した[3]。

だが、完成からいくらも経たないうちに、キャンプ・センチュリーはトラブルに見舞われはじめる。氷は水と同じように流れる。それを承知していた工兵隊は、その動きを計算に入れていた。ところが、人的要因はじゅうぶんに考慮されていなかった――原子炉の熱がそのプロセスを加速させてしまったのだ。ほとんど間をおかずに、トンネルが縮みはじめた[4]。宿舎、映画館、食堂がつぶれるのを防ぐために、隊員はひっきりなしにチェーンソーで氷を「刈り」こまなければならなかった。基地を訪問したある人は、その騒動を地獄の悪魔が全員集合する年次総会と表現した[5]。一九六四年までに、原子炉の格納室が大きく歪み、装置を移動させる必要に迫られた。一九六七年には基地全体が放棄された。キャンプ・センチュリーの物語は、これもまた人新世の寓話《ぐうわ》のひとつとまとめれば、すっきり収まるだろう。人間が「環境を征服」する試みに乗り出し、みずからの機知と勇敢な行為を自画自賛する。しかし結局は、壁に取り囲まれてしまう。除雪機で自然を追い払っても、自然はきまってたちどころに舞い戻ってくるのだ。

だが、ここでこの話をしたのは、それが理由ではない。少なくとも、主たる理由ではない。キャンプ・センチュリーは、ポチョムキン村のような見せかけだけの研究基地だったかもしれない。それでも、そこでは実際に研究がおこなわれていた。トンネルが歪んで曲がるのをよそに、一団の氷河学者がドリルで氷床をまっすぐ下へ貫く作業にとりかかっていたのだ。掘削チームは細長い円筒形の氷を氷床から引っぱり出しながら、岩盤にぶつかるまでひたすら掘り進めた。その円筒形の氷――全部で一〇〇〇本を超える――は、グリーンランドで採取された最初の完璧な氷床コアとなった[6]。それが明らかにした気候の歴史は、あまりにも不可解で思いもよらないものだった。科学者たちはいまだに、その意味を解き明かそうと頭を悩ませている。

グリーンランドの下に眠る歴史

わたしが最初にキャンプ・センチュリーにかんする話を読んだのは、グリーンランド旅行の計画を立てているときだった。それに先立ち、北グリーンランド氷床コア計画（North Greenland Ice Core Project）、略してノースGRIP《グリップ》と呼ばれるデンマーク主導の掘削プロジェクトの現場を訪ねる手はずを整えていた。このプロジェクトは厚さ三〇〇〇メートル超の氷の上、キャンプ・センチュリーよりもさらに奥まった場所でおこなわれている。そこまでたどりつくために、わたしはスキーをつけたC－130ハーキュリーズに同乗させてもらった。現地をよく知る人たちがハークと呼ぶ輸送機だ。そのときのフライトでは、長さ数百メートルの掘削ケーブル、欧州の氷河学者からなるチーム、それにデンマークの研究担当大臣が運ばれていた（グリーンランドはデンマーク領で、米陸軍はアイスワームを計画する際にその事実を気軽に無視していた）。ほかの全員と同じように、大臣も軍支給の耳栓をつけて、ハークの貨物室に座らなければならなかった。

飛行機を降りると、ノースグリップの責任者のひとり、J・P・ステフェンセンに出迎えられた。わたしたち訪問客はぶあつい断熱ブーツを履き、重たい雪国用の服を着こんでいた。対するステフェンセンは履き古したスニーカーに、ひらひらとはためく全開の汚れたパーカというでたちで、手袋もはめていない。あごひげからは小さなつららがぶらさがっている。ステフェンセンはまず、脱水の危険について短く注意した。「まったく矛盾していると思うでしょうが」とステフェンセンは話した。「なにしろ、あなたがたはいま、厚さ三〇〇〇メートルの水の上に立っているんですからね。でも、ここは非常に乾燥しています。ですから、いつも尿意を感じるくらいにしておいてください」。そのあとで、キャンプの慣例を簡単に説明した。ここにはスウェーデン製の凍結防止ト

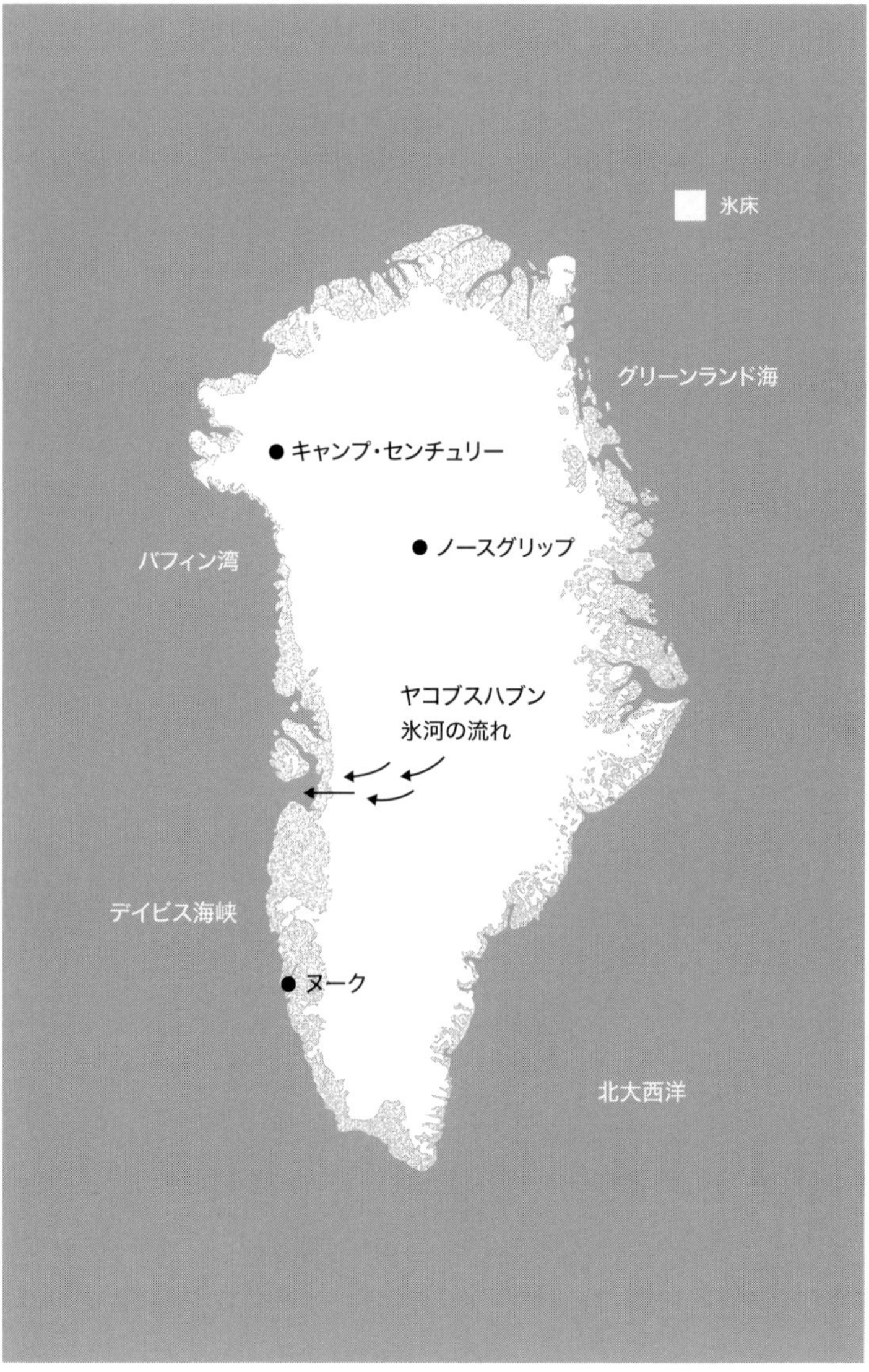
氷床
グリーンランド海
キャンプ・センチュリー
ノースグリップ
バフィン湾
ヤコブスハブン
氷河の流れ
デイビス海峡
ヌーク
北大西洋

イレがふたつあるが、男性は屋外の氷の上、小さな赤い旗の示す場所で用を足してほしいと丁重に要請された。

ノースグリップはどこからどう見ても質素だ。六基のサクランボ色のテントが、ミネソタから通販で取り寄せたジオデシック・ドームのまわりに配置されている。ドーム正面には、だれかが立てた孤立を象徴する古典的ジョーク──五〇〇マイル（およそ八〇〇キロ）彼方の最寄りの町、カンガルッスアックを示す距離標がある。その隣に立っているのは、寒さを象徴する古典的ジョーク──ベニヤ板のパームツリーだ。どちらを向いても、見える景色はまったく同じ。そのひたすら平坦な白の広がりは、荒涼とも、あるいは荘厳とも形容できるだろう。

ノースグリップのキャンプの下には、掘削室へと続く長さ二五メートルほどのトンネルがある。掘削室はキャンプ・センチュリーの通路と同じく氷をくりぬいてつくられたもので、内部の温度は、六月でさえ、けっして氷点よりも高くはならない。やはりキャンプ・センチュリーと同じく、この掘削室も少しずつ縮んでいる。天井を強化するためにパイン材の梁《はり》を設置したが、それもすでに雪の重みに砕け散ってしまった。掘削は毎朝八時にはじまる。一日の最初の務めは、ドリル──片方の先端にいかめしい金属の歯がついた長さ三・五メートルほどの筒──を掘削孔の底に下ろすことだ。しかるべき位置についたら、歯の生えた筒を回転させる。すると、筒のなかに円筒形の氷が少しずつできていく。その後、スチール製ケーブルを使って、この円筒形の氷を引っぱり上げる。わたしがこの工程を最初に見学したときには、アイスランドとドイツの氷河学者ふたりが操作を受けもっていた。前日までに到達していた深さ――約二九五〇メートル――にドリルを下ろすだけでも一時間かかった。そのあいだ、小さな温熱パッドの上に陣どるコンピューターを眺めつつアバの音楽を聴く以外に、ふたりがすることはたいしてない。『つまる』という言葉は、われわれのボキャブラリーにはないんですよ」。アイスランド人のほうがそう言いながら、神経質な笑い声をあげた。

どんな氷河でもそうだが、グリーンランドの氷床全体も積み重なった雪でできている。ごく最近の層が厚くて空気を多く含むのに対し、古い層ほど薄くて密度が高い。つまり、氷を下へ掘り進めていくと、最初はゆっくりと、やがてどんどん加速しながら、時代をさかのぼっていくことになる。四〇メートルほど下ったところには、アメリカ南北戦争のころに降った雪がある。七六〇メートルほど下には、プラトンの時代の雪。そして、一六三〇メートルほどの深さにあるのは、先史時代の画家がラスコー洞窟を美しく飾ったころの雪だ。雪は圧縮されると、結晶構造が変化して氷になる。だが、それ以外のほとんどの点では変わらず、形成された瞬間の遺物として残される。グリーンランドの氷のなかには、タンボラ山噴火の火山灰、ローマ時代の製錬による鉛汚染、氷期の風に吹かれてモンゴルから運ばれてきた粉塵が存在している。どの層にも、氷に捕らわれた空気でできた小さな気泡が存在し、ひとつひとつが過去の大気のサンプルになる。その読み解きかたを知る者からすれば、氷の層は空の記録保管庫《アーカイブ》なのだ。

ようやく、掘削チームが一セクションぶんの短いコア――長さ六〇センチ、直径一〇センチほど――を引き上げた。だれかが例の大臣を呼びにいくと、赤いスノースーツを着こんだ大臣が掘削室に姿を現した。そのコアは、長さ六〇センチの円筒形をしたごく普通の氷とそっくりだった。だが、掘削チームのひとりが説明したところによれば、一〇万五〇〇〇年以上前、最終氷期がはじまったころに降った雪でできているという。デンマーク語で何かを叫んだ大臣は、予想にたがわず感銘を受けたようだった。

氷に刻まれた驚愕の事実

氷床コアから、どれほど多くの情報を集められるのか。それに最初に気づいた人物が、ウィリ・ダンスガードという名の地球物理学者だ。やはりデンマーク人のダンスガードは、降水の化学を専門としていた。雨水のサンプルがあれば、同位体組成をもとに、その雨水が形成された当時の気温を特定できる。この手法は雪にも応用可能だと気づいたダンスガードは、キャンプ・センチュリーの氷床コアのことを耳にした一九六六年、コアを分析する許可を申請した。許可が下りたときには、少しどころではなく驚いた。自分たちの冷凍庫のなかにどれほどのデータの「金鉱」があるのか、アメリカ人たちは気づいていないようだったとダンスガードはのちに書いている。[7]

おおまかなところでは、ダンスガードによるキャンプ・センチュリー氷床コアの解読は、すでに知られていた気候の歴史を裏づけるものだった。[8] 米国ではウィスコンシン氷期と呼ばれる最終氷期は、おおよそ一一万年前にはじまった。その最終氷期のあいだ、氷床は北半球に広がり、スカンジナビア、カナダ、ニューイングランド、さらには米国北中西部の大部分を覆っていた。この期間全体をつうじて、グリーンランドは極寒だった。一万年前ごろに最終氷期が終わると、グリーンランド（と世界のほかの地域）は暖かくなった。

だが、細かい部分については話が違った。ダンスガードの氷床コア分析は、最終氷期のさなかに、グリーンランドの気候がひとつの気候とはほとんど呼べないほど大きく変動していたことを示唆していたのだ。氷床表面付近の平均気温は、五〇年で最大八℃も跳ね上がったようだった。その後、ほぼ同じくらい唐突に、また急降下した。それが一度ならず、何度も起きていたのだ。八℃の気温変動？　ニューヨークがいきなりヒューストンに、もしくはヒューストンがリヤドになり、またもとに戻るようなものだ。ダンスガードを含めただれもが当惑した。このデータの乱暴な変動は、実際のできごとを反映しているのか？　それとも、手法になんらかの欠陥があることを表しているのか？

その後の四〇年で、さらに五つのコアが氷床の異なる場所から採取された。そのたびに、荒っぽい気温変動の証拠が現れた。いっぽう、イタリアの湖に堆積した花粉、アラビア海の海洋堆積物、中国の洞穴から採取した石筍《せきじゅん》などの別の気候記録でも、同じパターンがあらわになった。この気温変動は、ダンスガードとスイス人の共同研究者ハンス・オシュガーにちなみ、ダンスガード・オシュガー（D‐O）イベントと呼ばれるようになる。D‐Oイベントは二五回にわたってグリーンランド氷床に記録されていた。ペンシルベニア州立大学の氷河学者リチャード・アレイは、その変

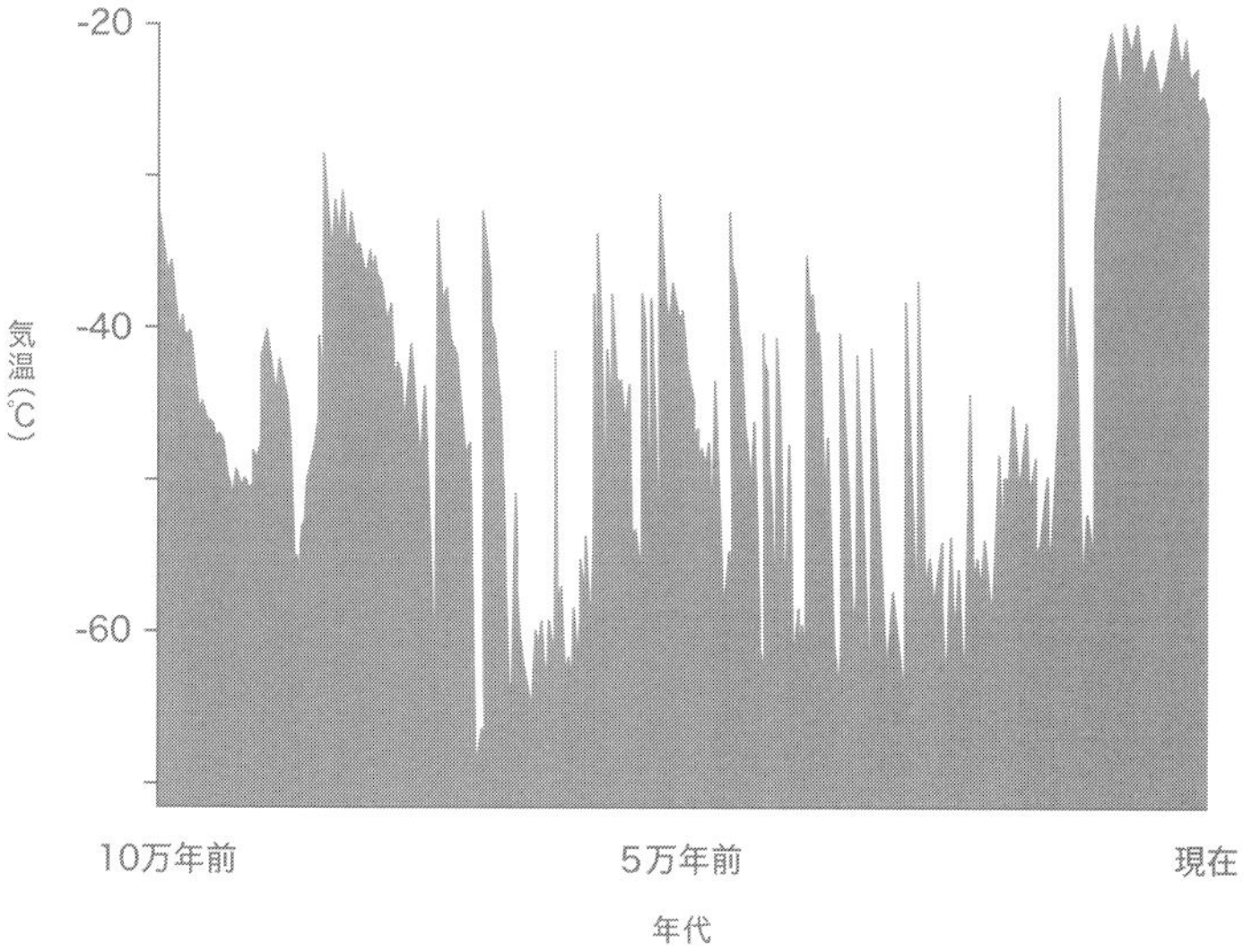

最終氷期のあいだ、グリーンランド中央部の気温は激しく変動していた。

動ぶりを「電灯のスイッチを発見したばかりの三歳児が、つけたり消したりしている」ところを見ているようだとたとえた[9]。

最後の大きな変動が起きたのは、最終氷期が終わりかけていたころだ。それはとびぬけて大きな変動だった[10]。グリーンランドの気温は一〇年のうちに、もしかしたらそれよりもさらに短期間に、八・三℃も上昇した。その後は落ちつきを見せ、それまでとはまったく違う状況になった。続く一万年のあいだ、グリーンランド（と世界のほかの地域）の気温は、一〇年また一〇年、一世紀また一世紀と時が流れても、おおむね一定に保たれている。

人間の文明は例外なく、この比較的平穏な期間に収まっている。そのため、わたしたちはこの手の穏やかさこそが標準だと考えている。そう誤解するのも無理はないが、それでもやはり誤解は誤解だ。過去一一万年で、わたしたちの時代ほど安定していた時期は、実はわたしたちの時代だけなのだ。

ノースグリップ滞在中のある晩、わたしはジオデシック・ドームでステフェンセンに話を聞いた。時刻は真夜中だが、白夜なので外では太陽が輝いている。氷河学者たちはビールを飲み、ボードゲームを楽しみ、映画『ブエナ・ビスタ・ソシアル・クラブ』のサウンドトラックに耳を傾けていた。

わたしは気候変動の話題を持ち出し、期待をこめつつ、ひょっとしたら気候変動が次なる氷期とさらなるD－Oイベントを防いでくれるのではないかとほのめかした。少なくとも、その特定の災難だけはうまくかわせるかもしれない！

ステフェンセンはわたしのほのめかしに心を動かされなかった。気候が本質的に不安定なものだと考えているのなら、何よりも避けたいのは、それをいじりまわすことだ。そう指摘したステフェンセンは、デンマークの古いことわざを引用した。何にどうつながるのか、完全に理解できたわけではないが、にもかかわらず、それはわたしの脳裏にこびりついた。ステフェンセンの翻訳いわく、「パンツのなかに放尿しても、あたたかさを長くは保てない」。

わたしたちの話題は気候の歴史と人類の歴史に移った。ステフェンセンに言わせれば、そのふたつは、つきつめればだいたい同じものだという。「氷床コアから得られるデータを見ると、世界の全体像が――過去の気候と人類の進化をめぐる見かたが、すっかり変わります」とステフェンセンは話した。「人類が文明を築きはじめたのが五万年前ではなかったのは、なぜなのか？」

「ご存じのように、当時の人類は、現代のわたしたちと同じ大きさの脳を持っていました」とステフェンセンは続けた。「気候という枠組みで見れば、氷期だったから、と言えるでしょう。しかも、この氷期は気候が不安定で、文明が興《おこ》りかけるたびに、人々は移住を強いられた。そのあとに、現在の間氷期――きわめて気候の安定した一万年が訪れた。農耕にはぴったりの条件です。そういう見かたをすると、驚くばかりです。ペルシャでも、中国でも、インドでも、文明は同じころ、おそらく六〇〇〇年前ごろに興りました。どの文明でも文字が生まれ、宗教ができ、都市が築かれた。すべて同じ時期に。なぜかと言えば、気候が安定していたからです。わたしが思うに、気候が五万年前に安定していたのなら、文明もそのころにはじまっていたでしょう。でも、当時の人類にはチャンスがなかったんです」

コントロールを失った世界

ステフェンセンたちによる新たな氷床コアの掘削が進むグリーンランドを再訪しようと考えていた矢先、新型コロナウイルス感染症が襲来した。突如として、わたしを含め、すべての人の計画が引っくり返った。国境が閉ざされ、フライトがキャンセルされるのにともない、氷床を訪ねる――いや、それを言うなら、ほぼどこであろうと――旅は不可能になった。ここに至って、コントロールを失いつつある世界をめぐる本を書き終えようとしていたわたしは、その本を書き終えられないほどひどく世界がコントロールを失っていることに気づくはめになった。

科学者たちはいまもまだ、キャンプ・センチュリーの氷床コアから垣間見えた荒っぽい気温変動の原因を解き明かそうとしている。一説によれば、北極の海氷の消滅と関係しているという。地球温暖化により北極の海氷が消滅していることを考えれば、この説は気がかりだ。だが、人間がD－Oイベントを誘発する可能性を脇に置いても、ここ一万年の平穏が終わりを迎えようとしていることはまちがいない。人類は意図せずして、それどころか認識さえしないまま、運よく恵まれた安定を利用して、グリーンランド全体を覆う規模の不安定さを生み出してきた。

一九九〇年以降、氷床表面付近の気温は三℃近く上昇している。[11]同じ期間にグリーンランドの氷の融解速度は七倍になり、年間三〇〇億トンだったものが、平均して年間二五〇〇億トン超にまで増加した。[12]融解の起きる範囲はますます広く、標高はますます高くなっている。二〇一九年夏の格別に暖かかった二日間には、氷床表面の九五％を超える範囲で融解が確認された。[13]その年の夏――記録破りの夏――に、グリーンランドは六〇〇〇億トン近い氷を失い、カリフォルニア州と同じ大きさのプールを一二〇センチの深さで満たすだけの水を生み出した。[14]

「現在の北極では、グリーンランド氷床コアに記録されている唐突な変動、すなわちD－Oイベントに匹敵する速さで温暖化が起きている」とデンマークとノルウェーの科学者チームは二〇二〇年に報告した。[15]融解プロセスには、みずからの作用をみずから促進する性質がある――氷が白っぽくて太陽光を反射するのに対し、水は暗色で光を吸収する——ため、グリーンランドは氷床全体の崩壊が不可避になる臨界点に近づきつつあるのではないかとの懸念が広がっている。それが現実になるまでには数百年——ことによると数千年——を要するかもしれないが、グリーンランドには、すべて合計すると、世界の海面を六メートル上昇させるだけの氷が存在する。

気温と同様、海面も歴史をつうじて激しく変動してきた。最終氷期の終わりごろには、巨大な氷床が次々に崩壊し、海面が一〇年で三〇センチという驚くべきペースで上昇していた時期がある（そうした「雪解け水の波」が創世記の洪水伝説のもとになったとも言われている）。もちろん、わたしたちの祖先はその激動にどうにか対処した。でなければ、わたしたちはいまここにいない。だが、わたしたちとは違って、祖先は身軽に移動できた。ボストンやムンバイや深圳のような都市を、いったいどうやって——そしてどこに——移動させればいいのか？　私有財産、国境、地下鉄、送電ケーブル、下水管。それはどれも比較的最近になってから発達した人類社会の要素で、どれも荷物をまとめて移動するのを阻む方向に作用する。そうしたことから、ほぼすべての沿岸都市が、ニューオーリンズと同じように現状維持に力を注ぎ、多額の費用のかかる介入に取り組んでいる。現状を維持するためには、ますます手のこんだ介入が必要になるだろう。海面上昇と、それにより破壊力を増す高潮と闘うために、陸軍工兵隊はニューヨーク港に一連の人工島を築くことを提案している。その人工島は長さおよそ一〇キロの巨大な格納式ゲートで連結されるという。初期段階の試算では、このプロジェクトの費用は一〇〇〇億ドルを超える。[16]　そのほか、南極の氷棚を支柱で強化したり、グリーンランド最大級の溢流氷河〔氷床や氷帽から流れ出る氷河〕、ヤコブスハブン氷河の河口を堰《せ》き止めたりすれば、海面上昇のペースを落とせるのではないかとも提案されている。「氷河への干渉をためらうのは理解できる」とこの案の提唱者――米国とフィンランドの科学者――は『ネイチャー』誌で述べている。「氷河学者たるわれわれは、そうした場所が湛える原始のままの美しさを知っている」。だが、「世界が何もしなければ、氷床は縮みつづけ、その消滅は加速していく。温室効果ガス排出を大幅に削減したとしても――それは不可能のように思えるが――気候が安定するまでには数十年を要するだろう」[17]

まず、氷河の流れを加速させる。お次は、その流れを遅くするべく、コンクリートで覆った高さ九〇メートル、長さ五キロの堤防を築く、というわけだ。

人類の行きつく先

本書では、問題を解決しようとする人々の生み出した問題を解決しようとする人々を追ってきた。それを伝える過程で、工学者と遺伝子工学者、生物学者と微生物学者、大気分野の科学者と起業家を取材した。そのだれもが例外なく、自分の取り組みに熱意を抱いていた。だが概して、その熱意には疑念の影が差していた。魚を止める電気バリア、コンクリートの人工決壊口、偽物の洞穴、人工雲――それはどれも、テクノロジー楽観論というよりは、テクノロジー宿命論とでも呼べそうな精神でもって提示された。どれも本物の改良版ではない。むしろ、与えられた状況のなかで、だれかしらが思いつく最善策というべきものだ。ちょうど、映画『ブレードランナー』に出てくるレプリカントが、ハリソン・フォード演じるレプリカントかもしれないしそうでないかもしれない人物に言うように。「本物のヘビを買うお金があったら、こんなところではたらいていると思う？」

進化アシストにしろ遺伝子ドライブにしろ、膨大な数の樹木を埋めるための膨大な数の溝にしろ、そうした介入を評価するときには、この文脈に照らして考える必要がある。気候工学《ジオエンジニアリング》は「完全にいかれた、ひどく不安をかきたてる」ものかもしれないが、それでグリーンランド氷床の融解を遅らせることができるのなら、「痛みや苦しみの一部を取り除ける」のなら、あるいはもはや完全には自然と呼べない生態系の崩壊を防ぐのに役立つのなら、検討しなければいけないのではないか？

アンディ・パーカーは、ジオエンジニアリングをめぐる「地球規模の対話」の拡大に取り組む太陽放射管理ガバナンス・イニシアチブのプロジェクト・ディレクターを務めている。パーカーはジオエンジニアリングの比喩として、化学療法を好んで使う。ほかにもっとよい選択肢があれば、正気の人ならだれも化学療法を受けようとはしないだろう。「われわれが生きている世界は――」とパーカーはかつて語っている。「くそったれの太陽をわざと暗くするほうが、それをしないよりもリスクが小さいかもしれない世界なんですよ(18)」

だが、「くそったれの太陽を暗くする」ほうが暗くしないよりも危険が少ないかもしれないと想像するためには、その技術が計画どおりに機能するのみならず、計画どおりに運用されるとも想像しなければならない。そして、それにはかなりの想像力を要する。クエイチュとキースとシュラグが口をそろえて指摘したように、科学者にできるのは提言だけだ。実施は政治判断に委ねられる。そうした判断が、人間か人間以外かを問わず、いま生きている世代と未来の世代に対して公正になされることを期待する人もいるかもしれない。だがその点にかんしては、過去の実績は心もとないとだけ言っておこう（気候変動がよい例だ）。

思い描いてみてほしい。世界が——あるいは一握りの強硬な国が——ＳＡＩＬの編隊を発進させるところを。そして、ＳＡＩＬが飛翔し、空に放たれる粒子がひたすら大量になってもなお、世界の二酸化炭素排出量が増えつづけるところを。行きつく先は、産業革命以前の気候への回帰でも、鮮新世の気候への回帰でもない。ワニが北極の岸辺で日光浴をしていた始新世の気候でさえない。そこにあるのは、過去に例のない世界の、過去に例のない気候だ。その世界では、白い空の下でハクレンがきらきらと輝いているのだろう。

謝辞

本書はたくさんの助けがなければ書けなかっただろう。専門知識、経験、時間をわたしとわけあってくれたおおぜいの人たちに深く感謝する。

アジアン・カープが米国にたどりついた経緯とその先行きにかんする理解を助けてくれたマーガレット・フリスビーとマイク・アルバー、シティ・リヴィング号でのすばらしい冒険に連れていってくれたシカゴ川友の会に感謝する。チャック・シェア、ケヴィン・アイアンズ、フィリップ・パローラ、クリント・カーター、デュアン・チャップマン、ロビン・キャルフィー、アニタ・ケリー、ドリュー・ミッチェル、マイク・フリーズにもお礼を言いたい。トレイシー・サイドマンとイリノイ州天然資源局の生物学者たち、わたしの存在と果てしない質問に耐えてくれた契約漁師たちにも感謝する。

オーエン・ボーデロンは親切に（そして巧みに）プラークミンズ郡上空をわたしとともに飛行してくれた。その手配にあたっては、デイヴィッド・ミュースとジャック・エベールの助力を得た。クリント・ウィルソン、ルディ・シモノー、ブラッド・バース、アレックス・コルカー、ボヨ・ビリオ、シャンテル・カマーデル、ジェフ・エベール、ジョー・ハーヴィー、チャック・ペロディンは、ミシシッピ川沿いの暮らしの複雑さを案内するすばらしいガイドになってくれた。

米国のデザートフィッシュを保護する取り組みに携わる人たちには、特別な種類の感謝がふさわしい。デビルズホールでのパプフィッシュの計測に連れていってくれたケヴィン・ウィルソン、ジェニー・ガム、オーリン・フォイヤーバッカー、アンブル・ショードアン、ジェフ・ゴールドスタイン、ブランドン・センガーに感謝を。ネバダ州のプールフィッシュを見せてくれたケヴィン・グアダルーペにも感謝する。彼がいなければ、そもそも見るべきものは何も残っていなかったかもしれない。ショショニ・パプフィッシュの保護に懸命に取り組んできたスーザン・ソーレルズにもお礼を言いたい。デビルズホールの歴史にかんする自身の報告書を読ませてくれたケヴィン・ブラウンにも感謝する。

ルース・ゲイツは、わたしが本書の中盤を書いていたころに世を去った。モクオロエで彼女と時間を過ごせたこと、そしてこのプロジェクトのアイデアが生まれたばかりのころに彼女の助力を得られたことは、とても大きな幸運だったと感じている。マドレーヌ・ファン・オッペンと、ケイト・クイグリー、デイヴィッド・ワッケンフェルド、アニー・ラム、パトリック・バージャー、ウィング・チャンをはじめ、オーストラリアで会ったすべての熱心な海洋生物学者にもたいへん感謝している。ポール・ハーディスティとマリー・ローマンにも感謝を。

マーク・ティザードとケイトリン・クーパーは、ふたりを訪ねてジーロングへ行ったわたしを信じられないほど寛大に迎えてくれた。アデレードを訪ねた際のポール・トーマスもそれに劣らず寛大だった。遺伝子工学はおそろしく複雑なテーマだ。非常に忍耐づよく研究内容を説明してくれたこの三人に感謝する。リン・シュワルツコフは親切にもオオヒキガエル狩りに連れていってくれた。ジーバードのロイデン・サーにもお礼申し上げる。遺伝子ドライブの細部をめぐる理解を広い心で助けてくれたウィリアムズ大学のルアナ・マロジャに大きな感謝を。

新型コロナウイルス感染症にともなう制限が設けられていたにもかかわらず、エッダ・アラドッティルとともにヘトリスヘイジ発電所を訪ねることができたのはたいへんな幸運だった。その手配をしてくれたアラドッティルとオロフ・バルドゥルスドッティルに感謝する。クラウス・ラックナーはアリゾナ州立大学で面会したわたしを親切にもてなしてくれた。ヤン・ヴルツバッハー、ルイーズ・チャールズ、パウル・ルーザーは、チューリッヒ訪問時に寛大に時間を割いてくれた。オリヴァー・ゲデン、ジーク・ハウスファザー、マグナス・ベルンハルズソンにも感謝する。

ハーバード大学に赴いてフランク・クエイチュ、デイヴィッド・キース、ダニエル・シュラグと話をしたのは、新型コロナウイルス感染症によりキャンパス全体が閉鎖されるほんの数日前のことだった。貴重な時間を割き、ソーラー・ジオエンジニアリングをめぐるさまざまな複雑な点——技術的にも倫理的にも——をわたしとともにたどってくれた三人全員に感謝する。きわめて文字どおりの意味で本書に足を踏み入れたアリソン・マクファーレンにも感謝を。リジー・バーンズ、ゼン・ダイ、サー・デイヴィッド・キング、アンディ・パーカー、ゲルノット・ワグナー、ヤーノシュ・パストル、シンシア・シャーフにも感謝する。

ややまわりくどい意味で言えば、本書の起源は、当時まだ存在していたノースグリップを訪ねたことにある。J・P・ステフェンセン、ドーテ・ダール＝ヤンセン、リチャード・アレイ、そしてグリーンランド氷床の過去と未来を理解すべく研究を続けるおおぜいの果敢な氷河学者に感謝を捧げる。重要な章にかんしてコメントをくれたわたしのお気に入りの気候学者ネッド・クライナーと、最後の最後に決定的なアドバイスをくれたアーロン・クライナーとマシュー・クライナーにも感謝を。

寛大な支援を提供してくれたアルフレッド・P・スローン財団に感謝する。同財団の助成金は本書のための調査と出張を支え、それがなければ行けなかったかもしれない場所の取材を可能にしてくれた。二〇一九年には、ロックフェラー財団のベラジオ・センターで一か月を過ごし、本書のプロジェクトに取り組んだ。その環境はすばらしく、ともに過ごす人たちからも刺激を受けた。本書の一部は、わたしがウィリアムズ大学環境研究センターのフェローだった時期にも執筆した。同センターの学生と教員に大きな感謝を。アーティストのウォルトン・フォードには特別な感謝を捧げる。彼が描いたオオウミガラスは、つらい時期にインスピレーションを与えてくれた。

おおぜいの人が厳しい締め切りに追われながら仕事をし、わたしが提出した原稿を一冊の本に変えてくれた。キャロライン・レイ、サイモン・サリヴァン、エヴァン・キャムフィールド、キャシー・ロード、ジャニス・アッカーマン、アリシア・チェン、サラ・ゲパート、イアン・ケリハー、MGMTデザインのチームに心からお礼申し上げる。複数の章のファクトチェックをしてくれたジュリー・テイトと『ニューヨーカー』誌のファクトチェック・チームにはたいへんお世話になった。まちがいが残っていたら、それはひとえにわたしの責任だ。

本書の一部は『ニューヨーカー』誌に最初に掲載された。デイヴィッド・レムニック、ドロシー・ウィッケンデン、ジョン・ベネット、ヘンリー・ファインダーの長年にわたる助言と支援に深く感謝する。

途中でいくつものややこしい事態が発生したにもかかわらず、ジリアン・ブレイクはこのプロジェクトへの信頼をけっして失わなかった。彼女のはげまし、編集上の助言、優れた判断にはどれだけ感謝してもたりない。キャシー・ロビンズは相変わらず最高の友人だった。著者として、彼女以上に見識のある読者、彼女以上に熱烈な支持者は望めないだろう。

最後に、夫のジョン・クライナーに感謝したい。ダーウィンの言いまわしを借りれば、本書の半分はジョンの脳から生まれた。「率直な言いかたをせずして」どう感謝を表せばいいのか、わたしにはわからない。彼の洞察、熱意、草稿に次ぐ草稿を読む意欲がなければ、本書は一ページたりとも書き上がっていなかっただろう。

あとがき――ペーパーバック版によせて

　終わりかたは重要だ。それはわかりきった話というだけでなく、何十もの実験で実証された科学的事実でもある。おそらく、もっとも説得力のある実験は、大腸内視鏡検査にかんするものだろう。三〇年ほど前にトロントのとある病院でおこなわれたその実験では、大腸内視鏡検査を受ける患者をふたつのグループにわけた。第一のグループには、軽い鎮静薬を投与して検査する。第二のグループには、同じ軽い鎮静薬のほか、ちょっとしたおまけを追加する。医学的に必要な検査手順がすべて終わったあと、大腸内視鏡の先端を患者の直腸に入れておく時間を少しだけ長くするのだ。もちろん、そうすると検査の継続時間は長くなるが、研究者らが述べているところによれば、「最後の瞬間の苦痛が減じることにもなる」という。検査後、患者全員に自分の体験を振り返ってもらった。第二のグループの人たち、つまり実際の検査時間は長かったが、最後の三分間の苦痛は小さかった人たちは、第一のグループの患者よりも検査の不快さを小さく評価した。「最後の印象が残っているのかもしれない」と研究者らは結論づけた。

　昨今の環境をめぐる本は、苦痛とは言わないまでも、少なくとも暗い内容になる傾向がある。ところが、たいていは「おまけの三ページ」とでも呼びたくなるもので締めくくられている。昆虫やオランウータンや氷冠、あるいは地球全体の状況が実際のところどれほどひどいかを述べたあと、楽観的になる根拠をあれこれと説明するのだ。不安を抱く読者がとるべき対策が最後の章に書かれていることも多い――在来種の花を植えろ、自転車に乗れ、街頭デモに参加しろ、万策尽きたら火星に引っ越せ。そうした最後の印象は、陽気とは言わないまでも、少なくともあまり不快ではない。できることなら、わたしもそんなふうに終わらせたい。でも、わたしにはできない。

　この本が書かれた時期は、おそらく単なる偶然ではないが、ドナルド・トランプが政権を握っていた期間とおおむね一致する（ハードカバー版の刊行日はトランプの二度目の弾劾裁判の初日だった）。以来、たくさんのことが起きた。ミャンマーとマリでのクーデター、タリバンによるアフガニスタン掌握、太平洋北西部の記録破りの熱波、史上初のコロラド川の水不足宣言。そのあいだずっと、世界は新型コロナウイルス感染症にすっかり気をとられていた。

　本書を妨害した新型コロナウイルス感染症は、本書に収めるにふさわしいものでもある。グリーンランドの氷床融解、グレートバリアリーフのサンゴの白化、ルイジアナ南部の沈みゆく土地と同じように、これもまた人間が生んだ自然災害だ。微生物版のCHANS《チャンズ》――人間‐自然結合システムと言ってもいい。だれかが意図したわけではまったくない。それでもやはり、まぎれもなくわたしたちが引き起こしたもの――わたしたちが世界を、そしてみずからを使っておこなっている実験の産物にほかならない。

新型コロナウイルス感染症が「スピルオーバー」イベント――SARS‐CoV‐2ウイルスがコウモリの一種から、もしくは（こちらのほうが可能性は高いが）コウモリのウイルスをもらった中間宿主からヒトへと飛び移ることを可能にした進化上のアクシデント――の結果として生じたものとして話を進めよう。二〇一九年末に武漢《ぶかん》で最初の症例が報告された時点で、適切な手順に従った対策がとられていれば、おそらくウイルスを封じこめることはできただろう。だが、政治が邪魔をした。中国政府当局はのらりくらりとその場をとりつくろい、ウイルスにかんする報告を検閲し、「噂を広めた」として武漢の医師たちを非難した。

人口一一〇〇万の大都市、武漢は世界貿易の中心地であり、高速鉄道やジェット機で世界各地と結ばれている。最初の症例が確認されてから一か月と経たないうちに、新型コロナウイルス感染症はイタリア、ドイツ、ロシア、オーストラリア、マレーシア、米国を含む二〇あまりの国に到達した。すぐに、あらゆる場所に行きわたった――グリーンランドにも、フォークランド諸島にも、カムチャッカ半島沖の千島列島にも。

新型コロナの広がりは世界の不意を襲ったが、実を言えば、そもそも不意を襲われるべきではなかった。疫学者は何十年も前から、まさにこうした事態が起きる可能性を警告していたのだから。

デビッド・クアメンが二〇一二年刊行の著書『スピルオーバー』（甘糟智子訳、明石書店）で書いているように、現代の文化はパンデミックを招いているも同然なのだ。

多くの都市で、私たちは密集して生活している。私たちは地球上に最後に残る偉大な森や様々な自然な生態系に侵入してきたし（中略）そこに定住し、村や労働キャンプや町をつくり、採掘産業や新しい都市をつくる。私たちは家畜化した動物を持ち込んで、元いた野生の草食動物と置き換える。そして自分たちと同じように家畜を繁殖させ、牛、豚、鶏、アヒル、羊、ヤギ（中略）をも巨大な工場規模で大量生産し、それらを小屋や囲いに一斉に閉じ込めている。そうした環境に置かれた家畜や半家畜化された動物たちは、外部（豚小屋の上をねぐらにしているコウモリなど）から感染性の病原体を獲得し（中略）さらに家畜の輸出入よりもいっそう速いスピードで、私たち自身が都市間や大陸間を行き来している。

新型コロナウイルス感染症の封じこめが不可能だとわかるや、テクノロジーによる解決策の開発がはじまった。このケースでは、バイオテクノロジーによる解決策だ。九〇を超えるチームがワクチン開発に殺到した。そのうちのいくつかは、記録的な短時間で成功を収めた。モデルナ社とファイザー社が開発したふたつのワクチンには、メッセンジャーRNAを使った最新鋭のテクニックがかかわっていた。つかのま、テクノロジーによって解決の糸口がつかめたかに見えた。だがすぐに、それほど甘くはない現実が訪れた。これを書いている時点で、米国の病院はまたもや新型コロナ患者でいっぱいになり、なかにはワクチン接種後に感染するいわゆる「ブレークスルー感染」に見舞われた人もいる。ワクチン未接種の人が世界中に何十億といるにもかかわらず、米国政府は追加接種の準備を進めている。科学者たちの警告によれば、ウイルスはいまやエンデミック化していると いう。これはつまり、何をどうしようが普段から継続的に発生するであろう状態になっている、ということだ。現時点では、新型コロナウイルスを撲滅しようとするのは「月までの階段をつくろうとするようなもの」だと、ある疫学者は『ネイチャー』誌で表現している。

だからといって、するべきことが何もないと言っているわけではない。在来種の花を植える、自転車に乗る、ソーラーパネルを設置する――それはどれも、じゅうぶんな数の人が実践すれば、まちがいなく変化をもたらす対策になるだろう。政治的行動は必要不可欠だし、抗議デモはそれを実現するためのひとつの手段になる。だが本書では、課題の規模の大きさについて、そしてひとたび動き出してしまった地球の変化を食い止めることの難しさについて、正直になろうと努めてきた。結びの数ページでそれとは違うことをほのめかすのは、不誠実だとわたしは思う。

最後にひとつ。楽観的になろうが悲観的になろうが、現在のわたしたちが過去に例のない時代を生きているという事実は変わらない。わたしたちの選択――わたしたちがいま、かならずしもそれと意識せずにしている選択――は、わたしたちの子どもとそのまた子どもたちの、そして地球上に生きるほかのあらゆる種のこのさき何世代にもわたる未来の生を左右することになる。わたしたちはいま、そうした局面に立っている。そして、それは避けようがない。なぜなら、なんといっても、いまにも壊れそうなこのすばらしい惑星が、わたしたちの手にしているもののすべてなのだから。

二〇二一年一〇月

訳者あとがき

人類はさまざまなかたちで自然をコントロールし、地球を大きく変えてきた。それは気候変動、種の絶滅、土地の消失をはじめ、数々の悪影響を招いた。そしてこんどはその悪影響を正すために、最新技術を駆使し、さらなるコントロールに打って出ようとしている。だが、はたしてそれで自然を守ることができるのか？

その問いをつうじて未来の自然、人類、地球のありかたを考える本書は、『6度目の大絶滅』（鍛原多恵子訳、NHK出版）でピュリッツァー賞を受賞したエリザベス・コルバートの最新作だ。自然のコントロール、もっと正確に言えば「自然のコントロールのコントロール」をテーマに、現代に生きるわたしたちの直面する課題を浮き彫りにした本書は刊行から大きな話題を呼び、アメリカ元大統領のバラク・オバマやマイクロソフト創業者のビル・ゲイツの「夏のおすすめ本」にも選出された。

第1部では、川にまつわる「コントロール」とそこから生まれた弊害を見ていく。1章で語られるのは、シカゴ川の流路変更に端を発する外来種の侵入と、それを食い止めようとする人々の奮闘だ。2章ではさらに川を下り、ミシシッピ川河口付近の堤防が招いた土地消失危機をつうじて、川と人間と土地のかかわりを考える。このふたつの章に共通しているのは、「土木工学の偉業」と称賛されたものが予期せぬ災害を招いていることだ。いちどは征服されたかに見えた自然が、結局は人間の尊大さを打ち破る。このパートではそうした皮肉、著者の言葉を借りれば「人新世の皮肉」がそこかしこに見え隠れしている。

第2部の中心となるテーマは、人間と野生生物とのかかわりだ。ここでは、人間が自然になりかわって生物の進化と絶滅をコントロールし、神のような存在になろうとしている。人の手に頼って生き延びる絶滅危惧種の魚、熱波に強いサンゴの進化を人間が「アシスト」する取り組み、クリスパーと遺伝子ドライブによる外来種の抑制。そこから浮かび上がるのは、クリスパーをはじめとする最先端技術の絶大な力と、その絶大な力を人間が手にしたときの危うさだ。

第3部ではおもに気候変動との闘いに焦点をあてる。6章で語られるDACなどの脱炭素技術は、おそらく本書のなかではビジネスとしてもっとも熱い注目を集めている分野だろう。この章に出てくるクライムワークス社は、二〇二三年現在で累計資金調達額が八億ドルほどに達している。いっぽう、7章のソーラー・ジオエンジニアリングはもっとも過激と言えるかもしれない。そして、気候変動の影響が深刻になりつつあるいま、このふたつはもっとも切迫している分野でもある。
本書の最後の章、グリーンランドの氷床コアから過去の気候変動を読み解く8章は、新型コロナウイルス感染症パンデミックにより、取材なかばで唐突に終わりを迎える。「コントロールを失いつつある世界をめぐる本を（中略）書き終えられないほどひどく世界がコントロールを失っていることに気づくはめになった」と著者が書いているように、このパンデミックは世界中の人が自然のコントロールの難しさを思い知らされたできごとだった。人間が地球を思うがままに移動できるようになったことで拡大した伝染病が、自然のままならなさを人間に痛感させる。これもまた、「人新世の皮肉」のひとつなのかもしれない。

氾濫を模倣する壮大な土木事業、スーパーサンゴをつくる進化アシスト、外来種を抑制する遺伝子ドライブ。「自然」を守るための切り札として本書に登場するテクノロジーは、どれも科学の最先端をいくものだ。人類の叡知の結晶と言ってもいいかもしれない。だが、一昔前の最先端テクノロジーのイメージとは裏腹に、薔薇色の未来を予感させるものではまったくない。むしろ、「気候問題にかんしてちっとも行動が起きないのを見ているうちに、ときどきひどく不安に思うようになった」というジオエンジニアリング研究者の言葉が象徴するように、追いつめられたすえの苦肉の策という印象を受ける。その裏には、気候変動にしても種の絶滅にしても、ときに過激と見なされるような手段に訴えないといけないほど状況が切羽つまっているという現実がある。

いまの地球の状態は、本書が書かれた数年前よりもさらに悪化しているように見える。異常気象、森林火災、洪水が世界各地で頻発し、報道を目にしない日はないほどだ。地球が変わりつつあることは、もはや疑いようがない。日本でも極端な猛暑や豪雨がめずらしくなくなり、「これまでに経験したことのない」という表現を頻繁に耳にするようになっている。二〇二三年夏の日本の平均気温は、統計開始以来もっとも暑かった。異常な暑さを実感していた人は多いだろうから、それ自体はまったく驚くことではないが、その異常に暑かった夏でさえ、平年との差は一・七六℃だ。7章に登場する地質学者は「(温暖化が)四℃で止まればラッキー」と言っているが、そこまで上昇したらどうなるのか、想像するのもおそろしい。

世界全体で見ても二〇二三年七月は史上もっとも暑い月となり、国連のアントニオ・グテーレス事務総長は「地球沸騰化の時代」が来たと警鐘を鳴らした。フロリダ周辺の海では水温がかつてないほど上昇し、サンゴの深刻な白化が懸念されている。氷河の融解も劇的なペースで進み、世界気象機関(WMO)のペッテリ・ターラス事務局長は、氷河融解との闘いに人類は「すでに敗北している」との見解を示した。

人間社会にも深刻な影響が出はじめている。気候変動に起因する災害により、多くの人が命を落としたり住む場所を失ったりしており、その数は今後いっそう増えると見込まれる。世界銀行が二〇二一年に発表した報告書によれば、気候難民は二〇五〇年までに世界で二億人を超える可能性があるという。そうした現状をまのあたりにすると、「痛みや苦しみの一部を取り除けるのなら、(過激な介入策であっても）検討しなければいけないのではないか」という本書の問いがいっそう重くのしかかってくる。

「太陽をわざと暗くするほうが、それをしないよりもリスクが小さいかもしれない」。これは8章で引用されているある科学者の発言だが、その言葉のとおり、現在の地球はすでに、ソーラー・ジオエンジニアリングのような「劇薬」に頼らなければ、これまでどおりの自然はおろか、人の手が加わった「もはや完全には自然と呼べない」自然や人間の生活さえも守れないところまで来ているのかもしれない。しかもその劇薬でさえ、うまくいくという保証はどこにもない。そう考えると暗澹たる気持ちになるが、本書はけっして絶望を肯定するものではない。むしろ、とりうる道をどうにかして探ろうとする試みのように思われる。

米国での本書刊行から一年九か月後の二〇二二年一一月、コルバートは『ニューヨーカー』誌に「気候変動A to Z（*Climate Change from A to Z*）」と題した長文のエッセイを寄せた。タイトルが示すとおり、AからZまでのキーワードをたどりながら気候変動を読み解いていく内容だ。Dのキーワードは「Despair（絶望）」。ほかのキーワードがさまざまな技術や概念をかなりの長さで語るなかにあって、たったふたつの短い文だけで構成されるこの「D」は、ひときわ強い印象を残す。コルバートはこう書いている――「絶望はなにも生まない。罪でもある」。

世界全体でも日本国内を見ても、現状では気候変動や生態系破壊に対するじゅうぶんな策がとられているとはとうてい言えない。だが、それは裏を返せば、まだできることがたくさんあるということだ。そうした手を尽くしたうえで、本書で提示されているような手段をとるべきなのかを考え、人類の進む道を決める必要があるだろう。どの道を選んだとしても、それが正解だったかどうかをわたしたちが生きて見届けることはないかもしれない。それでも、多様な生きものたちが暮らすこの美しい惑星の未来を少しでもよいものにするために、個人としても社会全体としても真剣に考え、かつ行動を起こすことは、この時代に生きるわたしたちの責任なのではないかと思う。本書がそのきっかけになってくれることを願ってやまない。

最後に、このすばらしい本を翻訳する機会をくださり、訳文の穴をひとつひとつていねいに埋めてくださった白揚社の萩原修平さんに心よりお礼申し上げる。

二〇二三年一〇月
梅田智世

原註

※2023年9月にURLのアクセス確認

第1部　川を下って

第1章　シカゴ川とアジアン・カープ

1：Mark Twain, *Life on the Mississippi*, reprint ed. (New York: Penguin Putnam, 2001), 54.（マーク・トウェイン『ミシシッピの生活　上』吉田映子訳、彩流社、1994年ほか）

2：Joseph Conrad, *Heart of Darkness and The Secret Sharer*, reprint ed. (New York: Signet Classics, 1950), 102.（ジョゼフ・コンラッド『闇の奥』黒原敏行訳、光文社、2009年ほか）

3：*The New York Times* (Jan. 14, 1900), 14.

4：Libby Hill, *The Chicago River : A Natural and Unnatural History* (Chicago: Lake Claremont Press, 2000), 127.

5：Cited in Hill, *The Chicago River*, 133

6：Roger LeB. Hooke and José F. Martín- Duque, "Land Transformation by Humans: A Review," *GSA Today*, 22 (2012), 4 – 10.

7：Katy Bergen, "Oklahoma Earthquake Felt in Kansas City, and as Far as Des Moines and Dallas," *The Kansas City Star* (Sept. 3, 2016), kansascity.com/news/local/article99785512.html.

8：Yinon M. Bar- On, Rob Phillips, and Ron Milo, "The Biomass Distribution on Earth," *Proceedings of the National Academy of Sciences*, 115 (2018), 6506– 6511.

9："Historical Vignette 113— Hide the Development of the Atomic Bomb," U.S. Army Corps of Engineers Headquarters, usace.army.mil/About/History/Historical-.Vignettes/Military-Construction-Combat/113-Atomic-Bomb/.

10：P. Moy, C. B. Shea, J. M. Dettmers, and I. Polls, "Chicago Sanitary and Ship Canal Aquatic Nuisance Species Dispersal Barriers," 以下でレポートをダウンロードできる：glpf.org/funded-projects/qaquatic-nuisance-species-dispersal-b arrier-for-the-chicago-sanitary-and-ship-canal/.

11：Quoted in Thomas Just, "The Political and Economic Implications of the Asian Carp Invasion," *Pepperdine Policy Review*, 4 (2011), digitalcommons.pepperdine.edu/ppr/

vol4/iss1/3.

12：Patrick M. Kočovský, Duane C. Chapman, and Song Qian, "'Asian Carp' Is Societally and Scientifically Problematic. Let's Replace It," *Fisheries*, 43 (2018), 311–316.

13：Figures from the *China Fisheries Yearbook 2016*, Louis Harkell, "China Claims 69m Tons of Fish Produced in 2016," *Undercurrent News* (Jan. 19, 2017) に記載, undercurrentnews.com/2017/01/19/ministry-of-agriculture-china-produced-69m-tons-of-fish-in-2016/.

14：William Souder, *On a Farther Shore: The Life and Legacy of Rachel Carson* (New York: Crown, 2012), 280.

15：Rachel Carson, *Silent Spring*, 40th anniversary ed. (New York: Mariner, 2002), 297.（レイチェル・カーソン『沈黙の春』青樹簗一訳、新潮社、1987年）

16：Andrew Mitchell and Anita M. Kelly, "The Public Sector Role in the Establishment of Grass Carp in the United States," *Fisheries*, 31 (2006), 113–121.

17：Anita M. Kelly, Carole R. Engle, Michael L. Armstrong, Mike Freeze, and Andrew J. Mitchell, "History of Introductions and Governmental Involvement in Promoting the Use of Grass, Silver, and Bighead Carps," in *Invasive Asian Carps in North America*, Duane C. Chapman and Michael H. Hoff, eds. (Bethesda, Md.: American Fisheries Society, 2011), 163–174.

18：Henry David Thoreau, *A Week on the Concord and Merrimack Rivers*, reprint ed. (New York: Penguin, 1998), 31.（ヘンリー・ソロー『コンコード川とメリマック川の一週間』山口晃訳、而立書房、2010年）

19：Duane C. Chapman, "Facts About Invasive Bighead and Silver Carps," publication of the United States Geological Survey, 以下で入手可能：pubs.usgs.gov/fs/2010/3033/pdf/FS2010-3033.pdf.

20：Dan Egan, *The Death and Life of the Great Lakes* (New York: Norton, 2017), 156.

21：Dan Chapman, *A War in the Water*, U.S. Fish and Wildlife Service, southeast region (March 19, 2018), https://www.fws.gov/story/2018-03/war-water

22：Egan, *The Death and Life of the Great Lakes*, 177.

23：Tom Henry, "Congressmen Urge Aggressive Action to Block Asian Carp," *The Blade* (Dec. 21, 2009) に記載, toledoblade.com/local/2009/12/21/Congressmen-urge-aggressive-action-to-block-Asian-carp/stories/200912210014.

24："Lawsuit Against the U.S. Army Corps of Engineers and the Chicago Water District," Department of the Michigan Attorney General, michigan.gov/ag/0,4534,7-359-82915_82919_82129_82135-447414--,00.html.〔リンク切れ〕

25：The Great Lakes and Mississippi River Interbasin Study（GLMRIS報告書）はこちらから読める：glmris.anl.gov/glmris-report/.

26：五大湖で確認された（最新の計測では）187の外来種のリストをNOAAがこちら

で提供している : glerl.noaa.gov/glansis/GLANSISposter.pdf.

27 : Phil Luciano, "Asian Carp More Than a Slap in the Face," *Peoria Journal Star* (Oct. 21, 2003), https://www.pjstar.com/story/news/columns/luciano/2003/10/21/luciano-asian-carp-more-than/42411721007/

28 : Doug Fangyu, "Asian Carp: Americans' Poison, Chinese People' s Delicacy," *China Daily USA* (Oct. 13, 2014), http://usa.chinadaily.com.cn/epaper/2014-10/13/content_18730596.htm.

第2章　ミシシッピ川と沈みゆく土地

1 : Amy Wold, "Washed Away: Locations in Plaquemines Parish Disappear from Latest NOAA Charts," *The Advocate* (Apr. 29, 2013), theadvocate.com/baton_rouge/news/article_f60d4d55-e26b-52c0-b9bb-bed2ae0b348c.html.

2 : John McPhee, *The Control of Nature* (New York: Noonday, 1990), 26に記載。

3 : Liviu Giosan and Angelina M. Freeman, "How Deltas Work: A Brief Look at the Mississippi River Delta in a Global Context," in *Perspectives on the Restoration of the Mississippi Delta*, John W. Day, G. Paul Kemp, Angelina M. Freeman, and David P. Muth, eds. (Dordrecht, Netherlands: Springer, 2014), 30.

4 : Christopher Morris, *The Big Muddy: An Environmental History of the Mississippi and Its Peoples from Hernando de Soto to Hurricane Katrina* (Oxford: Oxford University Press, 2012), 42.

5 : Morris, *The Big Muddy*, 45に記載。

6 : Morris, *The Big Muddy*, 45に記載。

7 : Lawrence N. Powell, *The Accidental City: Improvising New Orleans : Improvising New Orleans* (Cambridge, Mass.: Harvard University Press, 2012), 49に記載。

8 : Morris, The Big Muddy, 61.

9 : John M. Barry, *Rising Tide: The Great Mississippi Flood of 1927 and How It Changed America* (New York: Touchstone, 1997), 40.

10 : Donald W. Davis, "Historical Perspective on Crevasses, Levees, and the Mississippi River," in *Transforming New Orleans and Its Environs*, Craig E. Colten, ed. (Pittsburgh: University of Pittsburgh, 2000), 87.

11 : Richard Campanella, "Long before Hurricane Katrina, There Was Sauve' s Crevasse, One of the Worst Floods in New Orleans History," *nola.com* (June 11, 2014)に記載, nola.com/entertainment_life/home_garden/article_ea927b6b-d1ab-5462-9756-ccb1acdf092e.html.

12 : 1773〜1927年の決壊口の詳細についてはDavis, "Historical Perspectives on Crevasses,

Levees, and the Mississippi River," 95を参照。

13：Davis, "Historical Perspectives on Crevasses, Levees, and the MississippiRiver," 100.

14：1927年の大洪水がもたらした被害の推定には大きな幅がある。10億ドル（現在の価値で150億ドル）とする推定もある。

15：Christine A. Klein and Sandra B. Zellmer, *Mississippi River Tragedies: A Century of Unnatural Disaster* (New York: New York University, 2014), 76に記載。

16：D. O. Elliott, *The Improvement of the Lower Mississippi River for Flood Control and Navigation: Vol. 2* (St. Louis: Mississippi River Commission, 1932), 172.

17：Elliott, *The Improvement of the Lower Mississippi River: Vol. 2*, 326.

18：Michael C. Robinson, *The Mississippi River Commission: An American Epic* (Vicksburg, Miss.: Mississippi River Commission, 1989)をもとに引用。

19：Davis, "Historical Perspectives on Crevasses, Levees, and the Mississippi River," 85.

20：John Snell, "State Takes Soil Samples at Site of Largest Coastal Restoration Project, Despite Plaquemines Parish Opposition," *Fox8live*（最新の更新は2018年8月23日）, fox8live.com/story/38615453/state-takes-soil-samples-at-site-of-largest-coastal-restoration-project-despite-plaquemines-parish-opposition/.

21：Cathleen E. Jones et al., "Anthropogenic and Geologic Influences on Subsidence in the Vicinity of New Orleans, Louisiana," *Journal of Geophysical Research: Solid Earth*, 121 (2016), 3867– 3887.

22：Thomas Ewing Dabney, "New Orleans Builds Own Underground River," *New Orleans Item* (May 2, 1920), 1.

23：Jack Shafer, "Don' t Refloat: The Case against Rebuilding the Sunken City of New Orleans," *Slate* (Sept. 7, 2005), slate.com/news-and-politics/2005/09/the-case-against-re-building-the-sunken-city-of-new-orleans.html.

24：Why Rebuild?" *The Washington Post* (Sept. 6, 2005).

25：レイ・ネイギン市長が任命したBring New Orleans Back Commission（ニューオーリンズ復活委員会）の報告書はこちらにアーカイブされている：columbia.edu/itc/journalism/cases/katrina/city_of_new_orleans_bnobc.html.〔リンク切れ〕

26：Mark Schleifstein, "Price of Now- Completed Pump Stations at New Orleans Outfall Canals Rises by $33.2 Million," *New Orleans Times- Picayune*（最新の更新は2019年7月12日）, nola.com/news/environment/article_7734dae6-c1c9-559b-8b94-7a9cef8bb6d8.html.

27：Klein and Zellmer, *Mississippi River Tragedies*, 144.

28：湿地が嵐による高潮をどの程度まで弱めるかについては、おおいに議論の余地がある。この推定値はKlein and Zellmer, *Mississippi River Tragedies*, 141に記載されているもの。

29：ビロクシ・チティマチャ・チョクトー族のジャン・チャールズ島団の歴史と移住

計画の最新状況については、isledejeancharles.comを参照。

30：モーザンザ・メキシコ湾岸プロジェクトの費用はしょっちゅう変わっている。この数字は、工兵隊がジャン・チャールズ島を堤防内に含めないと決定した1990年代後半のもの。

31：McPhee, *The Control of Nature*, 50.

32：McPhee, *The Control of Nature*, 69.

第2部　野生の世界へ

第3章　砂漠に生息する小さな魚

1：マンリーの時代には、この山には公式な名称はなかった。このときにマンリーがいた場所は、Richard E. Lingenfelter, *Death Valley & the Amargosa: A Land of Illusion* (Berkeley: University of California, 1986), 42で検証されている。

2：William L. Manly, *Death Valley in '49: The Autobiography of a Pioneer*, reprint ed. (Santa Barbara, Calif.: The Narrative Press, 2001), 105.

3：Lingenfelter, *Death Valley & the Amargosa*, 34 – 35.

4：Manly, *Death Valley in '49*, 106.

5：Manly, *Death Valley in '49*, 99.

6：この会話はManly, *Death Valley in '49*, 113から引用した。

7：James E. Deacon and Cynthia Deacon Williams, "Ash Meadows and the Legacy of the Devils Hole Pupfish, in *Battle Against Extinction: Native Fish Management in the American West*, W. L. Minckley and James E. Deacon, eds. (Tucson: University of Arizona Press, 1991), 69に記載。

8：Manly, *Death Valley in '49*, 107.

9：Christopher J. Norment, *Relicts of a Beautiful Sea: Survival, Extinction, and Conservation in a Desert World* (Chapel Hill: University of North Carolina, 2014), 110.

10：監視カメラの映像は、Veronica Rochaによる記事"3 Men Face Felony Charges in Killing of Endangered Pupfish in Death Valley," *Los Angeles Times* (May 13, 2016)とともに公開された, latimes.com/local/lanow/la-me-ln-pupfish-charges-20160513-snap-story.html.

11：Paige Blankenbuehler, "How a Tiny Endangered Species Put a Man in Prison," *High Country News* (Apr. 15, 2019).

12：この計算はNorment, Relicts of a Beautiful Sea, 120の数字にもとづいている。

13 : Manly, *Death Valley in '49*, 13.

14 : Manly, *Death Valley in '49*, 64.

15 : Henry David Thoreau, *Thoreau's Journals, Vol. 20* (entry from March 23, 1856), 以下で写しを閲覧可能 : http://thoreau.library.ucsb.edu/writings_journals20.html.

16 : Joel Greenberg, *A Feathered River Across the Sky: The Passenger Pigeon's Flight to Extinction* (New York: Bloomsbury, 2014), 152– 155.

17 : William T. Hornaday, *The Extermination of the American Bison with a Sketch of Its Discovery and Life History* (Washington, D.C.: Government Printing Office, 1889), 387.

18 : Hornaday, *The Extermination of the American Bison*, 525.

19 : Aldo Leopold, *A Sand County Almanac*, reprint ed. (New York: Ballantine, 1970), 117.（アルド・レオポルド『野生のうたが聞こえる』新島義昭訳、講談社、1997年）

20 : Anthony D. Barnosky et al., "Has the Earth' s Sixth Mass Extinction Already Arrived?" *Nature*, 471 (2011) 51– 57.

21 : 北米鳥類保護イニシアチブ米国委員会がまとめたこのリストは、こちらで閲覧可能 : allaboutbirds.org/news/state-of-the-birds-2014-common-birds-in-steep-decline-list/.

22 : Caspar A. Hallmann et al., "More than 75 Percent Decline over 27 Years in Total Flying Insect Biomass in Protected Areas," *PLoS ONE*, 12 (2017), journals.plos.org/plosone/article?id=10.1371/journal.pone.0185809.

23 : C. N. Waters et al., "Global Boundary Stratotype Section and Point (GSSP) for the Anthropocene Series: Where and How to Look for Potential Candidates," Earth- Science Reviews, 178 (2018), 379– 429.

24 : Proclamation 2961, 17 Fed. Reg. 691 (Jan. 23, 1952).

25 : 核実験を日付順にまとめたリストの完全版については、米エネルギー省国家核安全保障局ネバダ核実験場局の *United States Nuclear Tests: July 1945 through September 1992* (Alexandria, Va.: U.S. Department of Commerce, 2015), nnss.gov/docs/docs_LibraryPublications/DOE_NV-209_Rev16.pdfを参照。〔リンク切れ〕

26 : この計画はKevin C. Brown, *Recovering the Devils Hole Pupfish: An Environmental History* (National Park Service, 2017), 315に記載されている。同書の著者が寛大にもこの歴史書の電子版を提供してくれた。

27 : Brown, *Recovering the Devils Hole Pupfish*, 142.

28 : Brown, *Recovering the Devils Hole Pupfish*, 145.

29 : Brown, *Recovering the Devils Hole Pupfish*, 139.

30 : Brown, *Recovering the Devils Hole Pupfish*, 303.

31 : Edward Abbey, Desert Solitaire: *A Season in the Wilderness*, reprint ed. (New York: Touchstone, 1990), 126. （エドワード・アビー『砂の楽園』、越智道雄訳、東京書籍、1993年）

32：Abbey, *Desert Solitaire*, 21.
33：Norment, *Relicts of a Beautiful Sea*, 3– 4.
34：Stanley D. Gehrt, Justin L. Brown, and Chris Anchor, "Is the Urban Coyote a Mis anthropic Synanthrope: The Case from Chicago," *Cities and the Environmen*t, 4 (2011), digitalcommons.lmu.edu/cate/vol4/iss1/3/.
35：「おそらく絶滅」した動物のIUCNリストの最新版は、こちらを参照：iucnredlist.org/statistics.
36：J. Michael Scott et al., "Recovery of Imperiled Species under the Endangered Species Act: The Need for a New Approach, *Frontiers in Ecology and the Environment*, 3 (2005), 383– 389.
37：Henry David Thoreau, *Walden*, reprint ed. (Oxford: Oxford University, 1997), 10.（H.D. ソロー『森の生活――ウォールデン』飯田実訳、岩波書店、1995年ほか）
38：Mary Austin, *The Land of Little Rain*, reprint ed. (Mineola, N.Y.: Dover, 2015), 61.
39：Robert R. Miller, James D. Williams, and Jack E. Williams, "Extinctions of North American Fishes During the Past Century," *Fisheries*, 14 (1989), 22– 38.
40：Edwin Philip Pister, "Species in a Bucket," *Natural History* (January 1993), 18.
41：C. Moon Reed, "Only You Can Save the Pahrump Poolfish," *Las Vegas Weekly* (March 9, 2017), lasvegasweekly.com/news/2017/mar/09/pahrump-poolfish-lake-harriet-spring-mountain/.
42：J. R. McNeill, *Something New Under the Sun: An Environmental History of the Twentieth-Century World* (New York: Norton, 2000), 194.

第4章　死にゆくサンゴ礁

1：Richard B. Aronson and William F. Precht, "White-Band Disease and the Changing Face of Caribbean Coral Reefs," *Hydrobiologia*, 460 (2001), 25– 38.
2：Alexandra Witze, "Corals Worldwide Hit by Bleaching," *Nature* (Oct. 8, 2015), nature.com/news/corals-worldwide-hit-by-bleaching-1.18527.
3：Jacob Silverman et al., "Coral Reefs May Start Dissolving When Atmospheric CO2 Doubles," *Geophysical Research Letters*, 36 (2009), agupubs.onlinelibrary.wiley.com/doi/full/10.1029/2008GL036282.
4：O. Hoegh- Guldberg et al., "Coral Reefs Under Rapid Climate Change and Ocean Acidification," *Science*, 318 (2007), 1737– 1742.
5：Charles Darwin, *The Voyage of the Beagle* (New York: P. F. Collier, 1909), 406.（チャールズ・R．ダーウィン『ビーグル号航海記（下）』、荒俣宏訳、平凡社、2013年ほか）

6 : Darwin, *Charles Darwin's Beagle Diary*, Richard Darwin Keynes, ed. (Cambridge: Cambridge University, 1988), 418.

7 : Janet Browne, *Charles Darwin: Voyaging* (New York: Knopf, 1995), 437.

8 : Darwin, *On the Origin of Species: A Facsimile of the First Edition* (Cambridge, Mass.: Harvard University, 1964), 84. （ダーウィン『種の起源（上）』、渡辺政隆訳、光文社、2009年ほか）

9 : "Epitaph for a Favourite Tumbler Who Died Aged Twelve" より、Columbaと署名，詩の全編はこちら：darwinspigeons.com/#/victorian-pigeon-poems/4535732923.

10 : これはダーウィンが友人のトーマス・エイトンに宛てた手紙に書いたもの。Browne, *Charles Darwin*, 525に記載。

11 : Darwin, *On the Origin of Species*, 20– 21. （ダーウィン『種の起源（上）』、渡辺政隆訳、光文社、2009年ほか）

12 : Darwin, *On the Origin of Species*, 109. （ダーウィン『種の起源（上）』、渡辺政隆訳、光文社、2009年ほか）

13 : Bill McKibben, *The End of Nature* (New York: Random House, 1989). （ビル・マッキベン『自然の終焉―環境破壊の現在と近未来』、鈴木主税訳、河出書房新社、1990年）

14 : この数字はシーシムで取材した（2019年11月15日）科学者ニール・カンティンによるもの。

15 : Robinson Meyer, "Since 2016, Half of All Coral in the Great Barrier Reef Has Died," *The Atlantic* (Apr. 18, 2018), theatlantic.com/science/archive/2018/04/since-2016-half-the-coral-in-the-great-barrier-reef-has-perished/558302/.

16 : Terry P. Hughes et al., "Global Warming Transforms Coral Reef Assemblages," *Nature*, 556 (2018), 492–496.

17 : Mark D. Spalding, Corinna Ravilious, and Edmund P. Green, *World Atlas of Coral Reefs* (Berkeley: University of California, 2001), 27.

18 : Spalding et al., *World Atlas of Coral Reefs*, 27.

19 : Laetitia Plaisance et al., "The Diversity of Coral Reefs: What Are We Missing?" *PLoS ONE*, 6 (2011), journals.plos.org/plosone/article?id=10.1371/journal.pone.0025026.

20 : Nancy Knowlton, "The Future of Coral Reefs," *Proceedings of the National Academy of Sciences*, 98 (2001), 5419– 5425.

21 : Richard C. Murphy, *Coral Reefs: Cities under the Sea* (Princeton, N.J.: The Darwin Press, 2002), 33.

22 : Roger Bradbury, "A World Without Coral Reefs," *The New York Times* (July 13, 2012), A17.

23 : Great Barrier Reef Marine Park Authority, *Great Barrier Reef Outlook Report 2019* (Townsville, Aus.: GBRMPA, 2019), vi. 報告書の完全版はこちら：http://elibrary.gbrm

pa.gov.au/jspui/handle/11017/3474/.

24：“Adani Gets Final Environmental Approval for Carmichael Mine,” *Australian Broadcasting Corporation News*（最新の更新は2019年6月13日）, abc.net.au/news/2019-06-13/adani-carmichael-coal-mine-approved-water-management-galilee/11203208.

25：Jeff Goodell, “The World' s Most Insane Energy Project Moves Ahead,” *Rolling Stone* (June 14, 2019), rollingstone.com/politics/politics-news/adani-mine-australia-climate-change-848315/.

26：Darwin, *On the Origin of Species*, 489.（ダーウィン『種の起源（下）』、渡辺政隆訳、光文社、2009年ほか）

第5章　ＣＲＩＳＰＲは人を神に変えたのか？

1：Josiah Zayner, “How to Genetically Engineer a Human in Your Garage— Part I,” josiahzayner.com/2017/01/genetic-designer-part-i.html.

2：Jennifer A. Doudna and Samuel H. Sternberg, *A Crack in Creation: Gene Editing and the Unthinkable Power to Control Evolution* (Boston: Houghton Mifflin Harcourt, 2017), 119.（ジェニファー・ダウドナ、サミュエル・スターンバーグ『クリスパー　ＣＲＩＳＰＲ』櫻井祐子訳、文藝春秋、2017年）

3：Waring Trible et al, “orco Mutagenesis Causes Loss of Antennal Lobe Glomeruli and Impaired Social Behavior in Ants,” *Cell*, 170 (2017), 727– 735.

4：Peiyuan Qiu et al., “BMAL1 Knockout Macaque Monkeys Display Reduced Sleep and Psychiatric Disorders,” *National Science Review*, 6 (2019), 87–100.

5：Seth L. Shipman et al., “CRISPR- Cas Encoding of a Digital Movie into the Genomes of a Population of Living Bacteria,” *Nature*, 547 (2017), 345– 349.

6：わたしの訪問の数か月後に、オーストラリア動物衛生研究所はオーストラリア疾病対策センターに改名した。

7：U.S. Fish and Wildlife Service, “Cane Toad (*Rhinella marina*) Ecological Risk Screening Summary,” web version (revised Apr. 5, 2018), fws.gov/fisheries/ans/erss/highrisk/ERSS-Rhinella-marina-final-April2018.pdf.〔リンク切れ〕

8：L. A. Somma, “Rhinella marina (Linnaeus, 1758),” U.S. Geological Survey, *Nonindigenous Aquatic Species Database* (revised Apr. 11, 2019), nas.er.usgs.gov/queries/FactSheet.aspx?SpeciesID=48.

9：Rick Shine, *Cane Toad Wars* (Oakland: University of California, 2018), 7.

10：Byron S. Wilson et al., “Cane Toads a Threat to West Indian Wildlife: Mortality of Jamaican Boas Attributable to Toad Ingestion,” *Biological Invasions*, 13 (2011), link.springer.com/article/10.1007/s10530-010-9787-7.

11：Shine, *Cane Toad Wars*, 21.

12：Benjamin L. Phillips et al., "Invasion and the Evolution of Speed in Toads," *Nature*, 439 (2006), 803.

13：Karen Michelmore, "Super Toad," *Northern Territory News* (Feb. 16, 2006), 1.

14：Shine, *Cane Toad Wars*, 4. こちらも参照："The Biological Effects, Including Lethal Toxic Ingestion, Caused by Cane Toads (Bufo marinus): Advice to the Minister for the Environment and Heritage from the Threatened Species Scientific Committee (TSSC) on Amendments to the List of Key Threatening Processes under the Environ ment Protection and Biodiversity Conservation Act 1999 (EPBC Act)" (Apr. 12, 2005), https://www.dcceew.gov.au/environment/biodiversity/threatened/key-threatening-processes/biological-effects-cane-toads

15：House of Representatives Standing Committee on the Environment and Energy, *Cane Toads on the March: Inquiry into Controlling the Spread of Cane Toads* (Canberra: Commonwealth of Australia, 2019), 32.

16：Robert Capon, "Inquiry into Controlling the Spread of Cane Toads, Submission 8" (Feb. 2019). こちらでダウンロード可能：aph.gov.au/Parliamentary_Business/Committees/House/Environment_and_Energy/Canetoads/Submissions.〔リンク切れ〕

17：Naomi Indigo et al., "Not Such Silly Sausages: Evidence Suggests Northern Quolls Exhibit Aversion to Toads after Training with Toad Sausages," *Austral Ecology*, 43 (2018), 592–601.

18：Austin Burt and Robert Trivers, *Genes in Conflict: The Biology of Selfish Genetic Elements* (Cambridge, Mass.: Belknap, 2006), 4– 5.

19：Burt and Trivers, *Genes in Conflict*, 3.

20：Burt and Trivers, *Genes in Conflict*, 13– 14.

21：James E. DiCarlo et al., "Safeguarding CRISPR- Cas9 Gene Drives in Yeast," *Nature Biotechnology*, 33 (2015), 1250– 1255.

22：Valentino M. Gantz and Ethan Bier, "The Mutagenic Chain Reaction: A Method for Converting Heterozygous to Homozygous Mutations," *Science*, 348 (2015), 442– 444.

23：ダウドナとスターンバーグの著書では、遺伝子ドライブを発生させたショウジョウバエが逃げ出した場合、全世界の5分の1ないし半分のショウジョウバエに黄色の遺伝子を広められるとの推定が提示されている。*A Crack in Creation*, 151.（ジェニファー・ダウドナ、サミュエル・スターンバーグ『クリスパー　ＣＲＩＳＰＲ』櫻井祐子訳、文藝春秋、2017年）

24：GBIRd website, geneticbiocontrol.org.

25：Thomas A. A. Prowse, et al., "Dodging Silver Bullets: Good CRISPR Gene- Drive Design Is Critical for Eradicating Exotic Vertebrates," *Proceedings of the Royal Society B*, 284 (2017), royalsocietypublishing.org/doi/10.1098/rspb.2017.0799.

26 : Richard P. Duncan, Alison G. Boyer, and Tim M. Blackburn, "Magnitude and Variation of Prehistoric Bird Extinctions in the Pacific," *Proceedings of the National Academy of Sciences*, 110 (2013), 6436–6441.

27 : Elizabeth A. Bell, Brian D. Bell, and Don V. Merton, "The Legacy of Big South Cape: Rat Irruption to Rat Eradication," *New Zealand Journal of Ecology*, 40 (2016), 212– 218.

28 : Lee M. Silver, *Mouse Genetics: Concepts and Applications* (Oxford: Oxford University, 1995), Mouse Genome Informatics, The Jackson LaboratoryによりWeb用に編集（2008年１月改訂）：http://informatics.jax.org/silver/.

29 : Alex Bond, "Mice Wreak Havoc for South Atlantic Seabirds," *British Ornithologists' Union*, bou.org.uk/blog-bond-gough-island-mice-seabirds/.

30 : Rowan Jacobsen, "Deleting a Species," *Pacific Standard* (June– July 2018, updated Sept. 7, 2018), psmag.com/magazine/deleting-a-species-genetically-engineering-an-extinction.

31 : Jaye Sudweeks et al., "Locally Fixed Alleles: A Method to Localize Gene Drive to Island Populations," *Scientific Reports*, 9 (2019), doi.org/10.1038/s41598-019-51994-0.

32 : Bing Wu, Liqun Luo, and Xiaojing J. Gao, "Cas9- Triggered Chain Ablation of Cas9 as Gene Drive Brake," *Nature Biotechnology*, 34 (2016), 137– 138.

33 : Revive & Restore website, reviverestore.org/projects/.

34 : Dr. Seuss, *The Cat in the Hat Comes Back* (New York: Beginner Books, 1958), 16.

35 : Edward O. Wilson, *The Future of Life* (New York: Vintage, 2002), 53. （エドワード・O・ウィルソン『生命の未来』、山下篤子訳、角川書店、2003年）

36 : Wilson, *Half- Earth: Our Planet's Fight for Life* (New York: Liveright, 2016), 51.

37 : Paul Kingsnorth, "Life Versus the Machine," *Orion* (Winter 2018), 28– 33.

第３部　空の上で

第6章　二酸化炭素を石に変える

1 : William F. Ruddiman, *Plows, Plagues, and Petroleum: How Humans Took Control of Climate* (Princeton, N.J.: Princeton University, 2005), 4.

2 : 過去の排出量データはHannah Ritchie and Max Roser, "CO2 and Greenhouse Gas Emissions," *Our World in Data* (last revised Aug. 2020), https://ourworldindata.org/co2-and-greenhouse-gas-emissions を参照。

3 : Benjamin Cook, "Climate Change Is Already Making Droughts Worse," *CarbonBrief* (May 14, 2018), carbonbrief.org/guest-post-climate-change-is-already-making-droughts-worse.

4：Kieran T. Bhatia et al., "Recent Increases in Tropical Cyclone Intensification Rates," *Nature Communications*, 10 (2019), doi.org/10.1038/s41467-019-08471-z.

5：W. Matt Jolly et al., "Climate- Induced Variations in Global Wildfire Danger from 1979 to 2013," *Nature Communications*, 6 (2015), doi.org/10.1038/ncomms8537.

6：A. Shepherd et al., "Mass Balance of the Antarctic Ice Sheet from 1992 to 2017," *Nature*, 558 (2018), 219– 222.

7：Curt D. Storlazzi et al., "Most Atolls Will Be Uninhabitable by the Mid- 21st Century Because of Sea- Level Rise Exacerbating Wave- Driven Flooding," *Science Advances*, 25 (2018), advances.sciencemag.org/content/4/4/eaap9741.

8：パリ協定の原文（英語）はこちら：unfccc.int/files/essential_background/convention/application/pdf/english_paris_agreement.pdf.

9：世界が1.5℃または２℃の閾値内に踏みとどまれる二酸化炭素の排出量については、多くの計算方法が存在する。本書では、グローバルコモンズと気候変動にかんするメルカトル研究所の「残っているカーボンバジェット」の数字を使用している。こちらを参照：https://www.mcc-berlin.net/en/research/co2-budget.html.

10：K. S. Lackner and C. H. Wendt, "Exponential Growth of Large Self- Reproducing Machine Systems," *Mathematical and Computer Modelling*, 21 (1995), 55– 81.

11：Wallace S. Broecker and Robert Kunzig, *Fixing Climate: What Past Climate Changes Reveal About the Current Threat— and How to Counter It* (New York: Hill and Wang, 2008), 205. （ウォレス・S・ブロッカー、ロバート・クンジグ『CO2と温暖化の正体』（内田昌男監訳、東郷えりか訳、河出書房新社、2009年）

12：Klaus S. Lackner and Christophe Jospe, "Climate Change Is a Waste Management Problem," *Issues in Science and Technology*, 33 (2017), issues.org/climate-change-is-a-waste-management-problem/.

13：Lackner and Jospe, "Climate Change Is a Waste Management Problem."

14：Chris Mooney, Brady Dennis, and John Muyskens, "Global Emissions Plunged an Unprecedented 17 Percent during the Coronavirus Pandemic," *The Washington Post* (May 19, 2020), washingtonpost.com/climate-environment/2020/05/19/greenhouse-emissions-coronavirus/?arc404=true.

15：ひとつひとつの二酸化炭素分子は大気と海のあいだや、その両者と世界の植物とのあいだで絶えず循環している。だが、大気中の二酸化炭素濃度は、それよりも大幅にゆっくりとしたプロセスに支配されている。詳細については、Doug Mackie, "CO2 Emissions Change Our Atmosphere for Centuries," *Skeptical Science* (last updated July 5, 2015), skepticalscience.com/argument.php?p=1&t=77&&a=80を参照。

16：総累積排出量はすべてHannah Ritchie, "Who Has Contributed Most to Global CO2 Emissions?" *Our World in Data* (Oct. 1, 2019), ourworldindata.org/contributed-most-global-CO2から引用している。

17：Sabine Fuss et al., "Betting on Negative Emissions," *Nature Climate Change*, 4 (2014), 850– 852.

18：J. Rogelj et al., "Mitigation Pathways Compatible with 1.5° C in the Context of Sustainable Development," in *Global Warming of 1.5°C: An IPCC Special Report*, V. Masson- Delmotte et al., eds., Intergovernmental Panel on Climate Change (Oct. 8, 2018), ipcc.ch/site/assets/uploads/sites/2/2019/02/SR15_Chapter2_Low_Res.pdf.

19：飛行機旅行による排出量の計算は複雑で、同じ旅行でも複数の団体が複数の推定値を提示している。わたしはmyclimate.orgのフライトカーボン計算機を使っている。

20：Jean- Francois Bastin et al., "The Global Tree Restoration Potential," *Science*, 364 (2019), 76– 79.

21：Katarina Zimmer, "Researchers Find Flaws in High- Profile Study on Trees and Climate," *The Scientist* (Oct. 17, 2019), the-scientist.com/news-opinion/researchers-find-flaws-in-high-profile-study-on-trees-and-climate--66587.

22：Joseph W. Veldman et al., "Comment on 'The Global Tree Restoration Potential,'" *Science*, 366 (2019), science.sciencemag.org/content/366/6463/eaay7976.

23：Ning Zeng, "Carbon Sequestration Via Wood Burial," *Carbon Balance and Management*, 3 (2008), doi.org/10.1186/1750-0680-3-1.

24：Stuart E. Strand and Gregory Benford, "Ocean Sequestration of Crop Residue Carbon: Recycling Fossil Fuel Carbon Back to Deep Sediments," *Environmental Science and Technology*, 43 (2009), 1000– 1007.

25：Zeng, "Carbon Sequestration Via Wood Burial."

26：Jessica Strefler et al., "Potential and Costs of Carbon Dioxide Removal by Enhanced Weathering of Rocks," *Environmental Research Letters* (March 5, 2018), dx.doi.org/10.1088/1748-9326/aaa9c4.

27: Olúfẹ́mi O. Táíwò, "Climate Colonialism and Large- Scale Land Acquisitions," *C2G* (Sept. 26, 2019), c2g2.net/climate-colonialism-and-large-scale-land-acquisitions/.

第7章　ソーラー・ジオエンジニアリング

1：Clive Oppenheimer, *Eruptions that Shook the World* (New York: Cambridge University, 2011), 299.

2：Oppenheimer, *Eruptions that Shook the World*, 310.

3：このサンガル王の報告はOppenheimer, Eruptions that Shook the World, 299に記載されている。

4：東インド会社所有の船の船長によるこの発言は、Gillen D' Arcy Wood, *Tambora:*

The Eruption that Changed the World (Princeton, N.J.: Princeton University, 2014), 21に記載されている。

5 : South Dakota State University, "Undocumented Volcano Contributed to Extremely Cold Decade from 1810– 1819," *ScienceDaily* (Dec. 7, 2009), sciencedaily.com/releases/2009/12/091205105844.htm.

6 : Oppenheimer, *Eruptions that Shook the World*, 314に記載。

7 : William K. Klinga man and Nicholas P. Klingaman, *The Year Without Summer: 1816 and the Volcano That Darkened the World and Changed History* (New York: St. Martin' s, 2013), 46.

8 : Wood, *Tambora*, 233.

9 : Klingaman and Klingaman, *The Year Without Summer*, 64に記載。

10 : Klingaman and Klingaman, *The Year Without Summer*, 104.

11 : Oppenheimer, *Eruptions that Shook the World*, 312に記載。

12 : James Rodger Fleming, *Fixing the Sky: The Checkered History of Weather and Climate Control* (New York: Columbia University, 2010), 2.

13 : この評価はティム・フラナリーによるもの。Mark White, "The Crazy Climate Technofix," *SBS* (May 27, 2016), https://www.sbs.com.au/voices/creative/the-crazy-climate-technofix/0o0oq7yai に記載。

14 : Holly Jean Buck, *After Geoengineering: Climate Tragedy, Repair, and Restoration* (London: Verso, 2019), 3.

15 : Dave Levitan, "Geoengineering Is Inevitable," *Gizmodo* (Oct. 9, 2018), earther.gizmodo.com/geoengineering-is-inevitable-1829623031.

16 : "Global Effects of Mount Pinatubo," *NASA Earth Observatory* (June 15, 2001), earthobservatory.nasa.gov/images/1510/global-effects-of-mount-pinatubo.

17 : William B. Grant et al., "Aerosol- Associated Changes in Tropical Stratospheric Ozone Following the Eruption of Mount Pinatubo," *Journal of Geophysical Research*, 99 (1994), 8197– 8211.

18 : President' s Science Advisory Committee, *Restoring the Quality of Our Environment: Report of the Environmental Pollution Panel* (Washington, D.C.: The White House, 1965), 126.

19 : *Restoring the Quality of Our Environment*,123.

20 : *Restoring the Quality of Our Environment*, 127.

21 : H. E. Willoughby et al., "Project STORMFURY: A Scientific Chronicle 1962– 1983," *Bulletin of the American Meteorological Society*, 66 (1985), 505– 514.

22 : Fleming, *Fixing the Sky*, 180.

23 : National Research Council, *Weather & Climate Modification: Problems and Progress* (Washington, D.C.: The National Academies Press, 1973), 9.

24 : Fleming, *Fixing the Sky*, 202に記載。
25 : Nikolai Rusin and Liya Flit, *Man Versus Climate*, Dorian Rottenberg, trans. (Moscow: Peace Publishers, 1962), 61– 63.
26 : Rusin and Flit, *Man Versus Climate*, 174.
27 : David W. Keith, “Geoengineering the Climate: History and Prospect,” *Annual Review of Energy and the Environment*, 25 (2000), 245– 284.
28 : Mikhail Budyko, *Climatic Changes*, American Geophysical Union, trans. (Baltimore: Waverly, 1977), 241.（M. I. Budyko『気候の変化』内嶋善兵衛・岩切敏訳、イリゲーションクラブ、1976年）
29 : Budyko, *Climatic Changes*, 236.
30 : Joe Nocera, “Chemo for the Planet,” *The New York Times* (May 19, 2015), A25.
31 : David Keith, Letter to the Editor, *The New York Times* (May 27, 2015), A22.
32 : David Keith, *A Case for Climate Engineering* (Cambridge, Mass.: MIT, 2013), xiii.
33 : Wake Smith and Gernot Wagner, “Stratospheric Aerosol Injection Tactics and Costs in the First 15 Years of Deployment,” *Environmental Research Letters*, 13 (2018), doi.org/10.1088/1748-9326/aae98d.
34 : 世界の化石燃料関連の補助金は2017年に総額5兆2000億ドルに達したと推定されている。こちらを参照: David Coady et al., “Global Fossil Fuel Subsidies Remain Large: An Update Based on Country- Level Estimates,” *IMF* (May 2, 2019), imf.org/en/Publications/WP/Issues/2019/05/02/Global-Fossil-Fuel-Subsidies-Remain-Large-An-Update-Based-on-Country-Level-Estimates-46509.
35 : Smith and Wagner, “Stratospheric Aerosol Injection Tactics and Costs.”
36 : Smith and Wagner, “Stratospheric Aerosol Injection Tactics and Costs.”
37 : Ben Kravitz, Douglas G. MacMartin, and Ken Caldeira, “Geoengineering: Whiter Skies?” *Geophysical Research Letters*, 39 (2012), doi.org/10.1029/2012GL051652.
38 : Alan Robock, “Benefits and Risks of Stratospheric Solar Radiation Management for Climate Intervention (Geoengineering),” *The Bridge* (Spring 2020), 59– 67.
39 : Dan Schrag, “Geobiology of the Anthropocene,” in *Fundamentals of Geobiology*, Andrew H. Knoll, Donald E. Canfield, and Kurt O. Konhauser, eds. (Oxford: Blackwell Publishing, 2012), 434.

第8章　過去に例のない世界の、過去に例のない気候

1 : Cited in Erik D. Weiss, “Cold War Under the Ice: The Army’ s Bid for a Long- Range Nuclear Role, 1959– 1963,” *Journal of Cold War Studies*, 3 (2001), 31– 58.
2 : *The Story of Camp Century: The City Under Ice* (U.S. Army film 1963, digitized

version 2012).

3 : Ronald E. Doel, Kristine C. Harper, and Matthias Heymann, "Exploring Greenland's Secrets: Science, Technology, Diplomacy, and Cold War Planning in Global Contexts," in ***Exploring Greenland: Cold War Science and Technology on Ice***, Ronald E. Doel, Kristine C. Harper, and Matthias Heymann, eds. (New York: Palgrave, 2016), 16.

4 : Kristian H. Nielsen, Henry Nielsen, and Janet Martin- Nielsen, "City Under the Ice: The Closed World of Camp Century in Cold War Culture," ***Science as Culture***, 23 (2014), 443– 464.

5 : Willi Dansgaard, Frozen Annals: Greenland Ice Cap Research (Odder, Denmark: Narayana Press, 2004), 49.

6 : Jon Gertner, ***The Ice at the End of the World: An Epic Journey Into Greenland's Buried Past and Our Perilous Future*** (New York: Random House, 2019), 202.

7 : Dansgaard, ***Frozen Annals***, 55.

8 : W. Dansgaard et al., "One Thousand Centuries of Climatic Record from Camp Century on the Greenland Ice Sheet," ***Science***, 166 (1969), 377– 380.

9 : Richard B. Alley, ***The Two- Mile Time Machine: Ice Cores, Abrupt Climate Change, and Our Future*** (Princeton: Princeton University, 2000), 120. （リチャード・B・アレイ『氷に刻まれた地球11万年の記憶―温暖化は氷河期を招く』、山崎淳訳、ソニーマガジンズ、2004年）

10 : Alley, ***The Two- Mile Time Machine***, 114.

11 : この数字はコンラッド・ステッフェンによるもの。ステッフェンはちょうど本書が印刷されているころに、氷床での悲劇的な事故で世を去った。こちらに記載されている : Gertner, "In Greenland's Melting Ice, A Warning on Hard Climate Choices," ***e360*** (June 27, 2019), e360.yale.edu/features/in-greenlands-melting-ice-a-warning-on-hard-climate-choices.

12 : A. Shepherd et al., "Mass Balance of the Greenland Ice Sheet from 1992 to 2018," ***Nature***, 579 (2020), 233– 239.

13 : Marco Tedesco and Xavier Fettweis, "Unprecedented Atmospheric Conditions (1948–2019) Drive the 2019 Exceptional Melting Season over the Greenland Ice Sheet," ***The Cryosphere***, 14 (2020), 1209– 1223.

14 : Ingo Sasgen et al., "Return to Rapid Ice Loss in Greenland and Record Loss in 2019 Detected by GRACE- FO Satellites," ***Communications Earth & Environment***, 1 (2020), doi.org/10.1038/s43247-020-0010-1.

15 : Eystein Jansen et al., "Past Perspectives on the Present Era of Abrupt Arctic Climate Change," ***Nature Climate Change***, 10 (2020), 714– 721.

16 : Peter Dockrill, "U.S. Army Weighs Up Proposal For Gigantic Sea Wall to Defend N.Y. from Future Floods," ***ScienceAlert*** (Jan. 20, 2020), sciencealert.com/storm-brewing-over-

giant-6-mile-sea-wall-to-defend-new-york-from-future-floods.

17：John C. Moore et al., "Geoengineer Polar Glaciers to Slow Sea- Level Rise," *Nature*, 555 (2018), 303– 305.

18：アンディ・パーカーのこの言葉はBrian Kahn, "No, We Shouldn' t Just Block Out the Sun," *Gizmodo* (Apr. 24, 2020), earther.gizmodo.com/no-we-shouldnt-just-block-out-the-sun-1843043812で引用されている。罵倒語はあえて削除しなかった。

P180 MGMT. design

P182 MGMT. design

P200 U.S. Department of Energy/Pacific Northwest National Laboratoryの厚意により掲載。

P209 © Guy Bell/Alamy

P211 MGMT. design, Zeke Hausfatherの提供により掲載, *Global Warming of 1.5°C: An IPCC Special Report.* のデータにもとづく。

P213 MGMT. design, *Global Warming of 1.5°C: An IPCC Special Report*, figure 2.5. より転載。

P222 © Climeworks, 2017

P223 MGMT. design

P228 © Iwan Setiyawan/AP Photo/KOMPAS Images

P234 MGMT. design

P239 soviet-art.ru. の厚意により掲載。

P244 MGMT. design, David Keithの提供により掲載。

P256 写真提供：Pictorial Parade/Archive Photos/Getty Images

P257 写真提供：US Army/Pictorial Parade/Archive Photos/Getty Images

P260 MGMT. design

P265 MGMT. design, Kurt M. Cuffey and Gary D. Clow, "Temperature, Accumulation, and Ice Sheet Elevation in Central Greenland Through the Last Deglacial Transition," *Journal of Geophysical Research* 102 (1997). より転載。

図版クレジット

P020　MGMT. design

P021　MGMT. design

P033　MGMT. design

P037　© Ryan Hagerty, U.S. Fish and Wildlife Service

P053　MGMT. design

P057　© Drew Angerer/Getty Images

P069　The Historic New Orleans Collection, 1974.25.11.2

P085　© Danita Delimont/Alamy Stock Photo

P101　National Park Service Photo by Brett Seymour/Submerged Resources Center

P103　MGMT. design, Alan C. Riggs and James E. Deacon, "Connectivity in Desert Aquatic Ecosystems: The Devils Hole Story." から転載。

P112,113　写真提供：Phil Pister, California Department of Fish and Wildlife and Desert Fishes Council, Bishop, CA.

P137　オリジナルはCharles Darwin, *Animals and Plants Under Domestication*, vol. 1. に掲載。

P141　MGMT. design

P145　写真：© Wilfredo Licuanan, Corals of the World, coralsoftheworld.org. の厚意により掲載。

P158　© James Craggs, Horniman Museum and Gardens

P169　MGMT. design

P172　写真：Arthur Mostead Photography, AMPhotography.com.au

エリザベス・コルバート（Elizabeth Kolbert）
ジャーナリスト。『ニューヨーク・タイムズ』紙記者を経て、1999年より『ニューヨーカー』誌記者として活躍。前作『6度目の大絶滅』（NHK出版）でピュリッツァー賞（ノンフィクション部門）を受賞。2度の全米雑誌賞、ブレイク・ドッド賞、ハインツ賞、グッゲンハイム・フェローシップなど数々の受賞歴がある。現在は夫と子どもたちとともに、マサチューセッツ州ウィリアムズタウン在住。

梅田智世（うめだ・ちせい）
翻訳家。訳書にレイヴン『キツネとわたし』、ウィン『イヌはなぜ愛してくれるのか』（以上、早川書房）、サラディーノ『世界の絶滅危惧食』（河出書房新社）、パルソン『図説 人新世』（東京書籍）、オコナー『WAYFINDING 道を見つける力』（インターシフト）などがある。

ISBN978-4-8269-0253-3

世界《せかい》から青空《あおぞら》がなくなる日《ひ》
自然《しぜん》を操作《そうさ》するテクノロジーと人新世《じんしんせい》の未来《みらい》

二〇二四年二月十四日　第一版第一刷発行

著　者　エリザベス・コルバート
訳　者　梅田智世《うめだちせい》
発行者　中村幸慈
発行所　株式会社　白揚社　© 2024 in Japan by Hakuyosha
東京都千代田区神田駿河台一—七　郵便番号一〇一—〇〇六二
電話（03）五二八一—九七七二　振替〇〇一三〇—一—二五四〇〇
装　幀　川添英昭
印刷所　株式会社　工友会印刷所
製本所　牧製本印刷株式会社